教育部职业教育与成人教育司推荐教材
中等职业教育技能型紧缺人才教学用书

市政工程计量与计价

（市政施工专业）

本教材编审委员会组织编写

杨玉衡　王伟英　合编
张宝军　邢　颖　主审

中国建筑工业出版社

图书在版编目（CIP）数据

市政工程计量与计价/本教材编审委员会组织编写.
北京：中国建筑工业出版社，2006
教育部职业教育与成人教育司推荐教材
中等职业教育技能型紧缺人才教学用书(市政施工专业)
ISBN 978-7-112-08085-4

Ⅰ. 市... Ⅱ. 本... Ⅲ. 市政工程-工程造价-专业学校-教材 Ⅳ. TU723.3

中国版本图书馆 CIP 数据核字（2006）第 078167 号

教育部职业教育与成人教育司推荐教材
中等职业教育技能型紧缺人才教学用书
市政工程计量与计价
（市政施工专业）
本教材编审委员会组织编写
杨玉衡　王伟英　合编
张宝军　邢　颖　主审

*

中国建筑工业出版社出版、发行（北京西郊百万庄）
各地新华书店、建筑书店经销
霸州市顺浩图文科技发展有限公司制版
廊坊市海涛印刷有限公司印刷

*

开本：787×1092 毫米　1/16　印张：21¼　字数：523 千字
2006 年 8 月第一版　2016 年 2 月第八次印刷
定价：37.00 元
ISBN 978-7-112-08085-4
（21023）

版权所有　翻印必究
如有印装质量问题，可寄本社退换
（邮政编码 100037）

本书是根据教育部、建设部组织编制的"中等职业学校建设行业技能型紧缺人才市政施工专业培养方案"组织编写的，全书共分 8 个单元，主要讲述了市政工程定额、工程造价组成、土石方工程计量与计价、道路工程计量与计价、桥涵护岸工程计量与计价、隧道工程计量与计价、市政管网工程计量与计价、市政工程计价软件等。

本书突出中等职业教育特色，实用性、针对性强，除可作为建筑类中等职业学校市政工程专业的教材外，也可供从事市政工程工作的中等技术管理施工人员学习、参考。

* * *

责任编辑：朱首明　王美玲
责任设计：赵明霞
责任校对：张树梅　孙爽

本教材编审委员会名单
（市政施工专业）

主 任 委 员： 陈思平

副主任委员： 邵建民　胡兴福

委　　　员：（按姓氏笔画为序）

马　玫　　王智敏　　韦帮森　　白建国　　邢　颖　　刘文林

刘西南　　刘映翀　　汤建新　　牟晓岩　　杨玉衡　　杨时秀

李世华　　李海全　　李爱华　　张宝军　　张国华　　陈志绣

陈桂德　　邵传忠　　谷　峡　　赵中良　　胡清林　　程和美

程　群　　楼丽凤　　戴安全

出 版 说 明

为深入贯彻落实《中共中央、国务院关于进一步加强人才工作的决定》精神，2004年10月，教育部、建设部联合印发了《关于实施职业院校建设行业技能型紧缺人才培养培训工程的通知》，确定在建筑（市政）施工、建筑装饰、建筑设备和建筑智能化四个专业领域实施中等职业学校技能型紧缺人才培养培训工程，全国有94所中等职业学校、702个主要合作企业被列为示范性培养培训基地，通过构建校企合作培养培训人才的机制，优化教学与实训过程，探索新的办学模式。这项培养培训工程的实施，充分体现了教育部、建设部大力推进职业教育改革和发展的办学理念，有利于职业学校从建设行业人才市场的实际需要出发，以素质为基础，以能力为本位，以就业为导向，加快培养建设行业一线迫切需要的技能型人才。

为配合技能型紧缺人才培养培训工程的实施，满足教学急需，中国建筑工业出版社在跟踪"中等职业教育建设行业技能型紧缺人才培养培训指导方案"（以下简称"方案"）的编审过程中，广泛征求有关专家对配套教材建设的意见，并与方案起草人以及建设部中等职业学校专业指导委员会共同组织编写了中等职业教育建筑（市政）施工、建筑装饰、建筑设备、建筑智能化四个专业的技能型紧缺人才教学用书。

在组织编写过程中我们始终坚持优质、适用的原则。首先强调编审人员的工程背景，在组织编审力量时不仅要求学校的编写人员要有工程经历，而且为每本教材选定的两位审稿专家中有一位来自企业，从而使得教材内容更为符合职业教育的要求。编写内容是按照"方案"要求，弱化理论阐述，重点介绍工程一线所需要的知识和技能，内容精炼，符合建筑行业标准及职业技能的要求。同时采用项目教学法的编写形式，强化实训内容，以提高学生的技能水平。

我们希望这四个专业的教学用书对有关院校实施技能型紧缺人才的培养具有一定的指导作用。同时，也希望各校在使用本套书的过程中，有何意见及建议及时反馈给我们，联系方式：中国建筑工业出版社教材中心（E-mail：jiaocai@cabp.com.cn）。

中国建筑工业出版社
2006年6月

前 言

《市政工程计量与计价》是教育部确定的技能型紧缺人才——市政工程施工（3年制）专业的主干课程教学用书。

本教材旨在培养市政工程造价人员，熟悉和掌握市政工程工程量清单计价的专业知识，具有工程量计算和工程计价的职业能力。本书的特色是：编写思路以现行的《建设工程工程量清单计价规范》、《全国统一市政工程预算定额》为主线，以实用为原则；教材的编排结构以市政工程工程类别划分单元，以知识和能力设置课题；层次清晰，中心突出；各单元均编写有大量的计算例题，并精选工程实例题材，编写了工程计量与计价综合示例，完整演示了工程量清单编制和工程量清单计价的过程及具体方法；内容实用，努力实现学用零距离的教学目标。为方便教学，每个单元之后都编有大量的思考题与习题。

本教材全书共分8个单元。单元1市政工程定额、单元2市政工程造价组成，由上海城市建设工程学校王伟英编写；单元3土石方工程计量与计价、单元4道路工程计量与计价、单元5桥涵护岸工程计量与计价、单元6隧道工程计量与计价、单元7市政管网工程计量与计价、单元8市政工程计价软件，由广州市市政建设学校杨玉衡编写。本教材由徐州建筑职业技术学院张宝军和哈尔滨市市政建设集团有限公司邢颖主审。

本书依据教学大纲90学时编写，为市政工程施工专业三年制教学用书。也可作为其他工科类学生和市政工程造价人员继续教育学习之用。

目 录

单元1 市政工程定额 1
 课题1 定额的基本知识 1
 课题2 定额的应用 28
 思考题与习题 69

单元2 市政工程工程造价组成 73
 课题1 市政工程工程造价的构成 73
 课题2 市政工程工程量清单计价 83
 思考题与习题 90

单元3 土石方工程计量与计价 92
 课题1 土石方工程专业知识 92
 课题2 土石方工程量清单编制 98
 课题3 土石方工程量计量与计价综合示例 106
 思考题与习题 111

单元4 道路工程计量与计价 113
 课题1 道路工程专业知识 113
 课题2 道路工程工程量清单编制 128
 课题3 道路工程工程量清单计价 143
 课题4 道路工程计量与计价综合示例 153
 思考题与习题 165

单元5 桥涵护岸工程计量与计价 168
 课题1 桥涵护岸工程专业知识 168
 课题2 桥涵护岸工程工程量清单编制 190
 课题3 桥涵护岸工程工程量清单计价 210
 课题4 桥涵护岸工程计量与计价综合示例 217
 思考题与习题 228

单元6 隧道工程计量与计价 231
 课题1 隧道工程专业知识 231
 课题2 隧道工程工程量清单编制 248
 课题3 隧道工程工程量清单计价与示例 258
 思考题与习题 263

单元7 市政管网工程计量与计价 264
 课题1 排水工程专业知识 264
 课题2 排水工程工程量清单编制 272

课题3　排水工程工程量清单计价 …………………………… 277
思考题与习题 ………………………………………………………… 283
单元 8　市政工程计价软件 ……………………………………… 285
附录 1：土壤及岩石（普氏）分类表 …………………………… 315
附录 2：工程量清单统一格式 …………………………………… 318
附录 3：工程量清单计价统一格式 ……………………………… 324
主要参考文献 ……………………………………………………… 336

单元1 市政工程定额

课题1 定额的基本知识

1.1 工程建设定额的产生与发展

定额是一种规定的额度，广义地说，是处理特定事物的数量界限。在现代社会经济生活中，定额几乎是无处不在。就生产领域来说，工时定额、原材料消耗定额、原材料和成品半成品储备定额、流动资金定额等，都是企业管理的重要基础。在工程建设领域也存在多种定额，它是工程计价的重要依据。更为重要的是，在市场经济条件下，从市场价格机制角度，该如何看待现行工程建设定额在工程价格形成中的作用。因此，在研究工程计价依据和计价方式时，有必要首先对定额和工程建设定额的基本原理有一个基本认识。

1.1.1 定额的产生及其发展

(1) 生产和生产消费

工程建设是物质资料的生产活动。物质资料的生产过程，必然也是生产的消费过程。在工程项目建设过程中，要消耗大量的人力、物力和资金。原材料作为劳动对象，在工程建设中改变了性质、形态或者发生了位移，工具或机器在原材料加工的过程中受到磨损，而生产者则消耗了自己的体力、精力和时间。生产和消费是一个事物的两个方面，生产过程直接就是一种消费，但是生产消费和生活消费是两种不同性质的消费。产品生产和生产消费之间存在着客观的、必然的联系，工程建设亦然。

生产和生产消费之间具体关系的确定，是一定时期内的生产力、生产关系、上层建筑三方面诸多因素综合作用的结果。

从发展眼光看，上述三方面的影响因素都是动态因素，他们总是处于不断的发展变化之中。但是从一段时期来说，生产一定产品，包括施工产品在内，需要消耗或磨损哪些原材料、机械和工具，以及需要消耗哪些工人和技术人员的劳动，消耗量是多少，都有一定的规律性。上述影响因素的变化具有阶段性的特点，这就使得我们在研究这些规律时，有可能在一定时期抽象掉某些动态因素的影响，或者通过某些方法研究这些因素变动的特点及其带来的具体影响。

(2) 定额的产生及发展

所谓定额，是进行生产经营活动时，在人力、物力、财力消耗方面所应遵守或达到的数量标准。19世纪末20世纪初，在技术最发达、资本主义发展最快的美国，形成了系统的经济管理理论。定额的产生就是与管理科学的形成和发展紧密的联系在一起的，它的代表人物有美国人泰勒和吉尔布雷斯夫妇等。

定额和企业管理成为科学是从泰勒制开始的，它的创始人是美国工程师泰勒

(F. W. Taylor，1856～1915)。当时，美国工业发展很快，但由于传统的旧的管理方法，工人的劳动生产率低，劳动强度很高，生产能力得不到充分发挥。这不但阻碍了社会经济的进一步发展和繁荣，而且也不利于资本家赚取更多的利润，这样，改善管理就成了生产发展的迫切要求，泰勒适应这一客观要求，开始着手企业管理的研究。他提倡科学管理，进行了各种有效的试验，努力把当时科学技术的最新成就应用于企业管理。泰勒的科学管理的目标就是为了提高劳动生产率，提高工人的劳动效率，他突破了当时传统管理方法的羁绊，通过科学试验，对工作时间的合理利用进行细致的研究，制定出所谓标准的操作方法；通过对工人进行训练，要求工人取消那些不必要的操作程序，并且在此基础上制定出有效的工时定额；用工时定额评价工人工作的好坏。

泰勒制的核心内容包括两方面。第一，科学的工时定额。较高的定额直接体现了泰勒制的主要目标，即提高工人的劳动生产率，降低产品成本，增加企业盈利，而其他方面内容则是为了达到这一主要目标而制定的措施。第二，工时定额与有差别的计件工资制度相结合。这使其本身也成为提高劳动效率的有力措施。泰勒制的产生和推行，在提高劳动生产率方面取得了显著的效果，也给资本主义企业管理带来了根本性的改革和深远的影响。

但是泰勒的研究完全没有考虑人作为价值创造者的主观能动性和创造性。继泰勒之后，一方面管理科学从操作方法、作业水平的研究向科学组织的研究上扩展，另一方面它也利用现代自然科学的新成果作为科学管理的手段。管理科学的发展成果极大促进了定额的发展。

1920年出现的行为科学，从社会学和心理学的角度，对工人在生产中的行为以及这些行为产生的原因进行分析研究，强调重视社会环境、人际关系对人的行为的影响。行为科学认为人的行为受动机支配，只要能给他创造一定的条件，他就会希望取得工作的成就，努力去达到目标。因此，主张用诱导的办法，鼓励职工发挥主动性和积极性，而不是用对工人进行管束和强制的方法来达到提高生产效率的目的。行为科学弥补了泰勒等人科学管理的某些不足，但他并不能取代科学管理，不能取消定额。定额实际上符合社会化大生产对于效率的追求。就工时定额来说，它不仅是一种强制力量，而且也是一种引导和激励的力量。定额产生的信息，对于计划、组织、指挥、协调、控制等管理活动，以至决策过程都是不可缺少的。同时，一些新的技术方法在制定定额中得到运用；制定定额的范围大大突破了工时定额的内容。1945年出现了事前工时定额制定标准，即以新工艺投产之前就已经选择好的工艺设计和最有效的操作办法为制定基础编制出工时定额，其目的是降低和控制单位产品上的工时消耗。这样就把工时定额的制定提前到工艺和操作方法的设计过程之中，以加强预先控制。

综上所述，定额伴随着管理科学的产生而产生，伴随着管理科学的发展而发展。定额是管理科学的基础，它在西方企业的现代化管理中一直占有重要地位。

1.1.2 定额在现代管理中的地位

定额是管理科学的基础，也是现代管理科学中的重要内容和基本环节。我国要实现工业化和生产的社会化、现代化，就必须积极地吸收和借鉴世界上发达国家的先进管理方法，必须充分认识定额在社会主义经济管理中的地位。

首先，定额是节约社会劳动、提高劳动生产率的重要手段。降低劳动消耗，提高劳动生产率，是人类社会发展的普遍要求和基本条件。节约劳动时间是最大的节约。定额为生产者和经营管理人员建立了评价劳动成果和经营效益的标准尺度，同时也使广大职工明确了自己在工作中应该达到的具体目标。从而增加责任感和自我完善意识，自觉地节约社会劳动和消耗，努力提高劳动生产率和经济效益。

其次，定额是组织和协调社会化大生产的工具。"一切规模较大的直接社会劳动或共同劳动，都或多或少地需要指挥，以协调个人活动，并执行生产总体的运动所产生的各种一般职能。"随着生产力的发展，分工越来越细，生产社会化程度不断提高。任何一件产品都可以说是许多企业、许多劳动者共同完成的社会产品。因此必须借助定额实现生产要素的合理配置；以定额作为组织、指挥和协调社会生产的科学依据和有效手段，从而保证社会生产持续、顺利地发展。

第三，定额是宏观调控的依据。我国社会主义经济是以公有制为主体的，它既要充分发展市场经济，又要有计划地调节。这就需要利用一系列定额为预测、计划、调节和控制经济发展提供有技术根据的参数，提供出可靠的计量标准。

第四，定额在实现分配、兼顾效率与社会公平方面有巨大的作用。定额作为评价劳动成果和经营效益的尺度，也就成为资源分配和个人消费品分配的依据。

1.1.3 工程建设定额的分类和特点

(1) 工程建设定额及其分类

工程建设定额是指工程建设中单位产品的人工、材料、机械、资金消耗的规定额度。这种规定的额度反映的是在一定的社会生产力发展水平的条件下，完成工程建设中的某项产品与各种生产消费之间的特定的数量关系，体现在正常施工条件下人工、材料、机械等消耗的社会平均水平。

由于工程建设产品具有构造复杂，产品规模庞大，种类繁多，生产周期长等技术经济特点，造成了工程建设产品外延的不确定性。因此，工程建设产品可以指工程建设的最终产品，也可以是构成工程项目的某些完整的产品，也可以是完整产品中的某些较大组成部分，还可以是较大组成部分中的较小部分，或更为细小的部分。这些特点使定额在工程建设管理中占有重要的地位，同时也决定了工程建设定额的多种类、多层次。

工程建设定额是根据国家一定时期的管理体制和管理制度，根据不同定额的用途和适用范围，由专门的机构按照一定的程序制定并按照规定的程序审批和办法执行。工程建设定额反映了工程建设和各种资源消耗之间的客观规律。

工程建设定额是工程建设中各类定额的总称。它包括许多种类的定额。为了对工程建设定额能有一个全面的了解，可以按照不同的原则和方法对它进行科学的分类。

1) 按定额反映的生产要素消耗内容分类

可以把工程建设定额划分为劳动消耗定额、机械消耗定额和材料消耗定额三种。

a. 劳动消耗定额。简称劳动定额（也称为人工定额），是指完成一定的合格产品（工程实体或劳务）规定活劳动消耗的数量标准。为了便于综合和核算，劳动定额大多采用工作时间消耗量来计算劳动消耗的数量。所以劳动定额主要表现形式是时间定额，但同时也表现为产量定额。时间定额与产量定额互为倒数。

b. 机械消耗定额。我国机械消耗定额是以一台机械一个工作班为计量单位，所以又称为机械台班定额。机械消耗定额是指为完成一定合格产品（工程实体或劳务）所规定的施工机械消耗的数量标准。机械消耗定额的主要表现形式是机械时间定额，但同时也以产

量定额表现。

  c. 材料消耗定额。简称材料定额，是指完成一定合格产品所需消耗材料的数量标准。

  材料是工程建设中使用的原材料、成品、半成品、构配件、燃料以及水、电等动力资源的统称。材料作为劳动对象构成工程的实体，需用数量大、种类多。所以材料消耗量多少，消耗是否合理，不仅关系到资源的有效利用，影响市场供求状况，而且对建设工程的项目投资、建筑产品的成本控制都起着决定性的影响。

  材料消耗定额在很大程度上可以影响材料的合理调配和使用。在产品生产数量和材料质量一定的情况下，材料的供应计划和需求都会受到材料定额的影响。重视和加强材料定额管理，制定合理的材料消耗定额，是组织材料的正常供应，保证生产顺利进行，以及合理利用资源、减少积压和浪费的必要前提。

  2) 按定额的编制程序和用途分类

  可以把工程建设定额分为施工定额、预算定额、概算定额、概算指标、投资估算指标等五种。

  a. 施工定额。施工定额是以同一性质的施工过程——工序，作为研究对象，表示生产产品数量与时间消耗综合关系编制的定额。施工定额是施工企业（建筑安装企业）组织生产和加强管理在企业内部使用的一种定额，属于企业定额的性质。为了适应组织生产和管理的需要，施工定额的项目划分很细，是工程建设定额中分项最细、定额子目最多的一种定额，也是工程建设定额中的基础性定额。施工定额本身由劳动定额、机械定额和材料定额三个相对独立的部分组成。

  施工定额主要直接用于工程的施工管理，作为编制工程施工设计、施工预算、施工作业计划、签发施工任务单、限额领料卡及结算计件工资或计量奖励工资等的依据。它同时也是编制预算定额的基础。

  b. 预算定额。预算定额是以建筑物或构筑物各个分部分项工程为对象编制的定额。预算定额是以施工定额为基础综合扩大编制的，同时它也是编制概算定额的基础。

  预算定额是在编制施工图预算阶段，计算工程造价和计算工程中的人工、机械台班、材料需要量时使用，它是编制审查工程造价的重要基础，同时它也可以用作编制施工组织设计、施工技术财务计划的参考。

  c. 概算定额。概算定额是以扩大的分部分项工程为对象编制的。概算定额是编制扩大初步设计概算、确定建设项目投资额的依据。概算定额的项目划分粗细，与扩大初步设计的深度相适应，一般是在预算定额的基础上综合扩大而成的，每一综合分项概算定额都包含了数项预算定额。

  d. 概算指标。概算指标是概算定额的扩大与合并，它以整个建筑物和构筑物为对象，以更为扩大的计量单位来编制的。概算指标的设定和初步设计的深度相适应。一般是在概算定额和预算定额的基础上编制的，比概算定额更加综合扩大。它是设计单位编制工程概算或建设单位编制年度任务计划、施工准备期间编制材料和机械设备供应计划的依据，也可作为编制投资估算指标的基础。

  e. 投资估算指标。它是在项目建议书和可行性研究阶段编制投资估算、计算投资需要量时使用的一种定额。它非常概略，往往以独立的单项工程或完整的工程项目为计算对象，编制内容是所有项目费用之和。它的概略程度与可行性研究阶段相适应。投资估算指

标往往根据历史的预、决算资料和价格变动等资料编制，但其编制基础仍然离不开预算定额、概算定额。

3）按照投资的费用性质分类

可以把工程建设定额分为建筑工程定额、设备安装工程定额、建筑安装工程费用定额、工器具定额以及工程建设其他费用定额等。

a. 建筑工程定额。是建筑工程的施工定额、预算定额、概算定额和概算指标的统称。建筑工程一般理解为房屋和构筑物工程，具体包括一般土建工程、电气工程（动力、照明、弱电）、卫生技术（水、暖、通风）工程、工业管道工程等。建筑工程定额在整个工程建设定额中占有突出的地位。

b. 设备安装工程定额。是安装工程施工定额、预算定额、概算定额和概算指标的统称。设备安装工程是对需要安装的设备进行定位、组合、校正、调试等工作的工程。在工业项目中，机械设备安装和电气设备安装工程占有重要的地位。

建筑工程定额和设备安装工程定额是两种不同类型的定额，一般都要分别编制，各自独立。但是建筑工程和设备安装工程是单项工程的两个有机组成部分，在施工中有时间连续性、也有作业的搭接和交叉，需要统一安排，相互协调，在这个意义上通常把建筑和安装工程作为一个施工过程来看待，即建筑安装工程。所以在通用定额中有时把建筑工程定额和安装工程定额合二为一，称为建筑安装工程定额。建筑安装工程定额属于直接费定额，仅仅包括施工过程中人工、材料、机械消耗定额。

c. 建筑安装工程费用定额。一般包括两部分内容：措施费定额和间接费定额。

d. 工、器具定额。是为新建或扩建项目投产运转首次配置的工具、器具数量标准。工具和器具，是指按照有关规定不够固定资产标准但起劳动手段作用的工具、器具和生产用家具。

e. 工程建设其他费用定额。是独立于建筑安装工程、设备和工器具购置之外的其他费用开支的标准。工程建设的其他费用的发生和整个项目的建设密切相关。它一般要占项目总投资的10%左右。其他费用定额是按各项独立费用分别制定的，以便合理控制这些费用的开支。

4）按照专业性质划分

工程建设定额分为全国通用定额、行业通用定额和专业专用定额三种。全国通用定额是指在部门间和地区间都可以使用的定额；行业通用定额是指具有专业特点在行业部门内可以通用的定额；专业专用定额是特殊专业的定额，只能在规定的范围内使用。

5）按主编单位和管理权限分类

工程建设定额可以分为全国统一定额、行业统一定额、地区统一定额、企业定额、补充定额五种。

a. 全国统一定额。是由国家建设行政主管部门，综合全国工程建设中技术和施工组织管理的情况编制，并在全国范围内执行的定额。

b. 行业统一定额。是由行业建设行政主管部门，考虑到各行业部门专业工程技术特点，以及施工生产和管理水平编制的。一般只在本行业和相同专业性质的范围内使用。

c. 地区统一定额。是由地区建设行政主管部门，考虑地区性特点和全国统一定额水平作适当调整和补充编制的，仅在本地区范围内使用。

d. 企业定额。是指由施工企业考虑本企业具体情况，参照国家、部门或地区定额的水平制定的定额。企业定额只在企业内部使用，是企业素质的一个标志。企业定额水平一般应高于国家现行规定，才能满足生产技术发展、企业管理和市场竞争的需要。

　　e. 补充定额。是指随着设计、施工技术的发展，现行定额不能满足需要的情况下，为了补充缺陷所编制的定额。补充定额只能在指定的范围内使用，可以作为以后修订定额的基础。

　　上述各种定额虽然适用于不同的情况和用途，但是它们是一个互相联系的、有机的整体，在实际工作中常配合使用。

　　(2) 工程建设定额的特点

　　1) 科学性特点

　　工程建设定额的科学性包括两重含义。一重含义是指工程建设定额和生产力发展水平相适应，反映出工程建设中生产消费的客观规律。另一重含义是指工程建设定额管理在理论、方法和手段上适应现代科学技术和信息社会发展的需要。

　　工程建设定额的科学性，首先表现在用科学的态度制定定额，尊重客观实际，力求定额水平合理；其次表现在制定定额的技术方法上，利用现代科学管理的成就，形成一套系统的、完整的、在实践中行之有效的方法；第三表现在定额制定和贯彻的一体化。制定是为了提供贯彻的依据，贯彻是为了实现管理的目标，也是对定额的信息反馈。

　　2) 系统性特点

　　工程建设定额是相对独立的系统。它是由多种定额结合而成的有机的整体。它的结构复杂，有鲜明的层次，有明确的目标。

　　工程建设定额的系统性是由工程建设的特点决定的。按照系统论的观点，工程建设就是庞大的实体系统。工程建设定额是为这个实体系统服务的。因而工程建设本身的多种类、多层次就决定了以它为服务对象的工程建设定额的多种类、多层次。从整个国民经济来看，进行固定资产生产和再生产的工程建设，是一个由多项工程集合的整体。其中包括农林、水利、轻纺、机械、煤炭、电力、石油、冶金、化工、建材工业、交通运输、邮电工程，以及商业物资、科学教育文化、卫生体育、社会福利和住宅工程等等。这些工程的建设都有严格的项目划分，如建设项目、单项工程、单位工程、分部分项工程；在计划和实施过程中有严密的逻辑阶段，如规划、可行性研究、设计、施工、竣工交付使用，以及投入使用后的维修。与此相适应必然形成工程建设定额的多种类、多层次。

　　3) 统一性特点

　　工程建设定额的统一性，主要是由国家对经济发展的有计划的宏观调控职能决定的。为了使国民经济按照既定的目标发展，就需要借助于某些标准、定额、参数等，对工程建设进行规划、组织、调节、控制。而这些标准、定额、参数必须在一定的范围内是一种统一的尺度，才能实现上述职能，才能利用它对项目的决策、设计方案、投标报价、成本控制进行比选和评价。

　　工程建设定额的统一性按照其影响力和执行范围来看，有全国统一定额，地区统一定额和行业统一定额等；按照定额的制定、颁布和贯彻使用来看，有统一的程序、统一的原则、统一的要求和统一的用途。

　　在生产资料私有制的条件下，定额的统一性是很难想象的，充其量也只是工程量计算规则的统一和信息提供。我国工程建设定额的统一性和工程建设本身的巨大投入和巨大产出有关。它对国民经济的影响不仅表现在投资的总规模和全部建设项目的投资效益等方面，而且往往还表现在具体建设项目的投资数额及其投资效益方面。因而需要借助统一的工程建设定额进行社会监督。这一点和工业生产、农业生产中的工时定额、原材料定额也是不同的。

4）权威性特点

工程建设定额具有很大权威，这种权威在一些情况下具有经济法规性质。权威性反映统一的意志和统一的要求，也反映信誉和信赖程度以及反映定额的严肃性。

工程建设定额的权威性的客观基础是定额的科学性，只有科学的定额才具有权威。但是在社会主义市场经济条件下，它必然涉及到各有关方面的经济关系和利益关系。赋予工程建设定额以一定的权威性，就意味着在规定的范围内，对于定额的使用者和执行者来说，不论主观上愿意不愿意，都必须按定额的规定执行。在当前市场不规范的情况下，赋予工程建设定额以权威性是十分重要的。但是在竞争机制引入工程建设的情况下，定额的水平必然会受市场供求状况的影响，从而在执行中可能产生定额水平的浮动。

应该指出的是，在社会主义市场经济条件下，对定额的权威性不应该绝对化，定额毕竟是主观对客观的反映，定额的科学性会受到人们认识的局限，与此相关，定额的权威性也就会受到削弱和挑战。更为重要的是，随着投资体制的改革和投资主体多元化格局的形成，随着企业经营机制的转换，它们都可以根据市场的变化和自身的情况，自主的调整自己的决策行为。因此在这里，一些与经营决策有关的工程建设定额的权威性特征就弱化了。

5）稳定性与时效性

工程建设定额中的任何一种都是一定时期技术发展和管理水平的反映，因而在一段时间内都表现出稳定的状态，稳定的时间有长有短，一般在 5 年至 10 年之间。保持定额的稳定性是维护定额的权威性所必须的，更是有效的贯彻定额所必要的。如果某种定额处于经常修改变动之中，那么必然造成执行中的困难和混乱，使人们感到没有必要去认真对待它，很容易导致定额权威性的丧失。工程建设定额的不稳定也会给定额的编制工作带来极大的困难。

但是工程建设定额的稳定性是相对的。当生产力向前发展了，定额就会与已经发展了的生产力不相适应。这样，它原有的作用就会逐步减弱以至消失，需要重新编制或修订。

1.2 施工定额

1.2.1 施工定额的概念

施工定额是直接用于建筑施工管理中的一种定额。是企业以"施工技术验收规范"及"安全操作规程"为依据，在一定的施工技术和施工组织的条件下，规定建筑安装工人或班组消耗在单位合格建筑安装产品（包括预制件及假定产品）上的人工、材料和机械台班数量标准。施工定额是建筑安装企业的生产定额，施工定额由劳动定额、材料消耗定额和机械台班使用定额三部分组成。

目前大部分施工企业是以国家或行业制定的预算定额作为进行施工管理、工料分析和计算施工成本的依据。随着市场化改革的不断深入和发展，施工企业可以预算定额和基础定额为参照，逐步建立起反映企业自身施工管理水平和技术装备程度的企业定额。

作为企业定额，必须具备有以下特点：

（1）其各项平均消耗要比社会平均水平低，体现其先进性。

（2）可以表现本企业在某些方面的技术优势。

（3）可以表现本企业局部或全面管理方面的优势。

（4）所有匹配的单价都是动态的，具有市场性。

（5）与施工方案能全面接轨。

1.2.2 施工定额的作用

施工定额是建筑安装企业内部管理的定额，属于企业定额的性质。施工定额是建筑安装企业管理工作的基础，也是工程建设定额体系中的基础。

施工定额在企业管理工作中的基础作用主要表现在以下几个方面：

（1）施工定额是企业计划管理的依据

施工定额在企业计划管理方面的作用表现在它既是企业编制施工组织设计的依据，也是企业编制施工作业计划的依据。

施工组织设计是指导拟建工程进行施工准备和施工生产的技术经济文件，其基本任务是根据招标文件及合同协议的规定，确定出经济合理的施工方案，在人力和物力、时间和空间、技术和组织上对拟建工程作出最佳的安排。施工作业计划则是根据企业的施工计划、拟建工程的施工组织设计和现场实际情况编制的。这些计划的编制必须依施工定额。因为施工组织设计包括三部分内容：即资源需用量、使用这些资源的最佳时间安排和平面规划。施工中实物工作量和资源需要量的计算均要以施工定额的分项和计量单位为依据。施工作业计划是施工单位计划管理的中心环节，编制时也要用施工定额进行劳动力、施工机械和运输力量的平衡；计算材料、构件等分期需用量和供应时间；计算实物工程量和安排施工形象进度。

（2）施工定额是组织和指挥施工生产的有效工具

企业组织和指挥施工班组进行施工，是按照施工作业计划通过下达施工任务单和限额领料单来实现的。

施工任务单既是下达施工任务的技术文件，也是班、组经济核算的原始凭证。它列出了应完成的施工任务，也记录着班组实际完成任务的情况，并且进行班组工人的工资结算。施工任务单上的工程计量单位、产量定额和计件单位，均需取自施工的劳动定额，工资结算也要根据劳动定额的完成情况计算。

限额领料单是施工队随任务单同时签发的领取材料的凭证。这一凭证是根据施工任务和施工的材料定额填写的。其中领料的数量，是班组为完成规定的工程任务消耗材料的最高限额。这一限额也是评价班组完成任务情况的一项重要指标。

（3）施工定额是计算工人劳动报酬的根据

施工定额是衡量工人劳动数量和质量，提供出成果和效益较好的标准。所以，施工定额应是计算工人工资的基础依据。这样才能做到完成定额好，工资报酬就多；达不到定额，工资报酬就会减少。真正实现多劳多得，少劳少得的社会主义分配原则。

（4）施工定额是企业激励工人的手段

激励在实现企业管理目标中占有重要位置。所谓激励,就是采取某些措施激发和鼓励员工在工作中的积极性和创造性。行为科学者研究表明,如果职工受到充分的激励,其能力可发挥80%~90%,如果缺少激励,仅仅能够发挥出20%~30%的能力。但激励只有在满足人们某种需要的情形下才能起到作用。完成和超额完成定额,不仅能获取更多的工资报酬以满足生活需要,而且也能满足自尊和获取他人(社会)认同的需要,并且进一步满足尽可能发挥个人潜力以实现自我价值的需要。如果没有施工定额这种标准尺度,实现以上几个方面的激励就缺少必要的手段。

(5) 施工定额有利于推广先进技术

施工定额水平中包含着某些已成熟的先进的施工技术和经验,工人要达到和超过定额,就必须掌握和运用这些先进技术,如果工人要想大幅度超过定额,他就必须创造性地劳动。第一,在自己的工作中,注意改进工具和改进技术操作方法,注意原材料的节约,避免原材料和能源的浪费。第二,施工定额中往往明确要求采用某些较先进的施工工具和施工方法,所以贯彻施工定额也就意味着推广先进技术。第三,企业为了推行施工定额,往往要组织技术培训,以帮助工人能达到和超过定额。技术培训和技术表演等方式也都可以大大普及先进技术和先进操作方法。

(6) 施工定额是编制施工预算,加强企业成本管理的基础

施工预算是施工单位用以确定单位工程上人工、机械、材料和资金需要量的计划文件。施工预算以施工定额为编制基础,既要反映设计图纸的要求,也要考虑在现有条件下可能采取的节约人工、材料和降低成本的各项具体措施。这就能够有效地控制施工中人力、物力消耗,节约成本开支。

施工中人工、机械和材料的费用,是构成工程成本中直接费用的主要内容,对间接费用的开支也有着很大的影响。严格执行施工定额不仅可以起到控制成本、降低费用开支的作用,同时为企业加强班组核算和增加盈利,创造了良好的条件。

(7) 施工定额是施工企业进行工程投标、编制工程投标报价的基础和主要依据

施工定额作为企业定额,反映本企业施工生产的技术水平和管理水平,在确定工程投标报价时,首先是依据企业定额计算出施工企业拟完成投标工程需要发生的计划成本。在掌握工程成本的基础上,再根据所处的环境和条件,确定在该工程上拟获得的利润、预计的工程风险费用和其他应考虑的因素,从而确定投标报价。因此,企业定额是施工企业编制计算投标报价的根基。

综上所述,施工定额在建筑安装企业管理的各个环节中都是不可缺少的,施工定额管理是企业的基础性工作,具有不容忽视的作用。

施工定额在工程建设定额体系中的基础作用,是由施工定额作为生产定额的基本性质决定的。施工定额和生产结合最紧密,它直接反映生产技术水平和管理水平,而其他各类定额则是在较高的层次上、较大的跨度上反映社会生产力水平。

施工定额作为工程建设定额体系中的基础,主要表现在施工定额的水平是确定概、预算定额和指标消耗水平的基础,首先它是确定建筑安装工程预算定额水平的基础。

以施工定额水平作为预算定额水平的计算基础,可以免除测定定额水平的大量繁杂工作,缩短工作周期,使预算定额与实际的生产和经营管理水平相适应,并能保证施工中的人力、物力消耗得到合理的补偿。

1.2.3 施工定额的编制原则

(1) 平均先进性原则

平均先进是就定额的水平而言。定额水平是指规定消耗在单位产品上的劳动、机械和材料数量的多少。也可以说,它是按照一定施工程序和工艺条件下规定的施工生产中活劳动和物化劳动的消耗水平。所谓平均先进水平,就是在正常的施工条件下,大多数施工队组和大多数生产者经过努力能够达到和超过的水平。

施工定额应以企业平均先进水平为基准,使多数单位和员工经过努力,能够达到和超过企业平均先进水平,以保持定额的先进性和可行性。

(2) 简明适用性原则

简明适用是就施工定额的内容和形式而言,要方便于定额的贯彻和执行。制定施工定额的目的就在于适用于企业内部管理,具有可操作性。

定额的简明性和适用性,是既有联系又有区别的两个方面。编制施工定额时应全面加以贯彻。当二者发生矛盾时,定额的简明性应服从适应性的要求。

贯彻定额的简明适用性原则,关键是做到定额项目设置完全,项目划分粗细适当。还应正确选择产品和材料的计量单位,适当利用系数,并辅以必要的说明和附注。总之,贯彻简明适用性原则,要努力使施工定额达到项目齐全、粗细恰当、步距合理的效果。

(3) 以专家为主编制定额的原则

编制施工定额,要以专家为主,这是实践经验的总结。施工定额的编制要求有一支经验丰富、技术与管理知识全面、有一定政策水平的稳定的专家队伍,同时也要注意必须走群众路线,尤其是在现场测试和组织新定额试点时,这一点非常重要。

1.2.4 施工定额的编制方法

编制施工定额最关键的工作是确定人工、材料和机械台班的消耗量,计算分项工程单价或综合单价。

人工消耗量的确定,首先是根据企业环境,拟订正常的施工作业条件,分别计算测定基本用工和其他用工的工日数,进而拟订施工作业的定额时间。

材料消耗量的确定是通过企业历史数据的统计分析、理论计算、实验试验、实地考察等方法计算确定材料,包括周转材料的净用量和损耗量,从而拟订材料消耗的定额指标。

机械台班消耗量的确定,同样需要按照企业的环境,拟订机械工作的正常施工条件,确定机械工作效率和利用系数,据此拟订施工机械作业的定额台班与机械作业相关的工人小组的定额时间。

1.3 人工、机械台班、材料定额消耗量确定方法

1.3.1 施工过程与工作时间

(1) 施工过程

1) 施工过程的概念

一般来说就是在建筑工地范围内所进行的各种生产活动。其最终目的是建造、恢复、改建、移动或拆除工业、民用建筑物的全部或一部分。所以,施工过程也就是基本建设中建筑安装工程的生产过程。

施工过程是由不同工种、不同技术等级的建筑安装工人完成的,并且必须有一定的劳

动对象——建筑材料、半成品、配件、预制品等和一定的劳动工具——手动工具、小型机具和机械等。

每个施工过程的结果，都获得一定的产品。该产品可能是改变了劳动对象的外观形状、内部结构或性质（由于制作加工的结果），也可能是改变了劳动对象的空间位置（由于运输和安装的结果）。参与施工过程的工人、劳动对象、劳动工具及其产品等所在的活动空间，称为施工过程的工作地点。每一施工过程都有其自己的工作地点。

2）施工过程分类

对施工过程分类的目的，是通过对施工过程组成部分进行分解，并按其不同的劳动分工、不同的工艺特点、不同的复杂程度来区别和认识施工过程的性质和内容，以便在技术上采用不同的现场观察方法，研究工时和材料消耗的特点，从而取得编制定额所必需的精确资料，进一步研究节省工时的方法。

a. 按施工过程的性质不同，施工过程可以分为：建筑过程——指工业、民用建筑物的新建、恢复、改建、移动或拆除的施工过程；安装过程——指安装工业、企业、工艺和科学实验设备及民用建筑物设备的施工过程；建筑安装过程——由于现代建筑技术的发展，各种工厂预制的装配式结构在建筑施工中比例越来越大，建筑、安装工程往往交错进行，难以区别，这种情况下进行的施工过程称为建筑安装过程。

b. 根据使用的工具设备的机械化程度不同，施工过程可以分为：手工操作过程和机械化操作过程。

c. 按施工过程组织上的复杂程度不同还可以分为：工序、工作过程和综合工作过程。

工序是组织上分不开和技术上相同的施工过程。工序的主要特征是：工人、工作地点、施工工具和材料均不发生变化。如果其中有一个条件发生变化，就意味着从一个工序转入另一个工序。从施工的技术操作和组织的观点看，工序是工艺方面最简单的施工过程。从劳动过程的观点看，工序又可以分解为操作和动作。

施工操作是一个施工动作接一个施工动作的综合。施工动作是施工工序中最小的可以测算的部分。每一个施工动作和操作都是完成施工工序的一部分。

在编制施工定额时，工序是主要的研究对象。工序可以由一个人来完成，也可以由小组或施工队的几名工人来协同完成，也可以由机械完成。

（2）工作时间

工作时间是指工作延续时间（不包括午休）。完成任何施工过程，都必然消耗一定的工作时间。工作时间消耗，分为工人工作时间的消耗和工人所使用机器工作时间的消耗。

1）工人工作时间消耗的分类

工人工作时间按其消耗的性质，可以分为两大类：必需消耗的时间（定额时间）和损失时间（非定额时间）。工人工作时间分类如图1-1所示。

必需消耗的时间，是工人在正常施工条件下，为完成一定产品（工作任务）所消耗的时间。它是制定定额的主要根据，包括有效工作时间、休息时间和不可避免中断时间的消耗。

有效工作时间，是从生产效果来看与产品生产直接有关的时间消耗。包括基本工作时间、辅助工作时间、准备与结束工作时间。

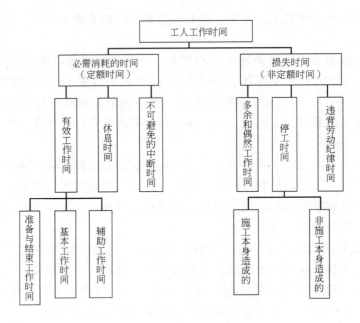

图 1-1　工人工作时间分类

基本工作时间，是工人完成基本工作所消耗的时间，即完成一定产品的施工过程所消耗的时间。

辅助工作时间，是为保证基本工作能顺利完成所做的辅助性工作所消耗的时间。

准备与结束工作时间，是执行任务前的准备工作或任务完成后的整理工作所消耗的工作时间。

不可避免的中断所消耗的时间，是由于施工工艺特点引起的工作中断所必需的时间，应包括在定额时间内。

休息时间，是工人在工作过程中为恢复体力所必需的短暂休息和生理需要的时间消耗。休息时间的长短与劳动条件和劳动强度有关。

损失时间，是和产品生产无关，而和施工组织和技术上的缺点有关，与工人在施工过程中的个人过失或某些因素有关的时间消耗。包括多余和偶然工作、停工和违背劳动纪律所造成的工时损失。

多余和偶然工作的时间损失。多余工作，指工人进行了任务以外的工作而又不能增加产品数量的工作。一般为由于工程技术人员和工人的差错而引起的修整废品和多余加工造成的，此项时间损失不应计入定额时间。偶然工作也是工人在任务外进行的工作，但能够获得一定的产品，如抹灰工修补偶然遗留的墙洞等。定额中不应计算它所占的时间，但因为能获得一定的产品，在拟订定额时应适当考虑其影响。

停工时间，是工作班内停止工作造成的工时损失。施工本身造成的停工时间，是由于施工组织不善，材料供应不及时，工作面准备工作不好，工作地点组织不良等情况引起的停工时间。非施工本身造成的停工时间，是由于气候条件以及水源、电源中断引起的停工时间。前者在定额中不应计算，后者在定额中应合理考虑。

违背劳动纪律造成的工作时间损失，是指在工作班内迟到、早退、擅自离开工作岗位、工作时间内聊天、办私事造成的工时损失以及因个别工人违背劳动纪律而影响其他工人工作的时间损失。此项工时损失，定额中不应考虑。

2) 机器工作时间消耗的分类

机器工作时间，也分为必需消耗的时间和损失时间两大类，如图1-2所示。

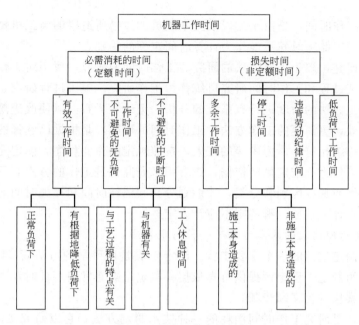

图1-2 机器工作时间分类

a. 在必须消耗的时间里，包括有效工作、不可避免的无负荷工作和不可避免的中断三项时间消耗。而在有效工作的时间消耗中又包括正常负荷下，有根据地降低负荷下工作的工时消耗。

正常负荷下的工作时间，是机器在与机器说明书规定的计算负荷相符的情况下进行工作的时间。

有根据地降低负荷下的工作时间，是在个别情况下由于技术上的原因，机器在低于其计算负荷下工作的时间。

不可避免的无负荷工作时间，是由施工过程的特点和机械结构的特点造成的机械无负荷工作时间。

不可避免的中断工作时间，是与工艺过程的特点、机器的使用和保养、工人休息有关，所以它又可以分为三种。

与工艺过程的特点有关的不可避免中断时间，有循环的和定期的两种。

与机器有关的不可避免中断时间，是由于工人进行准备与结束工作或辅助工作时，机器停止工作而引起的中断工作时间。它是与机器的使用与保养有关的不可避免中断时间。

工人休息时间前面已作了说明。这里要注意的是，应尽量利用与工艺过程有关的和与机器有关的不可避免中断时间进行休息，以充分利用工作时间。

b. 损失的时间中，包括多余工作、停工、违背劳动纪律和低负荷下工作所消耗的工作时间。

机器的多余工作时间，是机器进行任务内和工艺过程内未包括的工作而延续的时间。

机器的停工时间，按其性质也可分为施工本身造成和非施工本身造成的停工。前者是由于施工组织得不好而引起的停工现象，后者是由于气候条件所引起的停工现象。

违反劳动纪律引起的机器的时间损失，是指由于工人迟到早退或擅离岗位等原因引起的机器停工时间。

低负荷下的工作时间，是由于工人或技术人员的过错所造成的施工机械在降低负荷的情况下工作的时间。此项时间不能作为计算时间定额的基础。

施工过程的研究，属于工作方法的研究。工作时间的研究，属于对工作时间消耗的定量分析研究。施工过程和工作时间研究可统称为工作研究。施工过程研究，是对确定研究的施工过程从施工方法的角度进行有系统的分析、记录和考察，以便改进落后、薄弱的环节，采用更加有效，更简便的工作方法。工作时间的研究，是根据已选择的施工方法和施工条件，由技术等级相符、体力中等的工人，按照规定的作业程序，测定完成该项工作所需的工作时间，以作为确定定额的依据，或者用来研究先进工作的方法。只有把工作班延续时间按其消耗性质加以区别和分类，才能划分必须消耗时间和损失时间的界限，才能明确哪些工时消耗应计入定额，哪些则不应计入定额。

1.3.2 测定时间消耗的基本方法——计时观察法

定额测定是制定定额的一个主要步骤。测定定额是用科学的方法观察、记录、整理、分析施工过程，为制定工程定额提供可靠依据。测定定额通常使用计时观察法。

(1) 计时观察法的含义和步骤

计时观察法，是研究工作时间消耗的一种技术测定方法。它以研究工时消耗为对象，以观察测时为手段，通过密集抽样和粗放抽样等技术进行直接的时间研究。计时观察法运用于建筑施工中，是以现场观察为特征，所以也称之为现场观察法。

计时观察法适宜于研究人工手动过程和机手并动过程的工时消耗。

在施工中运用计时观察法的主要目的是：查明工作时间消耗的性质和数量；查明和确定各种因素对工作时间消耗数量的影响；找出工时损失的原因和研究缩短工时、减少损失的可能性。

计时观察法的特点，是能够把现场工时消耗情况和施工组织技术条件联系起来加以考察。它在施工过程分类和工作时间分类的基础上，利用一整套方法对选定的过程进行全面观察、测时、计量、记录、整理和分析研究，以获得该施工过程的技术组织条件和工时消耗的有技术根据的基础资料，分析出工时消耗的合理性和影响工时消耗的具体因素，以及各个因素对工时消耗影响的程度。所以，它不仅能为制定定额提供基础数据，而且也能为改善施工组织管理、改善工艺过程和操作方法、消除不合理的工时损失和进一步挖掘生产潜力提供技术根据。计时观察法的局限性，是考虑人的因素不够。

我国在工程建设中应用计时观察法，从20世纪50年代初开始，已有几十年的历史，但主要局限于编制定额方面。特别是编制施工定额时，运用这种方法提供确定劳动定额和机械台班定额的计算根据。随着体制改革和企业管理的加强，运用这种方法的领域还会得到进一步扩展。

(2) 计时观察前的准备工作

1) 确定需要进行计时观察的施工过程

计时观察之前的第一个准备工作，是研究并确定有哪些施工过程需要进行计时观察。

对于需要进行计时观察的施工过程要编出详细的目录，拟订工作进度计划，制定组织技术措施，并组织编制定额的专业技术队伍，按计划认真开展工作。

2) 对施工过程进行预研究

对于已确定的施工过程的性质应进行充分的研究，目的是为了正确地安排计时观察和收集可靠的原始资料。研究的方法是全面地对各个施工过程及其所处的技术组织条件进行实际调查和分析，以便设计正常的（标准的）施工条件和分析研究测时数据。

3) 选择施工的正常条件

绝大多数企业和施工队、组，在合理组织施工的条件下所处的施工条件，称之为施工的正常条件。选择施工的正常条件是技术测定中的一项重要内容，也是确定定额的依据。

选择施工的正常条件，应该具体考虑下列问题：

a. 所完成的工作和产品的种类，以及对其质量的技术要求；

b. 所采用的建筑材料、制品和装配式结构配件的类型；

c. 采用的劳动工具和机械的类型；

d. 工作的组成，包括施工过程的各个组成部分；

e. 工人的组成，包括小组成员的专业、技术等级和人数；

f. 施工方法和劳动组织，包括工作地点的组织、工人配备和劳动分工、技术操作过程和完成主要工序的方法等。

4) 选择观察对象

所谓观察对象，就是对其进行计时观察的施工过程和完成该施工过程的工人。选择计时观察对象，必须注意所选择的施工过程要完全符合正常施工条件；所选择的建筑安装工人，应具有与技术等级相符的工作技能和熟练程度，所承担的工作与其技术等级相等，同时应该能够完成或超额完成现行的施工劳动定额。

5) 调查所测定施工过程的影响因素

施工过程的影响因素包括技术、组织及自然因素。例如：产品和材料的特征（规格、质量、性能等）；工具和机械性能、型号；劳动组织和分工；施工技术说明（工作内容、要求等），并附施工简图和工作地点平面布置图。

6) 其他准备工作

此外，还必须准备好必要的用具和表格。如测时用的秒表或电子计时器，测量产品数量的工、器具，记录和整理测时资料用的各种表格等。如果有条件并且也有必要，还可配备电影摄像和电子记录设备。

(3) 计时观察方法

对施工过程进行观察、测时，计算实物和劳务产量，记录施工过程所处的施工条件和确定影响工时消耗的因素，是计时观察法的三项主要内容和要求。计时观察法种类很多，其中最主要的有三种，即测时法、写实记录法和工作日写实法。

1) 测时法

测时法主要适用于测定那些定时重复的循环工作的工时消耗，是精确度比较高的一种计时观察法。有选择法和接续法两种。

2) 写实记录法

写实记录法是一种研究各种性质的工作时间消耗的方法。采用这种方法，可以获得分析工作时间消耗的全部资料，是一种值得提倡的方法。

写实记录法的观察对象，可以是一个工人，也可以是一个工人小组。测时用普通表进行，详细记录在一段时间内观察对象的各种活动及其时间消耗（起止时间），以及完成的产品数量。写实记录法按记录时间的方法不同分为数示法、图示法和混合法三种。

3) 工作日写实法

工作日写实法，是一种研究整个工作班内的各种工时消耗的方法。

运用工作日写实法主要有两个目的，一是取得编制定额的基础资料；二是检查定额的执行情况，找出缺点，改进工作。

工作日写实法与测时法、写实记录法比较，具有技术简便、费力不多、应用面广和资料全面的优点，在我国是一种采用较广的编制定额的方法。

上述计时观察的主要方法，在实际工作中，有时为了减少测时工作量，往往采取某些简化的方法。这在制定一些次要的、补充的和一次性定额时，是很可取的。在查明大幅度超额和完不成定额的原因时，采用简化方法也比较经济。简化的最主要途径是合并组成部分的项目。

1.3.3 确定人工定额消耗量的基本方法

(1) 拟订施工的正常条件

拟订施工的正常条件包括：拟订工作组织地点、拟订施工过程、拟订施工人员编制。拟订工作地点组织：工作地点应保持清洁和秩序井然，组织科学，工人操作时不受妨碍，所使用的工具和材料按使用顺序放置，便于取用等；拟订施工过程：将工作过程按照劳动分工的可能划分为若干工序，达到合理使用技术工人；拟订施工人员编制：确定小组人数，技术工人的配备，劳动的分工和协作。

(2) 确定人工定额消耗量的方法

时间定额和产量定额是人工定额的两种表现形式。拟订出时间定额，也就可以计算出产量定额。

时间定额是在拟订基本工作时间、辅助工作时间、不可避免中断时间、准备与结束的工作时间，以及休息时间的基础上制定的。

1) 拟订基本工作时间

基本工作时间在必需消耗的工作时间中占的比重最大。在确定基本工作时间时，必须细致、精确。基本工作时间消耗一般应根据计时观察资料来确定。其做法是，首先确定工作过程每一组成部分的工时消耗，然后再综合出工作过程的工时消耗。如果组成部分的产品计量单位和工作过程的产品计量单位不符，就需先求出不同计量单位的换算系数，进行产品计量单位的换算，然后再相加，求得工作过程的工时消耗。

2) 拟订辅助工作时间和准备与结束工作时间

辅助工作和准备与结束工作时间的确定方法与基本工作时间相同。但是，如果这两项工作时间在整个工作班工作时间消耗中所占比重不超过5%~6%，则可归纳为一项，以工作过程的计量单位表示，确定出工作过程的工时消耗。

如果在计时观察时不能取得足够的资料，也可采用工时规范或经验数据来确定。如具有现行的工时规范，可以直接利用工时规范中规定的辅助和准备与结束工作时间的百分比来计算。例如，根据工时规范规定，各个工程的辅助和准备与结束工作、不可避免中断、休息时间等项,在工作日或作业时间中各占的百分比。

3) 拟订不可避免的中断时间

在确定不可避免中断时间的定额时,必须注意由工艺特点所引起的不可避免中断才可列入工作过程的时间定额。

不可避免中断时间也需要根据测时资料通过整理分析获得,也可以根据经验数据或工时规范,以占工作日的百分比表示此项工时消耗的时间定额。

4) 拟订休息时间

休息时间应根据工作班作息制度、经验资料、计时观察资料,以及对工作的疲劳程度作全面分析来确定。同时,应考虑尽可能利用不可避免中断时间作为休息时间。

从事不同工种、不同工作的工人,疲劳程度有很大差别。为了合理确定休息时间,往往要对从事各种工作的工人进行观察、测定,以及进行生理和心理方面的测试,以便确定其疲劳程度,从而合理规定休息需要的时间。

5) 拟订定额时间

确定的基本工作时间、辅助工作时间、准备与结束工作时间、不可避免中断时间和休息时间之和就是劳动定额的时间定额。根据时间定额可计算出产量定额,时间定额和产量定额互成倒数。

利用工时规范,可以计算劳动定额的时间定额。计算公式是:

$$定额时间=基本工作时间+辅助工作时间+准备与结束工作时间+\\不可避免的中断时间+休息时间 \tag{1-1}$$

时间定额与产量定额互为倒数关系。

即:

$$时间定额=\frac{1}{产量定额} \tag{1-2}$$

$$产量定额=\frac{1}{时间定额} \tag{1-3}$$

【例 1-1】 某项毛石护坡砌筑工程,定额测定资料如下:完成每立方米毛石砌体的基本工作时间为 7.9h;辅助工作时间、准备与结束时间、不可避免中断时间和休息时间分别占毛石砌体工作延续时间的 3%、2%、2% 和 16%;求该分项工程的时间定额及产量定额。

【解】 (1) 假定砌筑每立方米毛石护坡的工作延续时间为 X,则

$$X=7.9+(3\%+2\%+2\%+16\%)X$$
$$X=7.9+(23\%)X$$
$$X=7.9/(1-23\%)=10.26 工时$$

(2) 每工日按 8 工时计算,则:

砌筑毛石护坡的人工时间定额 $=X/8=10.26/8=1.283$ 工日$/m^3$

砌筑毛石护坡的人工产量定额 $=1/1.283=0.779m^3/$工日

1.3.4 确定机械台班定额消耗量的基本方法

(1) 拟订机械工作的正常作业条件

拟订机械工作的正常作业条件,主要是拟订工作地点的合理组织和拟订合理的工人

编制。

工作地点的合理组织，就是对施工地点机械和材料的放置位置、工人从事操作的场所，作出科学合理的平面安置和空间安排，最大限度发挥机械的效能，减少工人的手工操作。拟订合理的工人编制，就是根据施工机械的性能和设计能力，工人的专业分工和劳动工效，合理确定操作机械的工人和直接参加机械化施工过程工人的编制人数。工人的编制往往要通过计时观测，理论计算和经验资料来合理确定。

（2）机械台班定额时间构成

为了便于编制机械台班定额，在机械工作时间消耗分类的基础上，可将机械施工过程的定额时间归纳为纯工作时间和其他工作时间两类。

纯工作时间，是指人—机用于完成基本操作所消耗的时间，主要包括：机械消耗的有效工作时间；不可避免的无负荷运转时间；与操作有关的不可避免的中断时间。

其他工作时间，指除了机械纯工作时间以外的定额时间。主要包括操纵机械及配合机械施工的工人所做的准备与结束工作，引起机械的不可避免的中断时间；机械保养、工人需休息等所造成的机械不可避免的中断时间。

纯工作时间和其他工作时间数据的确定，应根据现场技术测定，结合各类施工机械的种类和机械性能说明书等资料，经过资料分析、整理和工时评定、研究之后取定。应尽可能提高机械的纯工作时间，减少其他工作时间。

（3）台班产量定额与时间定额计算

工人操纵一台施工机械工作一个工作班，称为一个台班。它包括操纵和配合该机械的工人工作量。编制时通常以确定和计算台班产量定额为准。表现形式也以产量定额为主，实际应用可以依据倒数关系换算为时间定额。

1）施工机械正常利用系数的计算

机械的正常利用系数，是指机械的纯工作时间与工作班延续时间的比值。

$$机械正常利用系数 = \frac{工作班内机械的纯工作时间}{工作班延续时间} \tag{1-4}$$

2）施工机械纯工作1h正常生产率的计算

施工机械有循环机械和非循环（即连续动作）机械之分，应根据实际情况分别计算。循环动作机械纯工作1h正常生产率取决于该机械纯工作1h的正常循环次数和每一次循环所产生的产品数量。

即：机械纯工作1h正常生产率 = 机械纯工作1h的正常循环次数 × 一次循环生产的产品数量 　　　　　　　　　　　　　　　　　　　　　　　　　　　　　　　　　　　（1-5）

3）机械台班产量定额的计算

在取得机械正常利用系数和纯工作1h的正常生产率计算数据之后，可通过下式计算台班产量定额。

施工机械台班产量定额 = 机械纯工作1h正常生产率 × 工作班延续时间 × 机械正常利用系数 　　　　　　　　　　　　　　　　　　　　　　　　　　　　　　（1-6）

根据施工机械台班产量定额，可以计算出施工机械时间定额。

$$施工机械时间定额 = \frac{1}{施工机械台班产量定额} \quad (1-7)$$

【例 1-2】 某工程现场采用出料容量 500L 的混凝土搅拌机,每一次循环中,装料、搅拌、卸料、中断需要的时间分别为 1、3、1、1min,机械正常利用系数为 0.9,则该机械的台班产量为多少 m^3?

【解】 (1) 机械 1h 纯工作正常生产率 = 机械纯工作正常循环次数 × 一次循环生产的产品数量 = (60/6)×0.5 = $5m^3/h$

(2) 施工机械台班产量定额 = 机械 1h 纯工作正常生产率 × 工作班纯工作时间
= 5×(8×0.9) = $36m^3$

1.3.5 确定材料定额消耗量的方法

建筑材料在施工中用量很大,合理的编制施工材料定额,可以促使企业降低材料消耗,降低施工成本。

施工中消耗的材料可以分为必须的材料消耗和不可避免的损失材料消耗两类。所以,材料消耗定额由材料消耗净用量和材料损耗量两部分构成。确定材料净用量定额和材料损耗定额的计算数据,是通过现场技术测定、实验室试验、现场统计和理论计算等方法获得的。

(1) 材料消耗净用量,是指在合理使用材料的前提下,为生产单位合格产品所必需的材料。

(2) 材料损耗量,是指在合理使用材料的前提下,为生产单位合格产品产生的不可避免的材料损耗量。包括材料的合理损耗及不可避免的施工废料。材料损耗率,指材料损耗量与材料净用量之比。净用量与损耗量相加,即等于材料的消耗总量。

(3) 施工周转材料的计算。在编制材料消耗定额时,某些定额项目涉及到周转材料的确定和计算。如架子工程、模板工程等。

施工中使用的周转材料,是指在施工中工程上多次周转使用的材料,亦称工具型材料。如钢、木脚手架、模板、挡土板、支撑、活动支架等材料。

在编制材料消耗定额时,应按多次使用,分次摊销的办法确定。为了更合理地确定周转材料的周转次数,应根据工程类型和使用条件,采用各种测定手段进行实地观察,结合有关的原始记录、经验数据加以综合取定。

影响周转次数的主要因素有:材质及功能对周转次数的影响;施工速度快慢的影响;周转材料保管、保养和维修的影响等。

材料消耗量中应计算材料摊销量。

$$材料摊销量 = 一次使用量 × 摊销系数 \quad (1-8)$$

1.4 预算定额

1.4.1 预算定额的概念和分类

(1) 预算定额的概念

预算定额,是规定消耗在合格质量的单位工程基本构造要素上的人工、材料和机械台班的数量标准,是计算建筑安装产品价格的基础。

所谓基本构造要素,即通常所说的分项工程和结构构件。预算定额按工程基本构造要素规定劳动力、材料和机械的消耗数量,以满足编制施工图预算、规划和控制工程造价的要求。

预算定额是工程建设中的一项重要的技术经济文件,它的各项指标,反映了在完成规定计量单位符合设计标准和施工及验收规范要求的分项工程消耗的劳动和物化劳动的数量限度。这种限度最终决定着单项工程和单位工程的成本和造价。

在编制施工图预算时,需要按照施工图纸和工程量计算规则计算工程量,还需要借助于某些可靠的参数计算人工、材料、机械(台班)的耗用量,并在此基础上计算出资金的需要量,计算出建筑安装工程的价格。

在我国,现行的工程建设概、预算制度,规定了通过编制概算和预算确定造价,概算定额、概算指标、预算定额等则为计算人工、材料、机械(台班)耗用量,提供统一的可靠参数。同时,现行制度还赋予了概、预算定额相应的权威性,使之成为建设单位和施工企业之间建立经济关系的重要基础。

(2) 预算定额的分类

1) 按专业性质分,预算定额有建筑工程预算定额和安装工程预算定额两大类。

建筑工程预算定额按专业对象又分为建筑工程预算定额、市政工程预算定额、铁路工程预算定额、公路工程预算定额、房屋修缮工程预算定额、矿山井巷预算定额等。

安装工程预算定额按专业对象又分为电气安装工程预算定额、机械设备安装工程预算定额、通信设备安装工程预算定额、化学工业设备安装工程预算定额、工业管道安装工程预算定额、工艺金属结构安装工程预算定额、热力设备安装工程预算定额等。

2) 从管理权限和执行范围分,预算定额可分为全国统一定额、行业统一定额和地区统一定额等。

全国统一定额由国务院建设行政主管部门组织制定发布,行业统一定额由国务院行业管理部门制定发布,地区统一定额由省、自治区、直辖市建设行政主管部门制定发布。

3) 预算定额按物资要素区分为劳动定额、机械台班使用定额和材料消耗定额,但它们相互依存形成一个整体,作为编制预算定额依据,各自不具有独立性。

1.4.2 预算定额的作用

(1) 预算定额是编制施工图预算、确定建筑安装工程造价的基础。

施工图设计一经确定,工程预算造价就取决于预算定额水平和人工、材料及机械台班的价格。预算定额起着控制劳动消耗、材料消耗和机械台班使用的作用,进而起着控制建筑产品价格的作用。

(2) 预算定额是编制施工组织设计的依据。

施工组织设计的重要任务之一,是确定施工中所需人力、物力的供求量,并作出最佳安排。施工单位在缺乏本企业的施工定额的情况下,根据预算定额,亦能够比较精确地计算出施工中各项资源的需要量,为有计划地组织材料采购和预制件加工、劳动力和施工机械的调配,提供了可靠的计算依据。

(3) 预算定额是工程结算的依据。

工程结算是建设单位和施工单位按照工程进度对已完成的分部分项工程实现货币支付

的行为。按进度支付工程款，需要根据预算定额将已完分项工程的造价算出。单位工程验收后，再按竣工工程量、预算定额和施工合同规定进行结算，以保证建设单位建设资金的合理使用和施工单位的经济收入。

(4) 预算定额是施工单位进行经济活动分析的依据。

预算定额规定的物化劳动和劳动消耗指标，是施工单位在生产经营中允许消耗的最高标准。目前，预算定额决定着施工单位的收入，施工单位就必须以预算定额作为评价企业工作的重要标准，作为努力实现的目标。施工单位可根据预算定额对施工中的劳动、材料、机械的消耗情况进行具体的分析，以便找出并克服低功效、高消耗的薄弱环节，提高竞争能力。只有在施工中尽量降低劳动消耗，采用新技术，提高劳动者素质，提高劳动生产率，才能取得较好的经济效果。

(5) 预算定额是编制概算定额的基础。

概算定额是在预算定额基础上综合扩大编制的。利用预算定额作为编制依据，不但可以节省编制工作的大量人力、物力和时间，收到事半功倍的效果，还可以使概算定额在水平上与预算定额保持一致，以免造成执行中的不一致。

(6) 预算定额是合理编制招标标底、投标报价的基础。

在深化改革中，预算定额的指令性作用将日益削弱，而施工单位按照工程个别成本报价的指导性作用仍然存在，因此，预算定额作为编制标底的依据和施工企业报价的基础性作用仍将存在，这也是由于预算定额本身的科学性和权威性决定的。

1.4.3 预算定额的编制原则

为保证预算定额的质量，充分发挥预算定额的作用，实际使用简便，在编制工作中应遵循以下原则。

(1) 按社会平均水平确定预算定额的原则

预算定额是确定和控制建筑安装工程造价的主要依据。因此它必须遵照价值规律的客观要求，即按生产过程中所消耗的社会必要劳动时间确定定额水平。所以预算定额的平均水平，是在正常的施工条件下，合理的施工组织和工艺条件、平均劳动熟练程度和劳动强度下，完成单位分项工程基本构造要素所需要的劳动时间。

(2) 简明适用的原则

预算定额项目是在施工定额的基础上进一步综合，通常将建筑物分解为分部分项工程。简明适用是指在编制预算定额时，对于那些主要的、常用的、价值量大的项目，分项工程划分宜细；次要的、不常用的、价值量相对较小的项目则可以放粗一些。

预算定额要项目齐全，要注意补充那些因采用新技术、新结构、新材料而出现的新的定额项目。在编制中要尽量不留活口，尽量规定换算方法，避免采取按实计算。

(3) 坚持统一性和差别性相结合的原则

所谓统一性，就是计价定额的制定规划和组织实施由国务院建设行政主管部门归口，负责全国统一定额的制定或修订，使建筑安装工程具有一个统一的计价依据，也使考核设计和施工的经济效果具有一个统一尺度。

所谓差别性，就是在统一性的基础上，各部门和省、自治区、直辖市主管部门可以在自己的管辖范围内，根据本部门和地区的具体情况，制定部门和地区性定额、补充性定额和管理办法，以适应我国幅员辽阔，地区间部门发展不平衡和差异大的实际情况。

1.4.4 预算定额的编制依据和步骤

(1) 预算定额编制的依据

1) 现行的施工定额。
2) 现行设计规范、施工及验收规范、质量评定标准和安全操作规程。
3) 具有代表性的典型工程施工图及有关标准图。
4) 新技术、新结构、新材料和先进的施工方法等。
5) 有关科学试验、技术测定和统计、经验资料。
6) 现行的有关文件规定等。

(2) 预算定额的编制步骤

预算定额的编制，大致分为准备工作、收集资料、编制定额、报批和修改定稿整理资料五个阶段。各阶段工作互有交叉，有些工作还有多次反复。

1) 准备工作阶段

拟订编制方案，抽调人员根据专业需要划分编制小组和综合组。

2) 收集资料阶段

在已确定的编制范围内，采用表格化收集定额编制基础资料，并邀请建设单位、设计单位、施工单位及其他有关单位有经验的专业人员开座谈会，就以往定额存在的问题提出意见和建议，以便在编制新定额时改进。同时要注重收集现行规定、规范和政策法规资料以及定额管理部门积累的资料，还应收集一定数量的现场实际配合比资料。

3) 定额编制阶段

确定编制细则，如要统一编制表格及编制方法，统一计算口径、计量单位和小数点位数的要求等，文字要简练明确；确定定额的项目划分和工程量计算规则；并对定额人工、材料、机械台班耗用量进行计算、复核和测算。

4) 定额报批阶段

新定额编制成稿，必须与原定额进行对比测算，分析水平升降原因。一般新编定额的水平应该不低于历史上已经达到过的水平，并略有提高。在定额水平测算前，必须编出同一人工工资、材料价格、机械台班费的新旧两套定额的工程单价。

5) 修改定稿、整理资料阶段

定额初稿编制完成以后，需要征求各有关方面意见和组织讨论，反馈意见。在统一意见的基础上整理分类，制定修改方案；然后将初稿按照定额的顺序进行修改，并经审核无误形成报批稿，经批准后交付印刷。

为顺利地贯彻执行定额，需要撰写新定额编制说明，其内容包括：项目、子目数量；人工、材料、机械的内容范围；资料的依据和综合取定情况；定额中允许换算和不允许换算规定的计算资料；人工、材料、机械单位的计算和资料；施工方法、工艺的选择及材料运距的考虑；各种材料损耗率的取定资料；调整系数的使用；其他应说明的事项与计算数据、资料等。

1.4.5 预算定额的编制方法

(1) 预算定额编制中的主要工作

在定额基础资料完备可靠的条件下，编制人员应反复阅读、熟悉并掌握各项资料，在此基础上计算各个分部分项工程的人工、机械和材料的消耗量。

1) 确定预算定额的计量单位

预算定额和施工定额计量单位往往不同。施工定额的计量单位一般按工序或工作过程；而预算定额的计量单位，主要是根据分部分项工程的形体和结构构件特征及其变化确定。如采用立方米、平方米、延长米作为计量单位，还可以按吨、千克等作为计量单位。

2) 按典型设计图纸和资料计算工程数量

计算工程量的目的，是为了通过分别计算典型设计图纸所包括的施工过程的工程量，以便在编制预算定额时，有可能利用施工定额或劳动定额的人工、材料和机械台班消耗指标确定预算定额所含的消耗量。

3) 确定预算定额各项目人工、材料和机械台班消耗指标

确定预算定额人工、材料和机械台班消耗指标时，必须先按施工定额的分项逐项计算出消耗指标，然后，再按预算定额的项目加以综合。但是，这种综合不是简单的合并和相加，而需要在综合过程中增加两种定额之间适当的水平差。

4) 编制定额表和拟订有关说明

定额项目表的一般格式是：横向排列为各分项工程的项目名称，竖向排列为分项工程的人工、材料和施工机械消耗量标准。有的项目表下部还有附注以说明设计有特殊要求时，怎样进行调整和换算。

预算定额的说明包括定额总说明、册说明和各章、节说明。涉及各分部共性的问题列入总说明，属某一分部需说明的事项列入各章节说明，说明要求简明扼要。

(2) 人工工日消耗量的计算方法

预算定额中人工工日消耗量是指在正常施工条件下，生产单位合格产品所必须消耗的人工工日数量，是由分项工程所综合的各个工序劳动定额包括的基本用工、其他用工两部分组成。

1) 基本用工。指完成单位合格产品所必须消耗的技术工种用工。按技术工种相应劳动定额工时定额计算，以不同工种列出定额工日。

2) 其他用工。其他用工通常包括超运距用工、辅助用工和人工幅度差。

a. 超运距用工：指预算定额的平均水平运距超过劳动定额规定水平运距部分。

$$超运距 = 预算定额取定运距 - 劳动定额已包括的运距 \tag{1-9}$$

b. 辅助用工：指技术工种劳动定额内不包括，而在预算定额内又必须考虑的用工。如机械土方工程配合用工等。

c. 人工幅度差：指在劳动定额作业时间之外而预算定额应考虑的在正常施工条件下所发生的各种工时损失。内容包括：各工种间的工序搭接及交叉作业互相配合所发生的停歇用工；施工机械在单位工程之间转移及临时水电线路移动所造成的停工；质量检查和隐蔽工程验收工作的影响；班组操作地点转移用工；工序交接时对前一工序不可避免的修整用工；施工中不可避免的其他零星用工。

人工幅度差计算公式如下：

$$人工幅度差 = (基本用工 + 辅助用工 + 超运距用工) \times 人工幅度差系数 \tag{1-10}$$

则人工消耗量计算公式如下：

人工消耗量＝(基本用工＋辅助用工＋超运距用工)×(1＋人工幅度差系数) (1-11)

【例 1-3】 某砌墙工程，工程量为 10m³，每立方米砌体需要基本用工 0.85 工日，辅助用工和超运距用工分别是基本用工的 25％和 15％，人工幅度差系数为 10％，则该砌墙工程人工工日消耗量是多少工日？

【解】 (1) 辅助用工＝0.85×25％＝0.2125 工日

(2) 超运距用工＝0.85×15％＝0.1275 工日

(3) 人工幅度差＝(基本用工＋辅助用工＋超运距用工)×人工幅度差系数
＝(0.85＋0.2125＋0.1275)× 0.1＝0.119 工日

(4) 人工工日消耗量＝(基本用工＋辅助用工＋超运距用工＋人工幅度差)×10
＝(0.85＋0.2125＋0.1275＋0.119)× 10
＝13.09 工日

(3) 材料消耗量的计算方法

材料消耗量是完成单位合格产品所必须消耗的材料数量。

1) 材料按用途划分

a. 主要材料。指直接构成工程实体的材料，其中包括成品、半成品等。

b. 辅助材料。也是构成工程实体除主要材料外的其他材料。如垫木、钉子、钢丝等。

c. 周转性材料。指脚手架、模板等多次周转使用的不构成工程实体的摊销性材料。

d. 其他材料。指用量较少，难以计量的零星用料。如：棉砂、编号用的油漆等。

2) 材料消耗量计算方法

a. 凡有标准规格的材料，按规范要求计算定额计量单位耗用量，如砖、块料面层等。

b. 凡设计图纸标注尺寸及有下料要求的，按设计图纸尺寸计算材料净用量，如板料等。

c. 换算法。各种胶结、涂料等材料的配合比用料，可以根据要求条件换算，得出材料用量。

d. 测定法。包括试验室试验法和现场观察法。

材料损耗量，指在正常施工条件下不可避免的材料损耗，如在现场材料运输损耗及施工操作过程的损耗等。其关系式如下：

$$材料损耗率＝\frac{损耗量}{净用量}×100\% \quad (1-12)$$

材料消耗量＝材料净用量＋损耗量＝材料净用量×(1＋损耗率) (1-13)

【例 1-4】 若完成某单位分项工种需要的某种材料的消耗量为 2.25 吨，损耗率为 6％，那么材料净用量为多少吨？

【解】 材料损耗率＝损耗量/净用量

材料损耗率＝(消耗量－净用量)/净用量

6％＝(2.25－净用量)/净用量

净用量＝2.122t

(4) 机械台班消耗量的确定方法

预算定额中的机械台班消耗量是指在正常施工条件下，生产单位合格产品必须消耗的某种型号施工机械的台班数量。

1) 根据施工定额确定机械台班消耗量的计算

这种方法是指施工定额中机械台班量加机械幅度差计算预算定额的机械台班消耗量。

机械幅度差一般包括正常施工组织条件下不可避免的机械空转时间；施工技术原因的中断及合理停滞时间；因供电供水故障及水电线路移动检修而发生的运转中断时间；因气候变化或机械本身故障影响工时利用的时间；施工机械转移及配套机械相互影响损失的时间；配合机械施工的工人因与其他工种交叉造成的间歇时间；因检查工程质量造成的机械停歇时间；工程收尾和工作量不饱满造成的机械停歇时间等。

预算定额的机械台班消耗量可按下式计算：

预算定额机械耗用台班＝施工定额机械耗用台班 ×(1＋机械幅度差系数)　(1-14)

2) 以现场测定资料为基础确定机械台班消耗量。如遇施工定额缺项时，则需依单位时间完成的产量测定。

1.5 概 算 定 额

1.5.1 概算定额的概念

概算定额，是在预算定额基础上以主要分项工程为准综合相关分项的扩大定额，是按主要分项工程规定的计量单位及综合相关工序的劳动、材料和机械台班的消耗标准。

例如，在概算定额的"开槽埋管工程"项目中，综合了沟槽挖土及支撑、铺筑垫层及基础、铺设管道、砌筑一般窨井、土方场内运输、沟槽回填土及施工期间沟槽排水费用等分项。

1.5.2 概算定额的作用

(1) 概算定额是初步设计阶段编制建设项目概算的依据。

建设程序规定，采用两阶段设计时，其初步设计必须编制概算；采用三阶段设计时，其技术设计必须编制修正概算，对拟建项目进行总评估。

(2) 概算定额是设计方案比较的依据。

所谓设计方案比较，目的是选择出技术先进可靠、经济合理的方案，在满足使用功能的条件下，达到降低造价和资源消耗。概算定额采用扩大综合后可为设计方案的比较提供方便条件。

(3) 概算定额是编制主要材料需要量的计算基础。

根据概算定额所列材料消耗指标计算工程用料数量可在施工图设计之前提出供应计划，为材料的采购、供应做好施工准备。

(4) 概算定额是编制概算指标的依据。

1.5.3 概算定额的编制原则和依据

(1) 概算定额的编制原则

概算定额应该贯彻社会平均水平和简明适用的原则。由于概算定额和预算定额都是工程计价的依据，所以应符合价值规律和反映现阶段生产力水平。在概预算定额水平之间应保留必要的幅度差，并在概算定额的编制过程中严格控制。

(2) 概算定额的编制依据

由于概算定额的适用范围不同，其编制依据也略有不同。一般有如下几种：

1) 现行的设计标准规范；

2) 现行的预算定额；

3) 国务院各有关部门和各省、自治区、直辖市批准颁发的标准设计图集和有代表性的图纸等；

4) 现行的概算定额及其编制资料；

5) 编制期人工工资标准、材料价格、机械台班费用等。

1.5.4 概算定额的编制步骤

概算定额的编制一般分为3个阶段：准备阶段、编制阶段、审查报批阶段。

(1) 准备阶段

主要是确定编制机构和人员组成，进行调查研究，了解现行概算定额执行情况与存在问题，编制范围。在此基础上制定概算定额的编制细则和概算定额项目划分。

(2) 编制阶段

根据已制定的编制细则、定额项目划分和工程量计算规则，调查研究，对收集到的设计图纸、资料进行细致的测算和分析，编出概算定额初稿。并将概算定额的分项定额总水平与预算定额水平相比控制在允许的幅度之内，一般在5%以内，以保证二者在水平上的一致性。如果概算定额与预算定额水平差距较大时，则需对概算定额水平进行必要的调整。

(3) 审查报批阶段

在征求意见修改之后形成报批稿，经批准之后交付印刷。

1.6 投资估算指标

1.6.1 投资估算指标的作用

工程建设投资估算指标是编制建设项目建议书、可行性研究报告等前期工作阶段投资估算的依据，也可以作为编制固定资产长远规划投资额的参考。投资估算指标为完成项目建设的投资估算提供依据和手段，它在固定资产的形成过程中起着投资预测、投资控制、投资效益分析的作用，是合理确定项目投资的基础。投资估算指标中的主要材料消耗量也是一种扩大材料消耗量指标，可以作为计算建设项目主要材料消耗量的基础。估算指标的正确制定对于提高投资估算的准确度、对建设项目的合理评估、正确决策具有重要意义。

1.6.2 投资估算指标的编制原则

由于投资估算指标属于项目建设前期进行估算投资的技术经济指标，它不但要反映实施阶段的静态投资，还必须反映项目建设前期和交付使用期内发生的动态投资，这就要求投资估算指标比其他各种计价定额具有更大的综合性和概括性。因此，投资估算指标的编制工作除应遵循一般定额的编制原则外，还必须坚持下述原则。

(1) 投资估算指标项目的确定，应考虑以后几年编制建设项目建议书和可行性研究报告投资估算的需要。

(2) 投资估算指标的分类、项目划分、项目内容、表现形式等要结合各专业的特点，并且要与项目建议书、可行性研究报告的编制深度相适应。

(3) 投资估算指标的编制内容、典型工程的选择，必须坚持技术上先进和经济上合理，力争以较少的投入求得最大的投资效益。

(4) 投资估算指标要密切结合行业特点，项目建设的特定条件，在内容上既要贯彻指导性、准确性和可调性的原则，又要有一定的深度和广度。

(5) 投资估算指标的编制要体现国家对固定资产投资实施间接调控作用的特点。

(6) 投资估算指标的编制要贯彻静态和动态相结合的原则。

1.6.3 投资估算指标的内容

投资估算指标是确定和控制建设项目全过程各项投资支出的技术经济指标，其范围涉及建设前期、建设实施期和竣工验收交付使用期等各个阶段的费用支出，内容因行业不同而各异，一般可分为建设项目综合指标、单项工程指标和单位工程指标三个层次。

(1) 建设项目综合指标

建设项目综合指标指按规定应列入建设项目总投资的从立项筹建开始至竣工验收交付使用的全部投资额，包括单项工程投资、工程建设其他费用和预备费等。

(2) 单项工程指标

单项工程指标指按规定应列入能独立发挥生产能力或使用效益的单项工程内的全部投资额，包括建筑工程费、安装工程费、设备、工器具及生产家具购置费和其他费用。

(3) 单位工程指标

单位工程指标按规定应列入能独立设计、施工的工程项目的费用，即建筑安装工程费用。

1.6.4 投资估算指标的编制方法

投资估算指标的编制一般分为三个阶段进行。

(1) 收集整理资料阶段

收集整理已建成或正在建设的、有代表性的工程设计施工图、标准设计以及相应的竣工决算或施工图预算资料等，将整理后的数据资料按项目划分栏目加以归类，按照编制年度的现行定额、费用标准和价格，调整为编制年度的造价水平及费用组成相互比例。

(2) 平衡调整阶段

由于调查收集的资料来源不同，虽然经过一定的分析整理，但难免会由于设计方案、建设条件和建设时间上的差异带来的某些影响，使数据失准或漏项等，必须对有关资料进行综合平衡调整。

(3) 测算审查阶段

测算是将新编的指标和选定工程的概预算，在同一价格条件下进行比较，检验其"量差"的偏离程度是否在允许偏差的范围之内，同时也是对指标编制质量进行的一次系统检查，应由专人进行，以保持测算口径的统一，在此基础上组织有关专业人员予以全面审查定稿。

课题 2 定额的应用

2.1 预算定额的组成内容

2.1.1 内容组成

由建设部组织修订的《全国统一市政工程预算定额》自 1999 年 10 月 1 日起施行,其主要内容包括:目录,总说明,各册、章说明,分项工程表头说明,定额项目表,定额附录或附件组成。

(1) 目录:主要便于查找,把总说明、各类工程的分部分项定额的顺序列出并注明页数。

(2) 总说明:是综合说明定额的编制原则、指导思想、编制依据、适用范围以及定额的作用,定额中人工、材料、机械台班耗用量的编制方法,定额采用的材料规格指标与允许换算的原则,使用定额时必须遵守的规则,定额中说明在编制时已经考虑和没有考虑的因素和有关规定、使用方法。因此,在使用定额时应当先了解并熟悉这部分内容。

(3) 册、章说明:是预算定额的重要内容,是对各分部工程的重点说明,包括定额中允许换算的界限和增减系数的规定等。

(4) 定额项目表及分项工程表头说明:分项工程表头说明列于定额项目表的上方,说明该分项工程所包含的主要工序和工作内容;定额项目表是预算定额最重要部分,包括分项工程名称、类别、规格、定额的计量单位以及人工、材料、机械台班的消耗量指标,供编制预算时使用。

有些定额项目表下面还有附注,说明设计与定额不符时如何调整,以及其他有关事项的说明。

(5) 定额附录及附件:包括各种砂浆、各种强度等级混凝土配合比表,人工、各种材料、机械台班的单价计算方法、工程施工费用计算规则等。

2.1.2 《全国统一市政工程预算定额》总说明

(1)《全国统一市政工程预算定额》共分九册,包括:

第一册	通用项目
第二册	道路工程
第三册	桥涵工程
第四册	隧道工程
第五册	给水工程
第六册	排水工程
第七册	燃气与集中供热工程
第八册	路灯工程
第九册	地铁工程

(2)《全国统一市政工程预算定额》(以下简称本定额)是完成规定计量单位分项工程所需的人工、材料、施工机械台班的消耗量标准;是统一全国市政工程预算工程量计算规则、项目划分、计量单位的依据;是编制市政工程地区单位估价表、编制概算定额及投资

估算指标、编制招标工程标底、确定工程造价的基础。

（3）本定额适用于城镇管辖范围内的新建、扩建市政工程。

（4）本定额是按照正常的施工条件，目前多数企业的施工机械装备程度，合理的施工工期、施工工艺、劳动组织编制的，反映了社会平均消耗水平。

（5）本定额是依据国家有关现行产品标准、设计规范和施工验收规范、质量评定标准、安全技术操作规程编制的，并适当参考了行业、地方标准，以及有代表性的工程设计、施工资料和其他资料。

（6）关于人工工日消耗量：本定额人工不分工种、技术等级，均以综合工日表示。内容包括基本用工、超运距用工、人工幅度差和辅助用工。

（7）关于材料消耗量

1）本定额中的材料消耗包括主要材料、辅助材料，凡能计量的材料、成品、半成品均按品种、规格逐一列出用量并计入了相应的损耗，其损耗的内容和范围包括：从工地仓库、现场集中堆放地点或现场加工地点至操作或安装地点的现场运输损耗、施工操作损耗、施工现场堆放损耗。

2）混凝土、沥青混凝土、砌筑砂浆、抹灰砂浆及各种胶泥等均按半成品消耗量以体积（m^3）表示，各省、自治区、直辖市可按当地配合比情况确定材料用量。混凝土消耗量按现场拌合考虑，采用预拌（商品）混凝土的，可由各省、自治区、直辖市进行调整。定额中混凝土的养护，除另有说明者外，均按自然养护考虑。

3）本定额中的周转性材料已按规定的材料周转次数摊销计入定额内。

4）组合钢模板、复合木模板等的回库维修费已计入其预算价格内。

5）用量少、价值小的材料合并为其他材料费，以占材料费（其中不包括未计价材料和其他材料费本身）的百分数表示。

（8）关于施工机械台班消耗量

1）本定额的施工机械台班用量包括了机械幅度差内容。

2）本定额未包括随工人班组配备并依班组产量计算的单位价值2000元以下的小型施工机械或工具使用费，价值2000元以下的小型施工机械或工具使用费列入其他直接费中生产工具用具使用费项下。

3）定额中均已包括材料、成品、半成品从工地仓库、现场集中堆放地点或现场加工地点至操作安装地点的水平和垂直运输所需要的人工和机械消耗量。如需要再次搬运的，应在二次搬运费项下列支。

（9）本定额提供的人工单价、材料预算价格、机械台班价格以北京市价格为基础，不足部分参考了部分省市的价格，各省、自治区、直辖市可结合当地的价格情况，调整换价。

（10）本定额施工用水、电是按现场有水、电考虑的，如现场无水、电时，可由各省、自治区、直辖市制定有关调整办法。

（11）本定额的工作内容中已说明了主要的施工工序，次要工序虽未说明，均已考虑在定额内。

（12）本定额适用于海拔2000m以下，地震烈度七度以下地区，超过上述情况时，可结合高原地区的特殊情况和地震烈度要求，由各省、自治区、直辖市制定调整办法。

（13）本定额与其他全国统一工程预算定额的关系，凡本定额包含的项目，应按本定额项目执行；本定额缺项部分，可按有关册、章说明执行。

（14）本定额中用"（ ）"表示的消耗量，均未计入基价。

（15）本定额中注有"×××以内"或"×××以下"者均包括×××本身，"×××以外"或"×××以上"者，则不包括×××本身。

2.1.3 定额表的组成及相互关系

现以第二册《道路工程》68页"6．粗粒式沥青混凝土路面"定额表为例，其定额表的内容组成及关系如下。

（1）定额表名称："6．粗粒式沥青混凝土路面"。

（2）工作内容："清扫路基、整修侧缘石、测温、摊铺、接茬、找平、点补、撒垫料、清理"。指明了完成铺筑粗粒式沥青混凝土路面施工时该定额所考虑的全部施工内容。

（3）计量单位：$100m^2$。

（4）定额编号：按照册号—子目号编列，如2—264，表示第二册，子目顺序编号为第264号。

（5）子目名称：列出该定额表按不同的施工方法、不同的结构组成或不同材料规格、机械型号等所对应的具体子目。如定额编号2—264为"人工摊铺粗粒式沥青混凝土路面，设计厚度6cm"。

（6）基价：基价是按照本定额中给出的人工、材料、机械台班单价计算的费用总和，即：基价＝人工费＋材料费＋机械费。

如定额编号2—264：206.98＝98.42＋18.54＋90.02

其中，人工费＝98.42＝4.38×22.47

（7）人工消耗定额：以工日数表达。如定额编号2—264，综合人工为4.38工日。

（8）材料消耗定额：列出各种材料直接消耗或分摊在工程实体上的数量。其中，（ ）内的数量表示未计入基价内。如定额编号2—264中沥青混凝土消耗量为（6.060），表明6.060m^3沥青混凝土的材料费用未包括在基价内。

（9）机械台班消耗定额：列出完成定额表规定的施工项目，按照合理的施工组织及工艺要求，正常使用的机械台班消耗量。如定额编号2—264中，需消耗"光轮压路机8t"0.178台班；和"光轮压路机15t"0.178台班。

在定额表中，基价、消耗量、单价之间存在以下数量关系。

$$人工费＝人工单价×人工消耗定额 \tag{1-15}$$

$$材料费＝材料单价×材料消耗定额 \tag{1-16}$$

$$机械费＝机械台班单价×机械台班消耗定额 \tag{1-17}$$

$$基价＝人工费＋材料费＋机械费 \tag{1-18}$$

2.2 通 用 项 目

2.2.1 册说明

（1）《全国统一市政工程预算定额》第一册"通用项目"（以下简称本定额），包括土石方工程、打拔工具桩、围堰工程、支撑工程、拆除工程、脚手架及其他工程、护坡挡土墙共七章721个子目。

(2)本定额项目通用于《全国统一市政工程预算定额》其他专业册(专业册中指明不适用本定额的除外)。

(3)本定额的编制依据

1)《市政工程预算定额》(试行)(1988年);

2)《全国统一建筑工程基础定额》(1995年);

3)《全国统一安装工程基础定额》;

4)《全国市政工程统一劳动定额》(1985年);

5)现行的设计、施工验收规范、安全操作规程、质量评定标准;

6)现行的标准图集和具有代表性的工程设计图纸;

7)各省、自治区、直辖市的补充定额及有关资料。

(4)本定额中的大型机械是按全国统一施工机械台班费用定额中机械的种类、型号、功率等分别考虑的,在执行中应根据企业的机械组合情况及施工组织设计方案分别套定额。

(5)定额子目表中的施工机械是按合理的机械进行配备,在执行中不得因机械型号不同而调整。

(6)未尽事宜见各章节说明。

2.2.2 土石方工程定额说明及应用

(1)定额说明

1)本章定额均适用于各类市政工程(除有关专业册说明了不适用本章定额外)。

2)干、湿土的划分首先以地质勘察资料为准,含水率≥25%为湿土;或以地下常水位为准,常水位以上为干土,以下为湿土。挖湿土时,人工和机械乘以系数1.18,干、湿土工程量分别计算。采用井点降水的土方应按干土计算。

3)人工夯实土堤、机械夯实土堤执行本章人工填土夯实平地、机械填土夯实平地子目。

4)挖土机在垫板上作业,人工和机械乘以系数1.25,搭拆垫板的人工、材料和辅机摊销费另行计算。

5)推土机推土或铲运机铲土的平均土层厚度小于30cm时,其推土机台班乘以系数1.25,铲运机台班乘以系数1.17。

6)在支撑下挖土,按实挖体积人工乘以系数1.43,机械乘以系数1.20。先开挖后支撑的不属支撑下挖土。

7)挖密实的钢碴,按挖四类土人工乘以系数2.50,机械乘以系数1.50。

8)0.2m³抓斗挖土机挖土、淤泥、流砂按0.5m³抓铲挖掘机挖土、淤泥、流砂定额消耗量乘以系数2.50计算。

9)自卸汽车运土,如系反铲挖掘机装车,则自卸汽车运土台班数量乘以系数1.10;拉铲挖掘机装车,自卸汽车运土台班数量乘以系数1.20。

10)石方爆破按炮眼法松动爆破和无地下渗水积水考虑,防水和覆盖材料未在定额内。采用火雷管可以换算,雷管数量不变,扣除胶质导线用量,增加导火索用量,导火索长度按每个雷管2.12m计算。抛掷和定向爆破另行处理。打眼爆破若要达到石料粒径要求,则增加的费用另计。

11)本定额不包括现场障碍物清理,障碍物清理费用另行计算。弃土、石方的场地占用费按当地规定处理。

12)开挖冻土套第五章拆除素混凝土障碍物子目乘以系数0.8。

13)本章定额中为满足环保要求而配备了洒水汽车在施工现场降尘,若实际施工中未采用洒水汽车降尘的,在结算中应扣除洒水汽车和水的费用。

(2)工程量计算规则

1)本章定额的土、石方体积均以天然密实体积(自然方)计算,回填土按碾压后的体积(实方)计算。土方体积换算见表1-1。

土方体积换算表　　　　　　　　　　　表1-1

虚方体积	天然密实度体积	夯实后体积	松填体积
1.00	0.77	0.67	0.83
1.30	1.00	0.87	1.08
1.50	1.15	1.00	1.25
1.20	0.92	0.80	1.00

2)土方工程量按图纸尺寸计算,修建机械上下坡的便道土方量并入土方工程量内。石方工程量按图纸尺寸加允许超挖量。开挖坡面每侧允许超挖量:松石、次坚石20cm,普坚石、特坚石15cm。

3)夯实土堤按设计断面计算。清理土堤基础按设计规定以水平投影面积计算,清理厚度为30cm内,废土运距按30m计算。

4)人工挖土堤台阶工程量按挖前的堤坡斜面积计算,运土应另行计算。

5)人工铺草皮工程量以实际铺设的面积计算,花格铺草皮中的空格部分不扣除。花格铺草皮,设计草皮面积与定额不符时可以调整草皮数量,人工按草皮增加比例增加,其余不调整。

6)管道接口作业坑和沿线各种井室所需增加开挖的土石方工程量按有关规定如实计算。管沟回填土应扣除管径在200mm以上的管道、基础、垫层和各种构筑物所占的体积。

7)挖土放坡和沟、槽底加宽应按图纸尺寸计算,如无明确规定,可按表1-2、表1-3计算。

放坡系数　　　　　　　　　　　表1-2

土 类 别	放坡起点深度(m)	机械开挖		人工开挖
		坑内作业	坑上作业	
一、二类土	1.20	1:0.33	1:0.75	1:0.50
三类土	1.50	1:0.25	1:0.67	1:0.33
四类土	2.00	1:0.10	1:0.33	1:0.25

挖土交接处产生的重复工程量不扣除。如在同一断面内遇有数类土壤,其放坡系数可按各类土占全部深度的百分比加权计算。

管道结构宽:无管座按管道外径计算,有管座按管道基础外缘计算,构筑物按基础外缘计算,如设挡土板则每侧增加10cm。

管沟底部每侧工作面宽度（cm）　　　　　　　　　　　表 1-3

管道结构宽(cm)	混凝土管道基础 90°	混凝土管道基础＞90°	金属管道	构　筑　物	
				无防潮层	有防潮层
50 以内	40	40	30		
100 以内	50	50	40	40	60
250 以内	60	50	40		

8) 土石方运距应以挖土重心至填土重心或弃土重心最近距离计算，挖土重心、填土重心、弃土重心按施工组织设计确定。如遇下列情况应增加运距。

a. 人力及人力车运土、石方上坡坡度在15%以上，推土机、铲运机重车上坡坡度大于5%，斜道运距按斜道长度乘以系数，见表1-4。

表 1-4

项　　目	推土机、铲运机				人力及人力车
坡度(%)	5～10	15 以内	20 以内	25 以内	15 以上
系数	1.75	2	2.25	2.5	5

b. 采用人力垂直运输土、石方，垂直深度每米折合水平运距7m计算。

c. 拖式铲运机3m³加27m转向距离，其余型号铲运机加45m转向距离。

9) 沟槽、基坑、平整场地和一般土石方的划分。底宽7m以内，底长大于底宽3倍以上按沟槽计算；底长小于底宽3倍以内按基坑计算，其中基坑底面积在150m²以内执行基坑定额。厚度在30cm以内就地挖、填土按平整场地计算。超过上述范围的土、石方按挖土方和石方计算。

10) 机械挖土方中如需人工辅助开挖（包括切边、修整底边），机械挖土按实挖土方量计算，人工挖土土方量按实套相应定额乘以系数1.5。

11) 人工装土汽车运土时，汽车运土定额乘以系数1.1。

12) 土壤及岩石分类见土壤及岩石（普氏）分类表（见附录1）。

(3) 应用举例

【例 1-5】 某道路路基工程，已知挖土2700m³，其中可利用2000m³，填土4100m³，现场挖、填平衡，试求：(1) 余土外运数量；

(2) 填缺土方数量。

【解】 (1) 余土外运数量：2700－2000＝700m³（自然方）

(2) 据第一册《通用项目》第一章《土石方工程》工程量计算规则第1条"土方体积换算表"可得：

填缺土方数量：4100×1.15－2000＝2715m³（自然方）

【例 1-6】 某段沟槽长30m，宽2.45m，平均深3m，矩形截面，无井。槽内铺设 Φ1000 钢筋混凝土平口管，管壁厚0.1m，管下混凝土基座为0.4364m³/m，基座下碎石垫层0.22m³/m。试求该沟槽填土压实（机械回填，12t压路机碾压）的工程量。

【解】 沟槽体积＝30×2.45×3＝220.5m³

碎石垫层体积＝0.22×30＝6.6m³

混凝土基座体积＝0.4364×30＝13.092m³

ϕ1000 管子外形体积＝π×(1+0.1×2)²/4 ×30＝33.93m³

按第一章《土石方工程》工程量计算规则第 6 条可知，该沟槽填土压实工程量为

220.5－6.6－13.092－33.93＝166.878m³

套用定额编号为"1—360"（机械填土碾压，压路机 15t 以内）

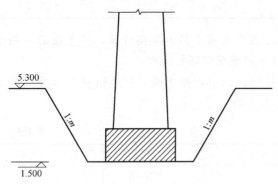

图 1-3 放坡开挖示意图

【例 1-7】 如图 1-3 所示，已知某桥台基础长 10m，宽 3m，无防潮层，采用人工开挖，四周对称放坡，土壤为二类土，井点降水。

试求：(1) 开挖的工程量；

(2) 套用的定额子目及定额编号；

(3) 开挖工程人工的总消耗量。

【解】(1) 根据题意，查第一册《通用项目》第一章《土石方工程》工程量计算规则第 7 条可知：二类土人工开挖放坡系数为 1：0.50，无防潮层构筑物按基础外缘每侧增加工作面宽度 40cm，则

底面长 a＝10+0.4×2＝10.8m

底面宽 b＝3+0.4×2＝3.8m

又　　　　上口长 $A=a+2 \cdot mH$＝10.8+2×0.5×(5.3－1.5)＝14.6m

上口宽 $B=b+2 \cdot mH$＝3.8+2×0.5×(5.3－1.5)＝7.6m

所以　　　挖方量 $V=H/6[AB+ab+(A+a)(B+b)]$

＝3.8/6[14.6×7.6+10.8×3.8+25.4×11.4]

＝279.65m³

(2) 据第一册《通用项目》第一章《土石方工程》工程量计算规则第 9 条可知，10.8/3.8＝2.84<3 倍，且底面积＝10.8×3.8＝41.04m²<150m²，所以该工程应执行"人工挖基坑土方（一、二类土，深度 4m 以内）"，定额编号为"1—17"。

(3) 根据题意，由于该基坑采用井点降水，应视为挖干土，且无支撑、无冻土。所以应直接套用定额"1—17"，消耗量不作调整，即：综合人工 49.97 工日/100m³。人工总消耗量＝49.97×279.65/100＝139.74 工日

【例 1-8】 如图 1-4 所示，某土方工程采用 90kW 履带式推土机推土上坡，已知 A 点标高为 15.24m，B 点标高为 11.94m，两点水平距离 40m，推土厚度 20cm，宽度 30m，土方为三类土。

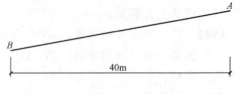

图 1-4 推土机推土上坡图

(1) 确定该工程应套用的定额子目及定额编号。

(2) 求该工程人工、机械总消耗量。

【解】(1) 由题意可知：A、B 两点总高差 H_{AB}＝15.24－11.94＝3.3m

坡度 $i=3.3/40\times100\%=8.25\%$

据第一册《通用项目》第一章《土石方工程》工程量计算规则第8条，推土机推土上坡坡度在5%～10%范围内，斜道运距可乘系数1.75。

$$斜道长度=(40^2+3.3^2)^{1/2}=40.14m$$

$$则斜道运距=40.14\times1.75=70.25m$$

所以应套用定额"90kW内推土机推距80m以内（三类土）"，定额编号为"1—93"。

（2）推土机推土工程量：$40.14\times30\times0.2=240.84m^3$

总消耗量：

$$综合人工=6\times240.84/1000=1.45工日$$

据第一册《通用项目》第一章《土石方工程》说明五可知，当推土机推土厚度小于30cm时，其推土机台班应乘以系数1.25，所以

$$履带式推土机（90kW）=8.5\times1.25\times240.84/1000=2.56台班$$

2.2.3 打拔工具桩定额说明及应用

（1）定额说明

1）本章定额适用于市政各专业册的打、拔工具桩。

2）定额中所指的水上作业，是以距岸线1.5m以外或者水深在2m以上的打拔桩。距岸线1.5m以内时，水深在1m以内者，按陆上作业考虑。如水深在1m以上2m以内者，其工程量则按水、陆各50%计算。

3）水上打拔工具桩按二艘驳船捆扎成船台作业，驳船捆扎和拆除费用按第三册《桥涵工程》相应定额执行。

4）打拔工具桩均以直桩为准，如遇打斜桩（包括俯打、仰打）按相应定额人工、机械乘以系数1.35。

5）导桩及导桩夹木的制作、安装、拆除已包括在相应定额中。

6）圆木桩按疏打计算；钢板桩按密打计算；如钢板桩需要疏打时，按相应定额人工乘以系数1.05。

7）打拔桩架90°调面及超运距移动已综合考虑。

8）竖、拆0.6t柴油打桩机架按第三册《桥涵工程》相应定额执行。

9）钢板桩和木桩的防腐费用等，已包括在其他材料费用中。

10）钢板桩的使用费标准（元/t·d）由各省、自治区、直辖市自定，钢板桩摊销时间按十年考虑。钢板桩的损耗量按其使用量的1%计算。钢板桩若由施工单位提供，则其损耗费应支付给打桩的施工单位。若使用租赁的钢板桩，则按租赁费计算。

（2）工程量计算规则

1）圆木桩：按设计桩长 L（检尺长）和圆木桩小头直径 D（检尺径）查《木材、立木材积速算表》，计算圆木桩体积。

2）钢板桩：以吨为单位计算。

钢板桩使用费＝钢板桩定额使用量×使用天数×钢板桩使用费标准（元/t·d）

3）凡打断、打弯的桩，均需拔除重打，但不重复计算工程量。

4）竖、拆打拔桩架次数，按施工组织设计规定计算。如无规定时按打桩的进行方向：双排桩每100延长米、单排桩每200延长米计算一次，不足一次者均各计算一次。

5）打拔桩土质类别的划分，见表1-5。

打拔桩土质类别划分表 表1-5

土壤级别	鉴别方法								说明
	砂夹层情况			土壤物理,力学性能				每10m纯平均沉桩时间(min)	
	砂层连续厚度(m)	砂粒种类	砂层中卵石含量(%)	孔隙比	天然含水量(%)	压缩系数	静力触探值	动力触探击数		
甲级土				>0.8	>30	>0.03	<30	<7	15以内	桩经机械作用易沉入的土
乙级土	<2	粉细砂		0.6~0.8	25~30	0.02~0.03	30~60	7~15	25以内	土壤中夹有较薄的细砂层,桩经机械作用易沉入的土
丙级土	>2	中粗砂	>15	<0.6		<0.02	>60	>15	25以外	土壤中夹有较厚的粗砂层或卵石层,桩经机械作用较难沉入的土

注：本册定额仅列甲、乙级土项目，如遇丙级土时，按乙级土的人工及机械乘以系数1.43。

（3）应用举例

【例1-9】 某陆上基坑，长12m，宽7m，需打拔槽形钢板桩支撑，入土深度8m，采用卷扬机施工。已知槽钢桩挡土面每平方米约重0.00173t，土质为甲级土，试求该基坑支撑的子目工程量，确定定额编号。

【解】 根据题意，基坑支撑工程量，见表1-6。

基坑支撑工程量计算表 表1-6

序号	项目名称	工程数量	定额编号
1	竖拆卷扬机打桩架	1架次	1—453
2	竖拆卷扬机拔桩架	1架次	1—454
3	陆上卷扬机打槽钢桩(8m以内,甲级土)	$(12+7) \times 2 \times 8 = 304 m^2$ 槽钢桩重:$0.00173 \times 304 = 0.526 t$	1—463
4	陆上卷扬机拔槽钢桩(8m以内,甲级土)	0.526t	1—467
5	钢板桩支撑安拆(钢支撑)	按第四章《支撑工程》工程量计算规则可知:$304 m^2$	1—544

2.2.4 围堰工程定额说明及应用

（1）定额说明

1）本章定额适用于市政工程围堰施工项目。

2）本章围堰定额未包括施工期内发生潮汛冲刷后所需的养护工料。潮汛养护工料可根据各地规定计算。如遇特大潮汛发生人力所不能抗拒的损失时，应根据实际情况，另行处理。

3）围堰工程50m范围以内取土、砂、砂砾，均不计土方和砂、砂砾的材料价格。取50m范围以外的土方、砂、砂砾，应计算土方和砂、砂砾材料的挖、运或外购费用，但应扣除定额中土方现场挖运的人工：55.5工日/100m³黏土。定额括号中所列黏土数量为取自然土方数量，结算中可按取土的实际情况调整。

4）本章围堰定额中的各种木桩、钢桩均按本册第二章水上打拔工具桩的相应定额执行，数量按实计算。定额括号中所列打拔工具桩数量仅供参考。

5) 草袋围堰如使用麻袋、尼龙袋装土围筑，应按麻袋、尼龙袋的规格、单价换算，但人工、机械和其他材料消耗量应按定额规定执行。

6) 围堰施工中若未使用驳船，而是搭设了栈桥，则应扣除定额中驳船费用而套用相应的脚手架子目。

7) 定额围堰尺寸的确定：

a. 土草围堰的堰顶宽为 1~2m，堰高为 4m 以内；

b. 土石混合围堰的堰顶宽为 2m，堰高为 6m 以内；

c. 圆木桩围堰的堰顶宽为 2~2.5m，堰高 5m 以内；

d. 钢桩围堰的堰顶宽为 2.5~3m，堰高 6m 以内；

e. 钢板桩围堰的堰顶宽为 2.5~3m，堰高 6m 以内；

f. 竹笼围堰竹笼间黏土填心的宽度为 2~2.5m，堰高 5m 以内；

g. 木笼围堰的堰顶宽度为 2.4m，堰高为 4m 以内。

8) 筑岛填心子目是指在围堰围成的区域内填土、砂及砂砾石。

9) 双层竹笼围堰竹笼间黏土填心的宽度超过 2.5m，则超出部分可套筑岛填心子目。

10) 施工围堰的尺寸按有关设计施工规范确定。堰内坡脚至堰内基坑边缘距离根据河床土质及基坑深度而定，但不得小于 1m。

(2) 工程量计算规则

1) 围堰工程分别采用立方米和延长米计量。

2) 用立方米计算的围堰工程按围堰的施工断面乘以围堰中心线的长度计算。

3) 以延长米计算的围堰工程按围堰中心线的长度计算。

4) 围堰高度按施工期内的最高临水面加 0.5m 计算。

5) 草袋围堰如使用麻袋、尼龙袋装土其定额消耗量应乘以调整系数，调整系数为：装 $1m^3$ 土需用麻袋或尼龙袋数除以 17.86。

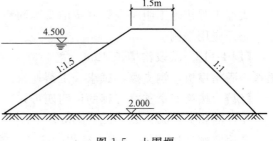

图 1-5 土围堰

(3) 应用举例

【例 1-10】 如图 1-5 所示，某工程采用尼龙袋装土围堰，已知其中心线长 100m，

试求：(1) 该围堰的工程量。

(2) 该围堰工程的人工、材料、机械总消耗量。

【解】(1) 根据第一册《通用项目》第三章《围堰工程》工程量计算规则第 4 条可知，围堰高度按施工期内的最高临水面加 0.5m 计算。

$$围堰高度=(4.5+0.5)-2.0=3m$$
$$围堰底宽=1.5+1.5\times3+1\times3=9m$$
$$围堰断面积=(1.5+9)/2\times3=15.75m^2$$
$$围堰工程量=15.75\times100=1575m^3$$

(2) 套用定额"1—510"，可得：

综合人工：173.62×1575/100＝2734.52 工日

根据第一册《通用项目》第三章《围堰工程》工程量计算规则第 5 条，草袋围堰如使用麻袋、尼龙袋装土其定额消耗量应乘以调整系数，调整系数为：装 1m³ 土需用麻袋或尼龙袋数除以 17.86。

尼龙袋：1926×19.26/17.86×1575/100＝32713 个

麻绳：30.6×1575/100＝481.95kg

黏土：93×1575/100 ＝1464.75m³

电动夯实机：2.63×1575/100＝41.42 台班

驳船：2.01×1575/100＝31.66 台班

2.2.5 支撑工程定额说明及应用

(1) 定额说明

1) 本章定额适用于沟槽、基坑、工作坑及检查井的支撑。

2) 挡土板间距不同时，不作调整。

3) 除槽钢挡土板外，本章定额均按横板、竖撑计算，如采用竖板、横撑时，其人工工日乘以系数 1.20。

4) 定额中挡土板支撑按槽坑两侧同时支撑挡土板考虑，支撑面积为两侧挡土板面积之和，支撑宽度为 4.1m 以内。如槽坑宽度超过 4.1m 时，其两侧均按一侧支挡土板考虑。按槽坑一侧支撑挡土板面积计算时，工日数乘以系数 1.33，除挡土板外，其他材料乘以系数 2.0。

5) 放坡开挖不得再计算挡土板，如遇上层放坡、下层支撑则按实际支撑面积计算。

6) 钢桩挡土板中的槽钢桩按设计以吨为单位，按第二章打、拔工具桩相应定额执行。

7) 如采用井字支撑时，按疏撑乘以系数 0.61。

(2) 工程量计算规则

支撑工程按施工组织设计确定的支撑面积以平方米计算。

(3) 应用举例

【例 1-11】 某段沟槽长 40m，宽 1.95m，平均深 4.5m，开挖时采用钢制挡土板竖板横撑，满堂撑板，钢支撑，试求人工消耗量。

【解】 按第四章支撑工程的说明四可知：

支撑面积为：40×4.5×2＝360m²

套用定额"1—540"，查定额得：人工定额消耗量为 16.48 工日/100m²。

按第四章《支撑工程》章说明三可知：

人工消耗量为：16.48×1.2×360/100＝71.19 工日

2.2.6 拆除工程定额说明及应用

(1) 定额说明

1) 本章定额拆除均不包括挖土方，挖土方按本册第一章有关子目执行。

2) 机械拆除项目中包括人工配合作业。

3) 拆除后的旧料应整理干净就近堆放整齐。如需运至指定地点回收利用，则另行计算运费和回收价值。

4) 管道拆除要求拆除后的旧管保持基本完好，破坏性拆除不得套用本定额。拆除混凝土管道未包括拆除基础及垫层用工。基础及垫层拆除按本章相应定额执行。

5) 拆除工程定额中未考虑地下水因素，若发生则另行计算。

6) 人工拆除二渣、三渣基层应根据材料组成情况套无骨料多合土或有骨料多合土基层拆除子目。机械拆除二渣、三渣基层执行液压岩石破碎机破碎松石。

(2) 工程量计算规则

1) 拆除旧路及人行道按实际拆除面积以平方米计算。

2) 拆除侧缘石及各类管道按长度以米计算。

3) 拆除构筑物及障碍物按体积以立方米计算。

4) 伐树、挖树蔸按实挖数以棵计算。

5) 路面凿毛、路面铣刨按施工组织设计的面积以平方米计算。铣刨路面厚度大于 5cm 须分层铣刨。

(3) 应用举例

【例 1-12】 如图 1-6 所示，某管道拆除工程，需保证拆下的旧管基本完好，请列出该工程所有翻挖、拆除项目的名称、定额子目编号、定额单位等内容。（该工程沟槽底宽 7m 以内，底长大于底宽 3 倍以上，排水采用井点降水，土壤类别为二类土，土方为人工开挖，碎石垫层采用人工拆除，其余翻挖、拆除均采用机械拆除，支撑为钢板桩，不考虑旧料及土方的运输和回收利用）。

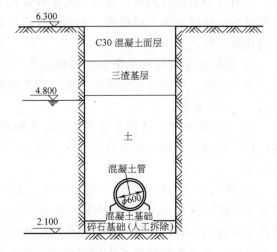

图 1-6 管道拆除工程

【解】 根据题意，降水深度小于 6m，所以采用轻型井点降水，则应列出项目见表 1-7。

管道拆除工程项目名称及定额　　　　　　表 1-7

序号	项　目　名　称	定额单位	定额编号
1	安装轻型井点	10 根	1—653
2	拆除轻型井点	10 根	1—654
3	使用轻型井点	10 根	1—655
4	竖拆卷扬机打桩架	架次	1—453
5	竖拆卷扬机拔桩架	架次	1—454
6	陆上卷扬机打槽钢桩（8m 以内，甲级土）	10t	1—463
7	陆上卷扬机拔槽钢桩（8m 以内，甲级土）	10t	1—467
8	钢板桩支撑安拆（钢支撑）	100m²	1—544
9	机械拆除混凝土类面层（无筋）	100m²	1—553,1—554
10	机械拆除三渣基层	1000m³	1—395,1—403
11	人工挖沟槽土方（一、二类土，深度 6m 以内）	100m³	1—6
12	拆除混凝土管道（φ600）	100m	1—588
13	机械拆除混凝土基础（无筋）	10m³	1—610
14	人工拆除碎石垫层	100m²	1—557,1—558

表中，第10项"机械拆除三渣基层"是根据本章说明第6条可知，机械拆除二渣、三渣基层执行液压岩石破碎机破碎松石。

2.2.7 脚手架工程定额说明及应用

(1) 定额说明

1) 本章脚手架定额中竹、钢管脚手架已包括斜道及拐弯平台的搭设。砌筑物高度超过1.2m可计算脚手架搭拆费用。

仓面脚手不包括斜道，若发生则另按建筑工程预算定额中脚手架斜道计算；但采用井字架或吊扒杆转运施工材料时，不再计算斜道费用。对无筋或单层布筋的基础和垫层不计算仓面脚手费。

2) 混凝土小型构件是指单件体积在$0.04m^3$以内，重量在100kg以内的各类小型构件。小型构件、半成品运输系指预制、加工场地取料中心至施工现场堆放使用中心的距离超出150m的运输。

3) 井点降水项目适用于地下水位较高的粉砂土、砂质粉土、黏质粉土或淤泥质夹薄层砂性土的地层。其他降水方法如深井降水、集水井排水等，各省、自治区、直辖市可自行补充。

4) 井点降水：轻型井点、喷射井点、大口径井点的采用由施工组织设计确定。一般情况下，降水深度6m以内采用轻型井点，6m以上30m以内采用相应的喷射井点，特殊情况下可选用大口径井点。井点使用时间按施工组织设计确定。喷射井点定额包括两根观察孔制作，喷射井管包括了内管和外管。井点材料使用摊销量中已包括井点拆除时的材料损耗量。

井点间距根据地质和降水要求由施工组织设计确定，一般轻型井点管间距为1.2m，喷射井点管间距为2.5m，大口径井点管间距为10m。

轻型井点井管（含滤水管）的成品价可按所需钢管的材料价乘以系数2.40计算。

5) 井点降水过程中，如需提供资料，则水位监测和资料整理费用另计。

6) 井点降水成孔过程中产生的泥水处理及挖沟排水工作应另行计算。遇有天然水源可用时，不计水费。

7) 井点降水必须保证连续供电，在电源无保证的情况下，使用备用电源的费用另计。

8) 沟槽、基坑排水定额由各省、自治区、直辖市自定。

(2) 工程量计算规则

1) 脚手架工程量按墙面水平边线长度乘以墙面砌筑高度，以平方米计算。柱形砌体按图示柱结构外围周长另加3.6m乘以砌筑高度，以平方米计算。现浇混凝土用仓面脚手按仓面的水平面积计算，单位为平方米。

2) 轻型井点50根为一套；喷射井点30根为一套；大口径井点以10根为一套。井点使用定额单位为套·天，累计根数不足一套者作一套计算，一天系按24h计算。井管的安装、拆除以"根"计算。

(3) 应用举例

【例1-13】某柱形砌体砌筑高度3m，截面为0.9m×0.6m，按要求采用单排钢管脚手架，试求脚手架工程量，并确定定额编号。

【解】按第一册《通用项目》第六章《脚手架及其他工程》工程量计算规则第1条

可知，

脚手架工程量：[(0.9+0.6)×2+3.6]×3=19.8m²

套用定额子目的编号为："1—627"。

【例 1-14】 某开槽埋管工程，沟槽长 400m，宽 2.2m，规定采用单排井点降水，降水深度 4m，问：(1) 一般情况下，应采用何种井点降水的方式？

(2) 试求该井点的安装、拆除及使用的工程量（使用天数为 30 天）。

【解】 (1) 因降水深度 4m＜6m，故该工程应采用轻型井点降水。

(2) 安装轻型井点=400/1.2=333.3 根，取 334 根

拆除轻型井点=400/1.2=333.3 根，取 334 根

轻型井点的使用套数=400/60=6.68 套，取 7 套

使用轻型井点=7×30=240 套·天

2.2.8 护坡、挡土墙定额说明及应用

(1) 定额说明

1) 本章适用于市政工程的护坡和挡土墙工程。

2) 挡土墙工程需搭脚手架的执行脚手架定额。

3) 块石如需冲洗时（利用旧料），每立方米块石增加：用工 0.24 工日，用水 0.5m³。

(2) 工程量计算规则

1) 块石护底、护坡以不同平面厚度按立方米计算。

2) 浆砌料石、预制块的体积按设计断面以立方米计算。

3) 浆砌台阶以设计断面的实砌体积计算。

4) 砂石滤沟按设计尺寸以立方米计算。

(3) 应用举例

【例 1-15】 某桥梁挡土墙工程，采用浆砌块石墙身，基础及压顶均为现浇混凝土，外露面采用水泥砂浆勾凸缝，已知砌筑高度为 3.2m，按设计纵向每隔 3m 设一 PVC 泄水管，每隔 15m 设一沥青木丝板沉降缝，请按已知条件列出该挡土墙工程定额子目、定额单位及定额编号。

【解】 结果见表 1-8。

挡土墙工程定额项目表　　表 1-8

序号	项目名称	依据	定额单位	定额编号
1	现浇混凝土压顶	根据第一册第七章	10m³	1—707
2	现浇混凝土压顶模板	根据第一册第七章	100m²	1—708
3	浆砌块石挡墙	根据第一册第七章	10m³	1—709
4	浆砌块石面勾凸缝	根据第一册第七章	100m²	1—718
5	脚手架	根据第一册第六章	100m²	1—625,1—627,1—629
6	现浇混凝土基础	根据第三册第五章	10m³	3—262,3—263
7	现浇混凝土基础模板	根据第三册第五章	10m²	3—264
8	安装塑料泄水孔	根据第三册第八章	10m	3—495
9	安装沥青木丝板沉降缝	根据第三册第八章	10m²	3—505

2.3 道路工程

2.3.1 册说明

(1)《全国统一市政工程预算定额》第二册"道路工程"(以下简称本定额)。包括路床(槽)整形、道路基层、道路面层、人行道侧缘石及其他,共四章350个子目。

(2) 本定额适用于城镇基础设施中的新建和扩建工程。

(3) 本定额编制依据

1)《全国统一市政工程预算定额》(1988)道路分册及建设部关于定额的有关补充规定资料;

2) 新编《全国统一建筑工程基础定额》、《全国统一安装工程基础定额》及《全国统一市政工程劳动定额》;

3) 现行的市政工程设计、施工验收规范、安全操作规程、质量评定标准等;

4) 现行的市政工程标准图集和具有代表性工程的设计图纸;

5) 各省、自治区、直辖市现行的市政工程单位估价表及基础资料;

6) 已被广泛采用的市政工程新技术、新结构、新材料、新设备和已被检验确定成熟的资料。

(4) 道路工程中的排水项目,按第六册"排水工程"相应定额执行。

(5) 本定额中的工序、人工、机械、材料等均系综合取定。除另有规定者外,均不得调整。

(6) 本定额的多合土项目按现场拌合考虑,部分多合土项目考虑了厂拌,如采用厂拌集中拌合,所增加的费用可按各省、自治区、直辖市有关规定执行。

(7) 本定额凡使用石灰的子目,均不包括消解石灰的工作内容。编制预算中,应先计算出石灰总用量,然后套用消解石灰子目。

(8) 未尽事宜见各章节说明。

2.3.2 路床整形定额说明及应用

(1) 定额说明

1) 本章包括路床(槽)整形、路基盲沟、基础弹软处理、铺筑垫层料等计39个子目。

2) 路床(槽)整形项目的内容,包括平均厚度10cm以内的人工挖高填低、整平路床,使之形成设计要求的纵横坡度,并应经压路机碾压密实。

3) 边沟成型,综合考虑了边沟挖土的土类和边沟两侧边坡培整面积所需的挖土、培土、修整边坡及余土抛出沟外的全过程所需人工。边坡所出余土弃运路基50m以外。

4) 混凝土滤管盲沟定额中不含滤管外滤层材料。

5) 粉喷桩定额中,桩直径取定50cm。

(2) 工程量计算规则

道路工程路床(槽)碾压宽度计算应按设计车行道宽度另计两侧加宽值,加宽值的宽度由各省、自治区、直辖市自行确定,以利路基的压实。

(3) 应用举例

【例1-16】 某城市道路长3.8km,设计车行道宽度为14m,若当地规定路床碾压宽度为每侧加宽 20cm，求该工程路床整形工程量。

【解】 按第一章路床整形工程量计算规则的规定可知，该路床整形工程量为
$$3800 \times (14 + 0.2 \times 2) = 54720 \text{m}^2$$
套用定额子目编号"2—1"。

【例 1-17】 上海市某道路路基需做砂石盲沟，已知道路长 2.1km，设计路幅宽为 22m，试求该路基横向盲沟的工程量。

【解】 上海市对于路基盲沟有如下规定：
(1) 横向盲沟的纵向间距为 15m。
(2) 横向盲沟的规格按路幅宽度选用，见表 1-9。

盲沟工程数量计算表　　　　　　　　　　　　　　　　　表 1-9

路幅宽度 B(m)	盲沟断面尺寸(宽×深)(cm×cm)
B≤10.5	30×40
10.5<B≤21	40×40
21<B	40×60

据此，可知本工程横向盲沟条数：2100/15+1=141 条

则横向盲沟工程量为：22×141=3102m

套用定额子目编号"2—6"，砂石盲沟 40cm×60cm。

【例 1-18】 某道路工程湿软土基处理，采用水泥粉状喷射桩 240 根，已知每根桩长 8m，直径 50cm，水泥用量为 55kg/m，试求粉喷桩的工程量及水泥的总消耗量。

【解】 (1) 该工程粉喷桩数量为：$\pi \times (0.5)^2/4 \times 8 \times 240 = 376.99 \text{m}^3$

(2) 据题意，可知该子目定额编号为"2—18"及"2—19"。

水泥的总消耗量为：(2.41+0.27×2)×376.99/10=111.212t

2.3.3 道路基层定额说明及应用

(1) 定额说明

1) 本章包括各种级配的多合土基层计 195 个子目。

2) 石灰土基、多合土基、多层次铺筑时，其基础顶层需进行养生，养生期按 7 天考虑，其用水量已综合在顶层多合土养生定额内，使用时不得重复计算用水量。

3) 各种材料的底基层材料消耗中不包括水的使用量，当作为面层封顶时如需加水碾压，加水量由各省、自治区、直辖市自行确定。

4) 多合土基层中各种材料是按常用的配合比编制的，当设计配合比与定额不符时，有关的材料消耗量可由各省、自治区、直辖市另行调整，但人工和机械台班的消耗不得调整。

5) 石灰土基层中的石灰均为生石灰的消耗量。土为松方用量。

6) 本章中设有"每增减"的子目，适用于压实厚度 20cm 以内。压实厚度在 20cm 以上应按两层结构层铺筑。

(2) 工程量计算规则

1) 道路工程路基应按设计车行道宽度另计两侧加宽值，加宽值的宽度由各省、自治区、直辖市自行确定。

2) 道路工程石灰土、多合土养生面积计算，按设计基层、顶层的面积计算。

3) 道路基层计算不扣除各种井位所占的面积。
4) 道路工程的侧缘（平）石、树池等项目以延米计算，包括各转弯处的弧形长度。

(3) 应用举例

【例 1-19】 某道路基层采用拌合机拌合的石灰、粉煤灰、碎石基层，已知道路长 1km，宽 10m（按当地规定，基层两侧各加宽 0.15m），基层材料的设计配合比为石灰：粉煤灰：碎石＝8：17：75，试求 20cm 厚基层的石灰、粉煤灰、碎石的总消耗量。

【解】 (1) 该基层的面积为：1000×(10＋0.15×2)＝10300m²

(2) 按第二章道路基层章说明四可知，当设计配合比与定额配合比不符时，材料消耗量可以调整，各种材料消耗量的换算公式为：

$$C_i = C_d \cdot L_i / L_d$$

式中　C_i——按设计配合比换算后的材料数量；
　　　C_d——定额中的材料消耗量；
　　　L_i——设计配合比中该种材料的百分率；
　　　L_d——定额配合比中该种材料的百分率。

所以，根据定额 2—162，石灰、粉煤灰、碎石的总消耗量调整为：
生石灰：3.96×(8/10)×(10300/100)＝326.304t
粉煤灰：10.56×(17/20)×(10300/100)＝924.528m³
碎石：18.91×(75/70)×(10300/100)＝2086.854m³

2.3.4　道路面层定额说明及应用

(1) 定额说明

1) 本章包括简易路面、沥青表面处治、沥青混凝土路面及水泥混凝土路面等 71 个子目。

2) 沥青混凝土路面、黑色碎石路面所需要的面层熟料实行定点搅拌时，其运至作业面所需的运费不包括在该项目中，需另行计算。

3) 水泥混凝土路面，综合考虑了前台的运输工具不同所影响的工效及有筋无筋等不同的工效。施工中无论有筋无筋及出料机具如何均不换算。水泥混凝土路面中未包括钢筋用量。如设计有筋时，套用水泥混凝土路面钢筋制作项目。

4) 水泥混凝土路面均按现场搅拌机搅拌。如实际施工与定额不符时，由各省、自治区、直辖市另行调整。

5) 水泥混凝土路面定额中，不含真空吸水和路面刻防滑槽。

6) 喷洒沥青油料定额中，分别列有石油沥青和乳化沥青两种油料，应根据设计要求套用相应项目。

(2) 工程量计算规则

1) 水泥混凝土路面以平口为准，如设计为企口时，其用工量按本定额相应项目乘以系数 1.01。木材摊销量按本定额相应项目摊销量乘以系数 1.051。

2) 道路工程沥青混凝土、水泥混凝土及其他类型路面工程量以设计长乘以设计宽计算（包括转弯面积），不扣除各类井所占面积。

3) 伸缩缝以面积为计量单位。此面积为缝的断面积，即设计宽×设计厚。

4）道路面层按设计图所示面积（带平石的面层应扣除平石面积）以平方米计算。

（3）应用举例

【例 1-20】 如图 1-7 所示，某城市道路车行道采用机械摊铺 8cm 粗粒式 3cm 细粒式沥青混凝土面层结构，若道路长 5km，试求沥青混凝土面层的工程量，并计算沥青混凝土的数量。

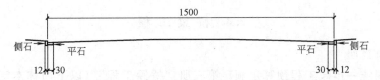

图 1-7 机械摊铺车行道（单位：cm）

【解】（1）按第三章道路面层工程量计算规则四可知，沥青混凝土面层的面积为：

$$5000 \times (15 - 0.3 \times 2) = 72000 m^2$$

（2）套用定额子目编号"2—269"及"2—270"，计算粗粒式沥青混凝土数量为：

$$(6.06 + 1.01 \times 2) \times 72000/100 = 5817.6 m^3$$

套用定额子目编号"2—285"，计算细粒式沥青混凝土数量为：

$$3.03 \times 72000/100 = 2181.6 m^3$$

【例 1-21】 某城市道路车行道为 16cm 厚水泥混凝土路面，已知道路长 2km，车行道宽 10m，试求水泥混凝土路面工程量及水泥混凝土的总消耗量。

【解】（1）按第三章道路面层工程量计算规则二可知，水泥混凝土路面面积为：

$$2000 \times 10 = 20000 m^2$$

（2）设 x 为水泥混凝土路面厚度为 16cm 时所对应的混凝土消耗量，套用定额子目编号"2—287"及"2—288"，采用内插法计算：

$$(16 - 15)/(18 - 15) = (x - 15.3)/(18.36 - 15.3)$$

$$x = 16.32 m^3/100 m^2$$

水泥混凝土的总消耗量为：$16.32 \times 20000/100 = 3264 m^3$

2.3.5 人行道侧缘石及其他定额说明及应用

(1) 定额说明

1）本章包括人行道板、侧石（立缘石）、花砖安砌等 45 个子目。

2）本章所采用的人行道板、侧石（立缘石）、花砖等砌料及垫层如与设计不同时，材料量可按设计要求另计其用量，但人工不变。

(2) 工程量计算规则

人行道板、异型彩色花砖安砌面积计算按实铺面积计算。

(3) 应用举例

【例 1-22】 某道路采用 20cm 厚石灰土基层，含灰量 8%，拖拉机拌合，已知基层面积为 24600 m^2，试求小堆沿线消解石灰的人工、材料的总消耗量。

【解】 按第二册道路工程册说明七可知应先计算石灰总用量，再套用消解石灰子目。

据题意，先套用定额"2—59"，计算生石灰用量：

$$2.72 \times 24600/100 = 669.12t$$

再套用定额"2—350（小堆沿线消解石灰）"，可得：

综合人工：$0.16 \times 669.12 = 107.06$ 工日

水：$1.05 \times 669.12 = 702.58 m^3$

2.4 桥梁工程

2.4.1 册说明

（1）《全国统一市政工程预算定额》第三册"桥涵工程"（以下简称本定额），包括打桩工程、钻孔灌注桩工程、砌筑工程、钢筋工程、现浇混凝土工程、预制混凝土工程、立交箱涵工程、安装工程、临时工程及装饰工程，共十章591个子目。

（2）本定额适用范围：

1）单跨100m以内的城镇桥梁工程；

2）单跨5m以内的各种板涵、拱涵工程（圆管涵套用第六册"排水工程"定额，其中管道铺设及基础项目人工、机械费乘以1.25系数）；

3）穿越城市道路及铁路的立交箱涵工程。

（3）本定额的编制依据：

1）现行的设计、施工及验收技术规范；

2）《全国统一市政工程预算定额》（1988）第三册"桥涵工程"；

3）《全国市政工程统一劳动定额》；

4）《全国统一建筑工程基础定额》；

5）《公路工程预算定额》；

6）《上海市市政工程预算定额》。

（4）本册定额有关说明：

1）预制混凝土及钢筋混凝土构件均属现场预制，不适用于独立核算、执行产品出厂价格的构件厂所生产的构配件。

2）本册定额中提升高度按原地面标高至梁底标高8m为界，若超过8m时，超过部分可另行计算超高费；本册定额河道水深取定为3m，若水深大于3m时，应另行计算。当超高以及水深大于3m时，超过部分增加费用的具体计算办法按各省、自治区、直辖市规定执行。

3）本册定额中均未包括各类操作脚手架，发生时按第一册"通用项目"，相应定额执行。

4）本册定额未包括的预制构件场内、场外运输，可按各省、自治区、直辖市的有关规定计算。

（5）未尽事宜见各章节说明。

2.4.2 打桩工程定额说明及应用

（1）定额说明

1）本章定额内容包括打木制桩、打钢筋混凝土桩、打钢管桩、送桩、接桩等项目共

12节107个子目。

2) 定额中土质类别均按甲级土考虑。各省、自治区、直辖市可按本地区土质类别进行调整。

3) 本章定额均为打直桩，如打斜桩（包括俯打、仰打）斜率在1：6以内时，人工乘以1.33，机械乘以1.43。

4) 本章定额均考虑在已搭置的支架平台上操作，但不包括支架平台，其支架平台的搭设与拆除应按本册第九章有关项目计算。

5) 陆上打桩采用履带式柴油打桩机时，不计陆上工作平台费，可计20cm碎石垫层，面积按陆上工作平台面积计算。

6) 船上打桩定额按两艘船只拼搭、捆绑考虑。

7) 打板桩定额中，均已包括打、拔导向桩内容，不得重复计算。

8) 陆上、支架上、船上打桩定额中均未包括运桩。

9) 送桩定额按送4m为界，如实际超过4m时，按相应定额乘以下列调整系数：

a. 送桩5m以内乘以1.2的系数；

b. 送桩6m以内乘以1.5的系数；

c. 送桩7m以内乘以2.0的系数；

d. 送桩7m以上，以调整后7m为基础，每超过1m递增0.75系数。

10) 打桩机械的安装、拆除按本册第九章有关项目计算。打桩机械场外运输费按机械台班费用定额计算。

(2) 工程量计算规则

1) 打桩

a. 钢筋混凝土方桩、板桩按桩长度（包括桩尖长度）乘以桩横断面面积计算；

b. 钢筋混凝土管桩按桩长度（包括桩尖长度）乘以桩横断面面积，减去空心部分体积计算；

c. 钢管桩按成品桩考虑，以吨计算。

2) 焊接桩型钢用量可按实调整。

3) 送桩

a. 陆上打桩时，以原地面平均标高增加1m为界线，界线以下至设计桩顶标高之间的打桩实体积为送桩工程量；

b. 支架上打桩时，以当地施工期间的最高潮水位增加0.5m为界线，界线以下至设计桩顶标高之间的打桩实体积为送桩工程量；

c. 船上打桩时，以当地施工期间的平均水位增加1m为界线，界线以下至设计桩顶标高之间的打桩实体积为送桩工程量。

(3) 应用举例

【例1-23】 陆上打钢筋混凝土方桩24根，已知桩截面尺寸为0.5m×0.5m，桩长（不包括桩尖）为28m，桩尖长0.6m，分上下两截预制。原地面标高为3.5m，设计桩顶标高为-1.35m，试计算该钢筋混凝土方桩打桩、焊接桩、送桩的工程量及套用定额子目编号。

【解】 (1) 打钢筋混凝土方桩工程量：$(28+0.6) \times 0.5 \times 0.5 \times 24 = 171.6 m^3$

按桩长 $L=28.6\text{m}$ 及桩截面 $S=0.25\text{m}^2$ 可知，应套定额子目编号为"3—28"。

(2) 接桩工程量：$1\times 24=24$ 个，应套定额子目编号为"3—61"。

(3) 送桩工程量：

因为陆上送桩起始点为原地面上 1m，即 $3.5+1=4.5\text{m}$

所以送桩高度为 $4.5-(-1.35)=5.85\text{m}$

送桩工程量为 $0.5\times 0.5\times 5.85\times 24=35.1\text{m}^3$

按桩截面 $S=0.25\text{m}^2$ 可知，应套定额子目编号为"3—86"，但需注意，因送桩高度为 5.85m，而 4m＜5.85m＜6m，按章说明第九条套用定额时，应按原定额乘以 1.5 的系数。

2.4.3 钻孔灌注桩定额说明及应用

(1) 定额说明

1) 本章定额包括埋设护筒，人工挖孔、卷扬机带冲抓锥、冲击钻机、回旋钻机四种成孔方式及灌注混凝土等项目共 7 节 104 个子目。

2) 本章定额适用于桥涵工程钻孔灌注桩基础工程。

3) 本章定额钻孔土质分为八种。

a. 砂土：粒径不大于 2mm 的砂类土，包括淤泥、轻亚黏土。

b. 黏土：粉质黏土、黏土、黄土，包括土状风化。

c. 砂砾：粒径 2～20mm 的角砾、圆砾含量不大于 50%，包括礓石黏土及粒状风化。

d. 砾石：粒径 2～20mm 的角砾、圆砾含量大于 50%，有时还包括粒径为 20～200mm 的碎石、卵石，其含量在 50% 以内，包括块状风化。

e. 卵石：粒径 20～200mm 的碎石、卵石含量大于 10%，有时还包括块石、漂石，其含量在 10% 以内，包括块状风化。

f. 软石：各种松软、胶结不紧、节理较多的岩石及较坚硬的块石土、漂石土。

g. 次坚石：硬的各类岩石，包括粒径大于 500mm、含量大于 10% 的较坚硬的块石、漂石。

h. 坚石：坚硬的各类岩石，包括粒径大于 1000mm、含量大于 10% 的坚硬的块石、漂石。

4) 成孔定额按孔径、深度和土质划分项目，若超过定额使用范围时，应另行计算。

5) 埋设钢护筒定额中钢护筒按摊销量计算，若在深水作业，钢护筒无法拔出时，经建设单位签证后，可按钢护筒实际用量（或参考下表重量）减去定额数量一次增列计算，但该部分不得计取除税金外的其他费用。

6) 灌注桩混凝土均考虑混凝土水下施工，按机械搅拌，在工作平台上导管倾注混凝土。定额中已包括设备（如导管等）摊销及扩孔增加的混凝土数量，不得另行计算。

7) 定额中未包括：钻机场外运输、截除余桩、废泥浆处理及外运，其费用可另行计算。

8) 定额中不包括在钻孔中遇到障碍必须清除的工作，发生时另行计算。

9) 泥浆制作定额按普通泥浆考虑，若需采用膨润土，各省、自治区、直辖市可作相应调整。

(2) 工程量计算规则

1）灌注桩成孔工程量按设计入土深度计算。定额中的孔深指护筒顶至桩底的深度。成孔定额中同一孔内的不同土质，不论其所在的深度如何，均执行总孔深定额。

2）人工挖桩孔土方工程量按护壁外缘包围的面积乘以深度计算。

3）灌注桩水下混凝土工程量按设计桩长增加1.0m乘以设计横断面面积计算。

4）灌注桩工作平台按本册第九章有关项目计算。

5）钻孔灌注桩钢筋骨架按设计图纸计算，套用本册第四章钢筋工程有关项目。

6）钻孔灌注桩需使用预埋铁件时，套用本册第四章钢筋工程有关项目。

(3) 应用举例

【例1-24】 某桥梁回旋钻机钻孔灌注桩工程，已知原地面标高为8.00m，钢护筒顶标高为8.30m，设计桩顶标高为7.50m，设计桩底标高为－24.50m，直径为$\phi1200$mm，地层由上至下为粉土5m，2～20mm的角砾（含量25%）13m，以下为20～200mm碎石层（含量30%），试求：(1) 该工程成孔工程量，定额子目编号及其工、料、机消耗量。

(2) 灌注桩混凝土工程量及定额子目编号。

【解】 (1) 成孔工程量＝8.00－(－24.50)＝32.50m

而定额孔深 H＝8.30－(－24.50)＝32.80m

所以应套定额子目编号为"3—137"、"3—138"、"3—139"。

由章说明三可知，由上至下分别为砂土层5m，砂砾层13m，则砾石层为

$$32.5-5-13=14.5\text{m}$$

该成孔定额消耗量分别为（每10m）：

综合人工：$(10.56\times5+20.85\times13+33.95\times14.5)/32.5=25.11$ 工日

电焊条：$(0.20\times5+0.40\times13+0.61\times14.5)/32.5=0.46$kg

铁件：$0.20\times32.5/32.5=0.20$kg

钻头：$(3.03\times5+4.17\times27.5)/32.5=3.99$kg

四旋钻机（$\phi1500$mm以内）：$(2.21\times5+4.61\times13+7.65\times14.5)/32.5=5.60$ 台班

泥浆泵（$\phi100$mm）：$(1.74\times5+3.85\times13+6.55\times14.5)/32.5=4.73$ 台班

潜水泵（$\phi100$mm）：$(1.74\times5+3.85\times13+6.55\times14.5)/32.5=4.73$ 台班

交流电焊机（30kW）：$(0.02\times5+0.06\times13+0.09\times14.5)/32.5=0.07$ 台班

(2) 灌注桩混凝土工程量 $=\pi\times(1.2)^2/4\times[7.5-(-24.5)]=36.19$ m³

套用定额子目编号"3—209"。

2.4.4 砌筑工程定额说明及应用

(1) 定额说明

1）本章定额包括浆砌块石、料石、混凝土预制块和砖砌体等项目共5节21个子目。

2）本章定额适用于砌筑高度在8m以内的桥涵砌筑工程。本章定额未列的砌筑项目，按第一册"通用项目"相应定额执行。

3）砌筑定额中未包括垫层、拱背和台背的填充项目，如发生上述项目，可套用有关定额。

4）拱圈底模定额中不包括拱盔和支架，可按本册第九章相应定额执行。

5）定额中调制砂浆，均按砂浆拌合机拌合，如采用人工拌制时，定额不予调整。

(2) 工程量计算规则

1) 砌筑工程量按设计砌体尺寸以立方米体积计算，嵌入砌体中的钢管、沉降缝、伸缩缝以及单孔面积 $0.3m^2$ 以内的预留孔所占体积不予扣除。

2) 拱圈底模工程量按模板接触砌体的面积计算。

2.4.5　钢筋工程定额说明及应用

(1) 定额说明

1) 本章定额包括桥涵工程各种钢筋、高强钢丝、钢绞线、预埋铁件的制作安装等项目共 4 节 27 个子目。

2) 定额中钢筋按 $\phi 10mm$ 以内及 $\phi 10mm$ 以外两种分列，$\phi 10mm$ 以内采用 Q235 钢，$\phi 10mm$ 以外采用 16 锰钢，钢板均按 Q235 钢计列，预应力筋采用Ⅳ级钢、钢绞线和高强钢丝。因设计要求采用钢材与定额不符时，可予调整。

3) 因束道长度不等，故定额中未列锚具数量，但已包括锚具安装的人工费。

4) 先张法预应力筋制作、安装定额，未包括张拉台座，该部分可由各省、自治区、直辖市视具体情况另行规定。

5) 压浆管道定额中的铁皮管、波纹管均已包括套管及三通管安装费用，但未包括三通管费用，可另行计算。

6) 本章定额中钢绞线按 $\phi 15.24mm$、束长在 40m 以内考虑，如规格不同或束长超过 40m 时，应另行计算。

(2) 工程量计算规则

1) 钢筋按设计数量套用相应定额计算（损耗已包括在定额中）。设计未包括施工用筋经建设单位同意后可另计。

2) T 型梁连接钢板项目按设计图纸，以吨为单位计算。

3) 锚具工程量按设计用量乘以下列系数计算。

锥形锚：1.05；OVM 锚：1.05；墩头锚：1.00。

4) 管道压浆不扣除钢筋体积。

2.4.6　现浇混凝土工程定额说明及应用

(1) 定额说明

1) 本章定额包括基础、墩、台、柱、梁、桥面、接缝等项目共 14 节 76 个子目。

2) 本章定额适用于桥涵工程现浇各种混凝土构筑物。

3) 本章定额中嵌石混凝土的块石含量如与设计不同时，可以换算，但人工及机械不得调整。

4) 本章定额中均未包括预埋铁件，如设计要求预埋铁件时，可按设计用量套用本册第四章有关项目。

5) 承台分有底模及无底模两种，应按不同的施工方法套用本章相应项目。

6) 定额中混凝土按常用强度等级列出，如设计要求不同时可以换算。

7) 本章定额中模板以木模、工具式钢模为主（除防撞护栏采用定型钢模外）。若采用其他类型模板时，允许各省、自治区、直辖市进行调整。

8) 现浇梁、板等模板定额中均已包括铺筑底模内容，但未包括支架部分。如发生时可套用本册第九章有关项目。

(2) 工程量计算规则

1) 混凝土工程量按设计尺寸以实体积计算（不包括空心板、梁的空心体积），不扣除钢筋、钢丝、铁件、预留压浆孔道和螺栓所占的体积。

2) 模板工程量按模板接触混凝土的面积计算。

3) 现浇混凝土墙、板上单孔面积在 $0.3m^2$ 以内的孔洞体积不予扣除，洞侧壁模板面积亦不再计算；单孔面积在 $0.3m^2$ 以上时，应予扣除，洞侧壁模板面积并入墙、模板工程量之内计算。

(3) 应用举例

【例 1-25】 某桥台采用毛石混凝土共 $10m^3$，设计要求其中块石含量为 20%，试求按设计要求调整后块石与混凝土的含量。

【解】 按第五章《现浇混凝土工程》章说明三可知，定额中嵌石混凝土的块石含量如与设计不同时，可以换算，查定额"3—262"得：

块石消耗量为 $2.43m^3$，混凝土（C15）消耗量为 $8.63m^3$。

调整后块石用量为：$(2.43+8.63) \times 20\% = 2.212m^3$

调整后混凝土用量为：$(2.43+8.63) - 2.212 = 8.848m^3$

【例 1-26】 某后张法预应力箱梁，采用支架上现浇，已知梁长 25m，截面面积为 $18.02m^2$，其中空心部分面积为 $9.45m^2$，预留 $\phi50$ 压浆孔道共 12 根，试求该箱梁混凝土工程量。

【解】 按第五章《现浇混凝土工程》工程量计算规则一可知：

现浇混凝土工程量为：$(18.02-9.45) \times 25 = 214.25m^3$

套用定额子目编号为"3—300"（支架上现浇混凝土箱梁）。

2.4.7 预制混凝土工程定额说明及应用

(1) 定额说明

1) 本章定额包括预制桩、柱、板、梁及小型构件等项目共 8 节 44 个子目。

2) 本章定额适用于桥涵工程现场制作的预制构件。

3) 本章定额中均未包括预埋铁件，如设计要求预埋铁件时，可按设计用量套用本册第四章有关项目。

4) 本章定额不包括地模、胎模费用，需要时可按本册第九章有关定额计算。胎、地模的占用面积可由各省、自治区、直辖市另行规定。

(2) 工程量计算规则

1) 混凝土工程量计算

a. 预制桩工程量按桩长度（包括桩尖长度）乘以桩横断面面积计算。

b. 预制空心构件按设计图尺寸扣除空心体积，以实体积计算。空心板梁的堵头板体积不计入工程量内，其消耗量已在定额中考虑。

c. 预制空心板梁，凡采用橡胶囊做内模的，考虑其压缩变形因素，可增加混凝土数量，当梁长在 16m 以内时，可按设计计算体积增加 7%，若梁长大于 16m 时，则增加 9% 计算。如设计图已注明考虑橡胶囊变形时，不得再增加计算。

d. 预应力混凝土构件的封锚混凝土数量并入构件混凝土工程量计算。

2) 模板工程量计算

a. 预制构件中预应力混凝土构件及 T 形梁、I 形梁、双曲拱、桁架拱等构件均按模板接触混凝土的面积（包括侧模、底模）计算。

b. 灯柱、端柱、栏杆等小型构件按平面投影面积计算。

c. 预制构件中非预应力构件按模板接触混凝土的面积计算，不包括胎、地模。

d. 空心板梁中空心部分，本定额均采用橡胶囊抽拔，其摊销量已包括在定额中，不再计算空心部分模板工程量。

e. 空心板中空心部分，可按模板接触混凝土的面积计算工程量。

3) 预制构件中的钢筋混凝土桩、梁及小型构件，可按混凝土定额基价的2%计算其运输、堆放、安装损耗，但该部分不计材料用量。

(3) 应用举例

【例 1-27】 某桥采用预制钢筋混凝土方桩，截面为 $0.4m \times 0.4m$，桩长（不包括桩尖）为 22m，桩尖长 0.5m，分上下两截预制，求模板工程量。（每 m^3 混凝土桩身按 $3.5m^2$ 砖地模计）。

【解】 按本章模板工程量计算规则第 c 条规定，预制非预应力构件中，模板与地模应分别计算。

预制桩工程量 $= 0.4 \times 0.4 \times (22+0.5) = 3.6 m^3$

砖地模工程量 $= 3.5 \times 3.6 = 12.6 m^2$，套用定额子目编号 "3—540"。

预制方桩模板工程量：$0.4 \times (22+0.5) \times 2 + 0.4 \times 0.4 \times 4 = 18.64 m^2$

套用定额子目编号 "3—337"。

【例 1-28】 某桥桥跨结构为 $13m \times 3$，横向由 7 片梁组成。已知梁长为 12.96m，为预制非预应力空心板梁，采用充气橡胶囊内模，试求空心板梁预制的混凝土工程量。（中梁 $5.19 m^3/$片，边梁 $5.972 m^3/$片）。

【解】 按本章第一 (3) 条可知，采用橡胶囊内模可增加混凝土数量。

梁长 $L = 12.96 m < 16 m$

混凝土工程量 $= (5.19 \times 5 + 5.972 \times 2) \times 3 \times 1.07 = 121.64 m^3$

套用定额子目编号 "3—356"。

2.4.8 立交箱涵工程定额说明及应用

(1) 定额说明

1) 本章定额包括箱涵制作、顶进、箱涵内挖土等项目共 7 节 36 个子目。

2) 本章定额适用于穿越城市道路及铁路的立交箱涵顶进工程及现浇箱涵工程。

3) 本章定额顶进土质按 Ⅰ、Ⅱ 类土考虑，若实际土质与定额不同时，可由各省、自治区、直辖市进行调整。

4) 定额中未包括箱涵顶进的后靠背设施等，其发生费用另行计算。

5) 定额中未包括深基坑开挖、支撑及井点降水的工作内容，可套用有关定额计算。

6) 立交桥引道的结构及路面铺筑工程，根据施工方法套用有关定额计算。

(2) 工程量计算规则

1) 箱涵滑板下的肋楞，其工程量并入滑板内计算。

2) 箱涵混凝土工程量，不扣除单孔面积 $0.3 m^2$ 以下的预留孔洞体积。

3) 顶柱、中继间护套及挖土支架均属专用周转性金属构件，定额中已按摊销量计列，不得重复计算。

4）箱涵顶进定额分空顶、无中继间实土顶和有中继间实土顶三类，其工程量计算如下。

a. 空顶工程量按空顶的单节箱涵重量乘以箱涵位移距离计算；

b. 实土顶工程量按被顶箱涵的重量乘以箱涵位移距离分段累计计算。

5）气垫只考虑在预制箱涵底板上使用，按箱涵底面积计算。气垫的使用天数由施工组织设计确定，但采用气垫后在套用顶进定额时应乘以系数0.7。

2.4.9 安装工程定额说明及应用

(1) 定额说明

1）本章定额包括安装排架立柱、墩台管节、板、梁、小型构件、栏杆扶手、支座、伸缩缝等项目共13节90个子目。

2）本章定额适用于桥涵工程混凝土构件的安装等项目。

3）小型构件安装已包括150m场内运输，其他构件均未包括场内运输。

4）安装预制构件定额中，均未包括脚手架，如需要用脚手架时，可套用第一册"通用项目"相应定额项目。

5）安装预制构件，应根据施工现场具体情况，采用合理的施工方法，套用相应定额。

6）除安装梁分陆上、水上安装外，其他构件安装均未考虑船上吊装，发生时可增计船只费用。

7）满堂式钢管支架定额只含搭拆，使用费单价（吨·天）由各省、自治区、直辖市自定，工程量按每立方米空间体积50kg计算（包括扣件等）。

8）组装、拆卸万能杆件只含万能杆件摊销量，其使用费单价（吨·天）由各省、自治区、直辖市自定，工程量按每立方米空间体积125kg计算。

9）挂篮施工所需压重材料由各省、自治区、直辖市自定，费用另计。

(2) 工程量计算规则

1）本章定额安装预制构件以立方米为计量单位的，均按构件混凝土实体积（不包括空心部分）计算。

2）驳船不包括进出场费，其单价（吨·天）由各省、自治区、直辖市确定。

2.4.10 临时工程定额说明及应用

(1) 定额说明

1）本章定额内容包括桩基础支架平台、木垛、支架的搭拆，打桩机械、船排、万能杆件的组拆，挂篮的安拆和推移，胎地模的筑拆及桩顶混凝土凿除等项目共10节40个子目。

2）本章定额支架平台适用于陆上、支架上打桩及钻孔灌注桩。支架平台分陆上平台与水上平台两类，其划分范围由各省、自治区、直辖市根据当地的地形条件和特点确定。

3）桥涵拱盔、支架均不包括底模及地基加固在内。

4）组装、拆卸船排定额中未包括压舱费用。压舱材料取定为大石块，并按船排总吨位的30%计取（包括装、卸在内150m的二次运输费）。

5）打桩机械锤重的选择见表1-10；

6）搭、拆水上工作平台定额中，已综合考虑了组装、拆卸船排及组装、拆卸打拔桩架工作内容，不得重复计算。

打桩机械锤重表　　　　　　　　表 1-10

桩类别	桩长度(m)	桩截面积 $S(m^2)$ 或管径 $\phi(mm)$	柴油桩机锤重(kg)
钢筋混凝土方桩及板桩	$L\leqslant 8.00$	$S\leqslant 0.05$	600
	$L\leqslant 8.00$	$0.05<S\leqslant 0.105$	1200
	$8.00<L\leqslant 16.00$	$0.105<S\leqslant 0.125$	1800
	$16.00<L\leqslant 24.00$	$0.125<S\leqslant 0.160$	2500
	$24.00<L\leqslant 28.00$	$0.160<S\leqslant 0.225$	4000
	$28.00<L\leqslant 32.00$	$0.225<S\leqslant 0.250$	5000
	$32.00<L\leqslant 40.00$	$0.250<S\leqslant 0.300$	7000
钢筋混凝土管桩	$L\leqslant 25.00$	$\phi 400$	2500
	$L\leqslant 25.00$	$\phi 550$	4000
	$L\leqslant 25.00$	$\phi 600$	5000
	$L\leqslant 50.00$	$\phi 600$	7000
	$L\leqslant 25.00$	$\phi 800$	5000
	$L\leqslant 50.00$	$\phi 800$	7000
	$L\leqslant 25.00$	$\phi 1000$	7000
	$L\leqslant 50.00$	$\phi 1000$	8000

注：钻孔灌注桩工作平台按孔径 $\phi\leqslant 1000mm$，套用锤重 1800kg 打桩工作平台；$\phi>1000mm$，套用锤重 2500kg 打桩工作平台。

(2) 工程量计算规则

1) 搭拆打桩工作平台面积计算，如图 1-8 所示。

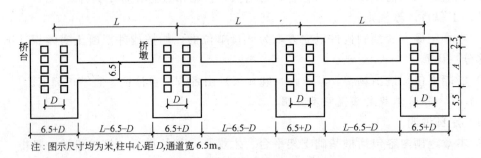

图 1-8　工作平台面积示意图

a. 桥梁打桩：　　　　　　$F=N_1F_1+N_2F_2$
每座桥台（桥墩）：　　$F_1=(5.5+A+2.5)\times(6.5+D)$
每条通道：　　　　　　$F_2=6.5\times[L-(6.5+D)]$

b. 钻孔灌注桩：　　　　　$F=N_1F_1+N_2F_2$
每座桥台（桥墩）：　　$F_1=(A+6.5)\times(6.5+D)$
每条通道：　　　　　　$F_2=6.5\times[L-(6.5+D)]$

式中　F——工作平台总面积；

　　　F_1——每座桥台（桥墩）工作平台面积；

F_2——桥台至桥墩间或桥墩至桥墩间通道工作平台面积；

N_1——桥台和桥墩总数量；

N_2——通道总数量；

D——二排桩之间距离（m）；

L——桥梁跨径或护岸的第一根桩中心至最后一根桩中心之间的距离（m）；

A——桥台（桥墩）每排桩的第一根桩中心至最后一根桩中心之间的距离（m）。

2）凡台与墩或墩与墩之间不能连续施工时（如不能断航、断交通或拆迁工作不能配合），每个墩、台可计一次组装、拆卸柴油打桩架及设备运输费。

3）桥涵拱盔、支架空间体积计算：

a. 桥涵拱盔体积按起拱线以上弓形侧面积乘以（桥宽+2m）计算；

b. 桥涵支架体积为结构底至原地面（水上支架为水上支架平台顶面）平均标高乘以纵向距离再乘以（桥宽+2m）计算。

（3）应用举例

【**例 1-29**】 某三跨简支梁桥，桥跨结构为 10m+13m+10m，均采用 40cm×40cm 打入桩基础，其中 0#台、3#台采用单排桩 11 根，桩距为 140cm，1#墩、2#墩采用双排平行桩，每排 9 根，桩距 150cm，排距 150cm。试求该打桩工程搭拆工作平台的总面积。

【**解**】 按工程量计算规则第 1）条可知

(1) 0#台、3#台每座工作平台面积：

$$A = 1.40 \times (11-1) = 14\text{m} \quad D = 0$$
$$F = (5.5 + 14 + 2.5) \times (6.5 + 0) = 143\text{m}^2$$

(2) 1#墩、2#墩每座工作平台面积：

$$A = 1.5 \times (9-1) = 12\text{m} \quad D = 1.5\text{m}$$
$$F = (5.5 + 12 + 2.5) \times (6.5 + 1.5) = 160\text{m}^2$$

(3) 通道平台面积：

0#~1#、2#~3#每条通道平台：

$$F = 6.5 \times [10 - 6.5/2 - (6.5+1.5)/2] = 17.875\text{m}^2$$

1#~2#通道平台：

$$F = 6.5 \times [13 - (6.5+1.5)] = 32.5\text{m}^2$$

(4) 全桥搭拆工作平台总面积：

$$F = 143 \times 2 + 160 \times 2 + 17.875 \times 2 + 32.5 = 674.25\text{m}^2$$

【**例 1-30**】 如图 1-9 所示，某桥现浇板梁采用满堂式钢管支架，已知桥宽为 14m，原地面平均标高为 3.30m，求图中桥跨支架的工程量及定额编号。

【**解**】 按工程量计算规则第 3）条可知，该跨满堂式钢管支架体积为：

$$18.40 \times [(8.76+8.36)/2 - 3.30] \times (14+2) = 1548.544\text{m}^3$$

套用定额子目编号"3—522"。

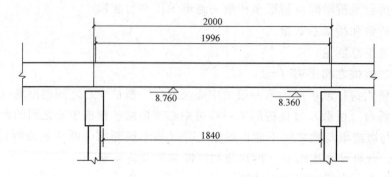

图 1-9 桥跨支架示意图

2.4.11 装饰工程定额说明及应用

（1）定额说明

1）本章定额包括砂浆抹面、水刷石、剁斧石、拉毛、水磨石、镶贴面层、涂料、油漆等项目共 8 节 46 个子目。

2）本章定额适用于桥、涵构筑物的装饰项目。

3）镶贴面层定额中，贴面材料与定额不同时，可以调整换算，但人工与机械台班消耗量不变。

4）水质涂料不分面层类别，均按本定额计算，由于涂料种类繁多，如采用其他涂料时，可以调整换算。

5）水泥白石子浆抹灰定额，均未包括颜料费用，如设计需要颜料调制时，应增加颜料费用。

6）油漆定额按手工操作计取，如采用喷漆时，应另行计算。定额中油漆种类与实际不同时，可以调整换算。

7）定额中均未包括施工脚手架，发生时可按第一册"通用项目"相应定额执行。

（2）工程量计算规则

本章定额除金属面油漆以吨计算外，其余项目均按装饰面积计算。

2.5 管道工程

2.5.1 册说明

（1）《全国统一市政工程预算定额》第六册"排水工程"（以下简称本定额），包括定型混凝土管道基础及铺设，定型井、非定型井、渠基础及砌筑，顶管，给排水构筑物，给排水机械设备安装，模板、钢筋（铁件）加工及井字架工程，共七章 1355 个子目。

（2）本定额适用于城镇范围内新建、扩建的市政排水管渠工程。

（3）本定额的编制依据

1）《全国统一建筑工程基础定额》；

2）《全国市政工程统一劳动定额》；

3）《市政工程预算定额》第六册"排水工程"（1989 年）；

4）《给水排水标准图集》S1、S2、S3（1996 年）；

5）《混凝土和钢筋混凝土排水管标准》（GB 11836—89）；

6)《铸铁检查井盖标准》(CJ/T 3012—89);

7)《市政排水管渠工程质量检验评定标准》(CJJ 3—90);

8)《给水排水构筑物施工及验收规范》(GBJ 141—90)。

(4) 本定额与建筑、安装定额的界限划分及执行范围

1) 给排水构筑物工程中的泵站上部建筑工程以及本册定额中未包括的建筑工程,按《全国统一建筑工程基础定额》相应定额执行。

2) 给排水机械设备安装中的通用机械,执行《全国统一安装工程预算定额》相应定额。

3) 市政排水管道与厂、区室外排水管道以接入市政管道的检查井、接户井为界,凡市政管道检查井(接户井)以外的厂、区室外排水管道,均执行本定额。

4) 管道接口、检查井、给排水构筑物需做防腐处理的,分别执行《全国统一建筑工程基础定额》和《全国统一安装工程预算定额》。

(5) 本册定额与市政其他册定额的关系

本册定额所涉及的土、石方挖、填、运输,脚手架、支撑、围堰、打、拔桩,降水,便桥,拆除等工程,除各章节另有说明外,按第一册"通用项目"相应定额执行。

(6) 本册定额需说明的有关事项

1) 本定额所称管径均指内径,如当地生产的管径、长度与定额不同时,各省、自治区、直辖市可自行调整。

2) 本定额中的混凝土均为现场拌合,各项目中的混凝土和砂浆标号与设计要求不同时,标号允许换算,但数量不变。

3) 本定额各章所需的模板、钢筋(铁件)加工、井字架均执行第七章的相应定额。

4) 本定额是按无地下水考虑的,如有地下水,需降水时执行第一册"通用项目"相应定额;需设排水盲沟时执行第二册"道路工程"相应定额;基础需铺设垫层时,执行本册定额第四章的相应定额;采用湿土排水时执行第一册"通用项目"相应定额。

5) 干土与湿土的区分:地下水位线以上为干土,地下水位线以下为湿土。

(7) 未尽事宜见各章节说明。

2.5.2 定型混凝土管道基础及铺设定额说明及应用

(1) 定额说明

1) 本章定额包括混凝土管道基础、管道铺设、管道接口、闭水试验、管道出水口,是依1996年《给水排水标准图集》合订本S2计算的。适用于市政工程雨水、污水及合流混凝土排水管道工程。

2) D300~D700mm混凝土管铺设分为人工下管和人机配合下管,D800~D2400mm为人机配合下管。

3) 如在无基础的槽内铺设管道,其人工、机械乘以系数1.18。

4) 如遇有特殊情况,必须在支撑下串管铺设,人工、机械乘以系数1.33。

5) 若在枕基上铺设缸瓦(陶土)管,人工乘以系数1.18。

6) 自(预)应力混凝土管胶圈接口采用给水册的相应定额项目。

7) 实际管座角度与定额不同时,采用第三章非定型管座定额项目。

企口管的膨胀水泥砂浆接口和石棉水泥接口适于360°,其他接口均是按管座120°和

180°列项的。如管座角度不同,按相应材质的接口做法,以管道接口调整表进行调整(见表 1-11)。

管道接口调整表　　　　　　　　　　　表 1-11

序号	项目名称	实做角度	调整基数或材料	调整系数
1	水泥砂浆抹带接口	90°	120°定额基价	1.330
2	水泥砂浆抹带接口	135°	120°定额基价	0.890
3	钢丝网水泥砂浆抹带接口	90°	120°定额基价	1.330
4	钢丝网水泥砂浆抹带接口	135°	120°定额基价	0.890
5	企口管膨胀水泥砂浆抹带接口	90°	定额中1:2水泥砂浆	0.750
6	企口管膨胀水泥砂浆抹带接口	120°	定额中1:2水泥砂浆	0.670
7	企口管膨胀水泥砂浆抹带接口	135°	定额中1:2水泥砂浆	0.625
8	企口管膨胀水泥砂浆抹带接口	180°	定额中1:2水泥砂浆	0.500
9	企口管石棉水泥接口	90°	定额中1:2水泥砂浆	0.750
10	企口管石棉水泥接口	120°	定额中1:2水泥砂浆	0.670
11	企口管石棉水泥接口	135°	定额中1:2水泥砂浆	0.625
12	企口管石棉水泥接口	180°	定额中1:2水泥砂浆	0.500

注:现浇混凝土外套环、变形缝接口,通用于平口、企口管。

8)定额中的水泥砂浆抹带、钢丝网水泥砂浆接口均不包括内抹口,如设计要求内抹口时,按抹口周长每 100 延长米增加水泥砂浆 0.042m³、人工 9.22 工日计算。

9)如工程项目的设计要求与本定额所采用的标准图集不同时,执行第三章非定型的相应项目。

10)本章各项所需模板、钢筋加工,执行第七章的相应项目。

11)定额中计列了砖砌、石砌一字式、门字式、八字式适用于 D300～D2400mm 不同覆土厚度的出水口,是按 1996 年《给排水标准图集》合订本 S2,应对应选用,非定型或材质不同时可执行第一册"通用项目"和本册第三章相应项目。

(2)工程量计算规则

1)各种角度的混凝土基础、混凝土管、缸瓦管铺设,应扣除相邻检查井中心之间检查井长度,以延长米计算工程量。每座检查井扣除长度按表1-12计算。

检查井工程数量计算规则表　　　　　　　　　　　表 1-12

检查井规格(mm)	扣除长度(m)	检查井规格	扣除长度(m)
φ700	0.4	各种矩形井	1.0
φ1000	0.7	各种交汇井	1.20
φ1250	0.95	各种扇形井	1.0
φ1500	1.20	圆形跌水井	1.60
φ2000	1.70	矩形跌水井	1.70
φ2500	2.20	阶梯式跌水井	按实扣

2)管道接口区分管径和做法,以实际接口个数计算工程量。

3)管道闭水试验,以实际闭水长度计算,不扣各种井所占长度。

4) 管道出水口区分形式、材质及管径,以"处"为单位计算。

(3) 应用举例

【例 1-31】 某污水管道工程 7#～8# 管段,长 40m,已知管材为 $\phi1200$ 钢筋混凝土平口管,单节管长为 2m,采用开槽埋管法施工,管座角度 120°,接口为内、外接口,须做窨井闭水试验,矩形井,试求该管段基础、排管、接口、闭水试验的工程量。

【解】 (1) 按第一章定型混凝土管道基础及铺设工程量计算规则一可知,管道基础工程量为:

$$40-1\times2=38m$$

套用定额 "6—10 [平口式管道基础 (120°,$\phi1200$ 以内)]"

(2) 管道铺设工程量为:$40-1\times2=38m$

套用定额 "6—66 (平口式混凝土管铺设 $\phi1200$ 以内)"

(3) 按第一章定型混凝土管道基础及铺设工程量计算规则二可知,管道接口工程量为:

$$38/2-1=18 个$$

套用定额 "6—140 [平口管钢丝网水泥砂浆接口 (120°,$\phi1200$ 以内)]"

另须注意,由于设计要求做内抹口,按第一章定型混凝土管道基础及铺设章说明八,应考虑人工及水泥砂浆的增加量。

(4) 按第一章定型混凝土管道基础及铺设工程量计算规则三可知,7#～8# 管段单独做窨井闭水试验,其工程量应为:

$$40+1\times2=42m$$

套用定额 "6—290 (管道闭水试验 $\phi1200$ 以内)"。

2.5.3 定型井定额说明及应用

(1) 定额说明

1) 本章包括各种定型的砖砌检查井、集水井,适用于 $D700\sim D2400mm$ 间混凝土雨水、污水及合流管道所设的检查井和集水井。

2) 各类井是按 1996 年《给水排水标准图集》S2 编制的,实际设计与定额不同时,执行第三章相应项目。

3) 各类井均为砖砌,如为石砌时,执行第三章相应项目。

4) 各类井只计列了内抹灰,如设计要求外抹灰时,执行第三章的相应项目。

5) 各类井的井盖、井座、井箅均系按铸铁件计列的,如采用钢筋混凝土预制件,除扣除定额中铸铁件外应按下列规定调整。

a. 现场预制,执行第三章相应定额;

b. 厂集中预制,除按第三章相应定额执行外,其运至施工地点的运费可按第一册"通用项目"相应定额另行计算。

6) 混凝土过梁的制作、安装,当小于 $0.04m^3/件$ 时,执行第三章小型构件项目;当大于 $0.04m^3/件$ 时,执行本章项目。

7) 各类井预制混凝土构件所需的模板钢筋加工,均执行第七章的相应项目。但定额中已包括构件混凝土部分的人、材、机费用,不得重复计算。

8) 各类检查井,当井深大于 1.5m 时,可视井深、井字架材质执行第七章的相应项目。

9)当井深不同时,除本章定额中列有增(减)调整项目外,均按第三章中井筒砌筑定额进行调整。

10)如遇三通、四通井,执行非定型井项目。

(2)工程量计算规则

1)各种井按不同井深、井径以"座"为单位计算。

2)各类井的井深按井底基础以上至井盖顶计算。

2.5.4 非定型井、渠、管道基础及砌筑定额说明及应用

(1)定额说明

1)本章定额包括非定型井、渠、管道及构筑物垫层、基础,砌筑,抹灰,混凝土构件的制作、安装,检查井筒砌筑等。适用于本册定额各章节非定型的工程项目。

2)本章各项目均不包括脚手架,当井深超过1.5m,执行第七章井字脚手架项目;砌墙高度超过1.2m,抹灰高度超过1.5m所需脚手架执行第一册"通用项目"相应定额。

3)本章所列各项目所需模板的制作、安装、拆除,钢筋(铁件)的加工均执行第七章相应项目。

4)集水井的混凝土过梁制作、安装执行小型构件的相应项目。

5)跌水井跌水部位的抹灰,按流槽抹面项目执行。

6)混凝土枕基和管座不分角度均按相应定额执行。

7)干砌、浆砌出水口的平坡、锥坡、翼墙执行第一册"通用项目"相应项目。

8)本章小型构件是指单件体积在 $0.04m^3$ 以内的构件。凡大于 $0.04m^3$ 的检查井过梁,执行混凝土过梁制作安装项目。

9)拱(弧)型混凝土盖板的安装,按相应体积的矩形板定额人工、机械乘以系数1.15执行。

10)定额只计列了井内抹灰的子目,如井外壁需要抹灰,砖、石井均按井内侧抹灰项目人工乘以系数0.8,其他不变。

11)砖砌检查井的升高,执行检查井筒砌筑相应项目,降低则执行第一册"通用项目"拆除构筑物相应项目。

12)石砌体均按块石考虑,如采用片石或平石时,块石与砂浆用量分别乘以系数1.09和1.19,其他不变。

13)给水排水构筑物的垫层执行本章定额相应项目,其中人工乘以系数0.87,其他不变;如构筑物池底混凝土垫层需要找坡时,其中人工不变。

14)现浇混凝土方沟底板,采用渠(管)道基础中平基的相应项目。

(2)工程量计算规则

1)本章所列各项目的工程量均以施工图为准计算,其中:

a. 砌筑按计算体积,以"$10m^3$"为单位计算。

b. 抹灰、勾缝以"$100m^2$"为单位计算。

c. 各种井的预制构件以实体积"m^3"计算,安装以套为单位计算。

d. 井、渠垫层、基础按实体积以"$10m^3$"计算。

e. 沉降缝应区分材质按沉降缝的断面积或铺设长度分别以"$100m^2$"和"$100m$"

计算。

$f.$ 各类混凝土盖板的制作按实体积以立方米计算，安装应区分单件（块）体积，以"10m³"计算。

2) 检查井筒的砌筑适用于混凝土管道井深不同的调整和方沟井筒的砌筑，区分高度以座为单位计算，高度与定额不同时采用每增减 0.5m 计算。

3) 方沟（包括存水井）闭水试验的工程量，按实际闭水长度的用水量，以"100m³"计算。

（3）应用举例

【例1-32】 某砖砌直线雨水检查井，矩形尺寸为 1100mm×1100mm，不落底，井壁高度为 2.5m，壁厚 240mm，不收口，无过梁，进口管与出口管均为 ϕ800 钢筋混凝土管，管壁厚 82.5mm。设计要求该雨水井内外井壁均需抹灰，试求井壁抹灰工程量。

【解】 （1）按 1996 年《给水排水标准图集》S_2 可知，砖砌矩形直线雨水检查井（1100×1100）是定型井，应套用第二章定型井。又据第二章定型井章说明四可知，该雨水井内壁抹灰在定额"6—446"中已计列，不需另计。

（2）雨水井外壁抹灰工程量为：

$$(1.1+0.24\times 2)\times 4\times 2.5-(0.8+0.0825\times 2)^2\times \pi/4\times 2=14.34 m^2$$

但需注意，按第三章非定型井、渠、管道基础及砌筑章说明十，外壁抹灰套用定额时仍应套用"井内侧抹灰"项目，即定额编号为"6—573"，但人工消耗量应乘以 0.8 的系数，其他不变。

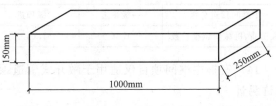

图 1-10 混凝土过梁

【例1-33】 某非定型井的混凝土过梁如图 1-10 所示，试确定该混凝土过梁的制作、安装的定额子目。

【解】 计算单件过梁的体积：$0.25\times 0.15\times 1=0.0375 m^3$

按第三章非定型井、渠、管道基础及砌筑章说明四、八条可知：

$$0.0375 m^3 < 0.04 m^3$$

该混凝土过梁应套用小型构件的制作、安装，即定额编号为"6—587"及"6—593"。

2.5.5 顶管工程定额说明

（1）定额说明

1) 本章内容包括工作坑土方、人工挖土顶管，混凝土方（拱）管涵顶进，不同材质不同管径的顶管接口等项目，适用于雨、污水管（涵）以及外套管的不开槽顶管工程项目。

2) 工作坑垫层、基础执行第三章的相应项目，人工乘以系数 1.10，其他不变。如果方（拱）涵管需设滑板和导向装置时，另行计算。

3) 工作坑挖土方是按土壤类别综合计算的，土壤类别不同，不允许调整。工作坑回填土，视其回填的实际做法，执行第一册"通用项目"的相应项目。

4) 工作坑内管（涵）明敷，应根据管径、接口做法执行第一章的相应项目，人工、机械乘以系数 1.10，其他不变。

5) 本章定额是按无地下水考虑的,如遇地下水时,排(降)水费用按相关定额另行计算。

6) 定额中钢板内、外套环接口项目,只适用于设计所要求的永久性管口,顶进中为防止错口,在管内接口处所设置的工具式临时性钢胀圈不得套用。

7) 顶进施工的方(拱)涵断面大于 $4m^2$ 的,按箱涵顶进项目或规定执行。

8) 管道顶进项目中的顶镐均为液压自退式,如采用人力顶镐,定额人工乘以系数 1.43;如系人力退顶(回镐)时间定额乘以系数 1.20,其他不变。

9) 人工挖土顶管设备、千斤顶,高压油泵台班单价中已包括了安、拆及场外运费,执行中不得重复计算。

10) 工作坑如设沉井,其制作、下沉套用给水排水构筑物章的相应项目。

11) 水力机械顶进定额中,未包括泥浆处理、运输费用,可另计。

12) 单位工程中,管径 $\phi1650$ 以内敞开式顶进在 100m 以内、封闭式顶进(不分管径)在 50m 以内时,顶进定额中的人工费与机械费乘以系数 1.3。

13) 顶管采用中继间顶进时,顶进定额中的人工费与机械费乘以系数分级计算,见表 1-13。

人工费、机械费调整系数表 表 1-13

中继间顶进分级	一级顶进	二级顶进	三级顶进	四级顶进	超过四级
人工费、机械费调整系数	1.36	1.64	2.15	2.80	另计

14) 安拆中继间项目仅适用于敞开式管道顶进,当采用其他顶进方法时,中继间费用允许另计。

15) 钢套环制作项目以吨为单位,适用于永久性接口内、外套环,中继间套环、触变泥浆密封套环的制作。

16) 顶管工程中的材料是按 50m 水平运距、坑边取料考虑的,如因场地等情况取用料水平运距超过 50m 时,根据超过距离和相应定额另行计算。

17) 本章凡标有" * "的项目均为参考项目。

(2) 工程量计算规则

1) 工作坑土方区分挖土深度,以挖方体积计算。

2) 各种材质管道的顶管工程量,按实际顶进长度,以延长米计算。

3) 顶管接口应区分操作方法、接口材质分别以口的个数和管断面积计算工程量。

4) 钢板内、外套环的制作,按套环重量以吨为单位计算。

(3) 应用举例

【例 1-34】 某 $\Phi1500$ 顶管工程,总长度 225m,采用敞开式顶进,设置四级中继间顶进(如图 1-11 所示),试求人工的总消耗量。

【解】 据题意,该顶管工程应套用定额"6—749",查得人工定额消耗量为 52.086 工日/10m。

另按第四章顶管工程章说明十三可知,人工总消耗量为:

$(47+37×1.36+47×1.64+47×2.15+47×2.80)×52.086/10=2120$ 工日

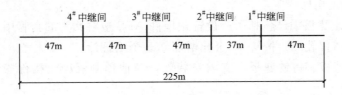

图 1-11 中继间顶进示意图

2.5.6 给水排水构筑物定额说明

(1) 定额说明

本章定额包括沉井、现浇钢筋混凝土池、预制混凝土构件、折（壁）板、滤料铺设、防水工程、施工缝、井池渗漏试验等项目。

1) 沉井

a. 沉井工程系按深度 12m 以内，陆上排水沉井考虑的。水中沉井、陆上水冲法沉井以及离河岸边近的沉井，需要采取地基加固等特殊措施者，可执行第四册"隧道工程"相应项目。

b. 沉井下沉项目中已考虑了沉井下沉的纠偏因素，但不包括压重助沉措施，若发生可另行计算。

c. 沉井制作不包括外渗剂，若使用外渗剂时可按当地有关规定执行。

2) 现浇钢筋混凝土池类

a. 池壁遇有附壁柱时，按相应柱定额项目执行，其中人工乘以系数 1.05，其他不变。

b. 池壁挑檐是指在池壁上向外出檐作走道板用；池壁牛腿是指池壁上向内出檐以承托池盖用。

c. 无梁盖柱包括柱帽及柱座。

d. 井字梁、框架梁均执行连续梁项目。

e. 混凝土池壁、柱（梁）、池盖是按在地面以上 3.6m 以内施工考虑的，如超过 3.6m 者按：

(a) 采用卷扬机施工的：每 $10m^3$ 混凝土增加卷扬机（带塔）台班和人工见表 1-14。

增加人工及台班数量表　　　　　　表 1-14

序号	项目名称	增加人工工日	增加卷扬机(带塔)台班
1	池壁、隔墙	8.7	0.59
2	柱、梁	6.1	0.39
3	池盖	6.1	0.39

(b) 采用塔式起重机施工时，每 $10m^3$ 混凝土增加塔式起重机台班，按相应项目中搅拌机台班用量的 50% 计算。

f. 池盖定额项目中不包括进人孔，可按《全国统一安装工程预算定额》相应定额执行。

g. 格型池池壁执行直型池壁相应项目（指厚度）人工乘以系数 1.15，其他不变。

h. 悬空落泥斗按落泥斗相应项目人工乘以系数 1.4，其他不变。

3）预制混凝土构件

a.预制混凝土滤板中已包括了所设置预埋件 ABS 塑料滤头的套管用工，不得另计。

b.集水槽若需留孔时，按每10个孔增加0.5个工日计。

c.除混凝土滤板、铸铁滤板、支墩安装外，其他预制混凝土构件安装均执行异型构件安装项目。

4）施工缝

a.各种材质填缝的断面取定见表 1-15。

各种材质填缝断面尺寸表　　　表 1-15

序号	项 目 名 称	断面尺寸	序号	项 目 名 称	断面尺寸
1	建筑油膏、聚氯乙烯胶泥	3cm×2cm	4	氯丁橡胶止水带	展开宽 30cm
2	油浸木丝板	2.5cm×15cm	5	其余均为	15cm×3cm
3	紫铜板止水带	展开宽 45cm			

b.如实际设计的施工缝断面与上表不同时，材料用量可以换算，其他不变。

c.各项目的工作内容

（a）油浸麻丝：熬制沥青、调配沥青麻丝、填塞。

（b）油浸木丝板：熬制沥青、浸木丝板、嵌缝。

（c）玛琋脂：熬制玛琋脂、灌缝。

（d）建筑油膏、沥青砂浆：熬制油膏沥青，拌合沥青砂浆，嵌缝。

（e）贴氯丁橡胶片：清理，用乙酸乙酯洗缝；隔纸，用氯丁胶粘剂贴氯丁橡胶片，最后在氯丁橡胶片上涂胶铺砂。

（f）紫铜板止水带：铜板剪裁、焊接成型、铺设。

（g）聚氯乙烯胶泥：清缝、水泥砂浆勾缝，垫牛皮纸，熬灌取聚氯乙烯胶泥。

（h）预埋止水带：止水带制作、接头及安装。

（i）铁皮盖板：平面埋木砖、钉木条、木条上钉薄钢板；立面埋木砖、木砖上钉薄钢板。

5）井、池渗漏试验

a.井池渗漏试验容量在 500m³ 是指井或小型池槽。

b.井、池渗漏试验注水采用电动单级离心清水泵，定额项目中已包括了泵的安装与拆除用工，不得再另计。

c.如构筑物池容量较大，需从一个池子向另一个池注水作渗漏试验采用潜水泵时，其台班单价可以换算，其他均不变。

6）执行其他册或章节的项目

a.构筑物的垫层执行本册第三章非定型井、渠砌筑相应项目。

b.构筑物混凝土项目中的钢筋、模板项目执行本册第七章相应项目。

c.需要搭拆脚手架者，执行第一册"通用项目"相应项目。

d.泵站上部工程以及本章中未包括的建筑工程，执行《全国统一建筑工程基础定额》相应项目。

e.构筑物中的金属构件制作安装，执行《全国统一安装工程预算定额》相应项目。

f. 构筑物的防腐、内衬工程金属面，执行《全国统一安装工程预算定额》相应项目，非金属面应执行《全国统一建筑工程基础定额》相应项目。

（2）工程量计算规则

1）沉井

a. 沉井垫木按刃脚中心线以"100延长米"为单位。

b. 沉井井壁及隔墙的厚度不同如上薄下厚时，可按平均厚度执行相应定额。

2）钢筋混凝土池

a. 钢筋混凝土各类构件均按图示尺寸，以混凝土实体积计算，不扣除$0.3m^2$以内的孔洞体积。

b. 各类池盖中的进入孔、透气孔盖以及与盖相连接的结构，工程量合并在池盖中计算。

c. 平底池的池底体积，应包括池壁下的扩大部分；池底带有斜坡时，斜坡部分应按坡底计算；锥形底应算至壁基梁底面，无壁基梁者算至锥底坡的上口。

d. 池壁分不同厚度计算体积，如上薄下厚的壁，以平均厚度计算。池壁高度应自池底板面算至池盖下面。

e. 无梁盖柱的柱高，应自池底上表面算至池盖的下表面，并包括柱座、柱帽的体积。

f. 无梁盖应包括与池壁相连的扩大部分的体积；肋形盖应包括主、次梁及盖部分的体积；球形盖应自池壁顶面以上，包括边侧梁的体积在内。

g. 沉淀池水槽，系指池壁上的环形溢水槽及纵横U形水槽，但不包括与水槽相连接的矩形梁，矩形梁可执行梁的相应项目。

3）预制混凝土构件

a. 预制钢筋混凝土滤板按图示尺寸区分厚度以"$10m^3$"计算，不扣除滤头套管所占体积。

b. 除钢筋混凝土滤板外其他预制混凝土构件均按图示尺寸以立方米计算，不扣除$0.3m^2$以内孔洞所占体积。

4）折板、壁板制作安装

a. 折板安装区分材质均按图示尺寸以平方米计算。

b. 稳流板安装区分材质不分断面均按图示长度以延长米计算。

5）滤料铺设

各种滤料铺设均按设计要求的铺设平面乘以铺设厚度以立方米计算，锰砂、铁矿石滤料以"10t"计算。

6）防水工程

a. 各种防水层按实铺面积，以"$100m^2$"计算，不扣除$0.3m^2$以内孔洞所占面积。

b. 平面与立面交接处的防水层，其上卷高度超过500mm时，按立面防水层计算。

7）施工缝

各种材质的施工缝、填缝及盖缝均不分断面按设计缝长以延长米计算。

8）井、池渗漏试验

井、池的渗漏试验区分井、池的容量范围，以"$1000m^3$"水容量计算。

2.5.7 给水排水机械设备安装定额说明

(1) 定额说明

1) 本章适用于给水厂、排水泵站及污水处理厂新建、扩建建设项目的专用设备安装。通用机械设备安装应套用《全国统一安装工程预算定额》有关专业册的相应项目。

2) 本章设备、机具和材料的搬运

a. 设备：包括自安装现场指定堆放地点运到安装地点的水平和垂直搬运。

b. 机具和材料：包括施工单位现场仓库运至安装地点的水平和垂直搬运。

c. 垂直运输基准面：在室内，以室内地平面为基准面；在室外以室外安装现场地平面为基准面。

3) 工作内容

a. 设备、材料及机具的搬运，设备开箱点件、外观检查，配合基础验收，起重机具的领用、搬运、装拆、清洗、退库。

b. 划线定位，铲麻面、吊装、组装、连接、放置垫铁及地脚螺栓，找正、找平、精平、焊接、固定、灌浆。

c. 施工及验收规范中规定的调整、试验及无负荷试运转。

d. 工种间交叉配合的停歇时间、配合质量检查、交工验收，收尾结束工作。

e. 设备本体带有的物体、机件等附件的安装。

4) 本章除各节另有说明外，均未包括内容

a. 设备、成品、半成品、构件等自安装现场指定堆放点外的搬运工作。

b. 因场地狭小，有障碍物，沟、坑等所引起的设备、材料、机具等增加的搬运、装拆工作。

c. 设备基础地脚螺栓孔、预埋件的修整及调整所增加的工作。

d. 供货设备整机、机件、零件、附件的处理、修补、修改、检修、加工、制作、研磨以及测量等工作。

e. 不与设备本体联体的附属设备或构件等的安装、制作、刷油、防腐、保温等工作和脚手架搭拆工作。

f. 设备变速箱、齿轮箱的用油，以及试运转所用的油、水、电等。

g. 专用垫铁、特殊垫铁、地脚螺栓和产品图纸注明的标准件、紧固件。

h. 负荷试运转、生产准备试运转工作。

5) 本章设备的安装是按无外围护条件下施工考虑的，如在有外围护的施工条件下施工，定额人工及机械应乘以 1.15 的系数，其他不变。

6) 本章定额是按国内大多数施工企业普遍采用的施工方法、机械化程度和合理的劳动组织编制的，除另有说明外，均不得因上述因素有差异而对定额进行调整或换算。

7) 一般起重机具的摊销费，执行《全国统一安装工程预算定额》的有关规定。

8) 各节有关说明（略）。

(2) 工程量计算规则

1) 机械设备类

a. 格栅除污机、滤网清污机、搅拌机械、曝气机、生物转盘、带式压滤机均区分设备重量，以台为计量单位，设备重量均包括设备带有的电动机的重量在内。

b. 螺旋泵、水射器、管式混合器、辊压转鼓式污泥脱水机、污泥造粒脱水机均区分直径以台为计量单位。

c. 排泥、撇渣和除砂机械均区分跨度或池径按台为计量单位。

d. 闸门及驱动装置，均区分直径或长×宽以座为计量单位。

e. 曝气管不分曝气池和曝气沉砂池，均区分管径和材质按延长米为计量单位。

2) 其他项目

a. 集水槽制作安装分别按碳钢、不锈钢，区分厚度按"10m²"为计量单位。

b. 集水槽制作、安装以设计断面尺寸乘以相应长度以平方米计算，断面尺寸应包括需要折边的长度，不扣除出水孔所占面积。

c. 堰板制作分别按碳钢、不锈钢区分厚度按"10m²"为计量单位。

d. 堰板安装分别按金属和非金属区分厚度按"10m²"计量。金属堰板适用于碳钢、不锈钢，非金属堰板适用于玻璃钢和塑料。

e. 齿型堰板制作安装按堰板的设计宽度乘以长度以平方米计算，不扣除齿型间隔空隙所占面积。

f. 穿孔管钻孔项目，区分材质按管径以"100个孔"为计量单位。钻孔直径是综合考虑取定的，不论孔径大与小均不作调整。

g. 斜板、斜管安装仅是安装费，按"10m²"为计量单位。

h. 格栅制作安装区分材质按格栅重量，以吨为计量单位，制作所需的主材应区分规格、型号分别按定额中规定的使用量计算。

2.5.8 模板、钢筋、井字架工程定额说明

(1) 定额说明

1) 本章定额包括现浇、预制混凝土工程所用不同材质模板的制作、安装、拆除，钢筋、铁件的加工制作，井字脚手架等项目，适用于本册及第五册"给水工程"中的第四章管道附属构筑物和第五章取水工程。

2) 模板是分别按钢模钢撑、复合木模木撑、木模木撑区分不同材质分别列项的，其中钢模模数差部分采用木模。

3) 定额中现浇、预制项目中，均已包括了钢筋垫块或第一层底浆的工、料，及支模工日，套用时不得重复计算。

4) 预制构件模板中不包括地模、胎模，须设置者，土地模可按第一册"通用项目"平整场地的相应项目执行；水泥砂浆、混凝土砖地、胎模可按第三册"桥涵工程"的相应项目执行。

5) 模板安拆以槽（坑）深3m为准，超过3m时，人工增加8%系数，其他不变。

6) 现浇混凝土梁、板、柱、墙的模板，支模高度是按3.6m考虑的，超过3.6m时，超过部分的工程量另按超高的项目执行。

7) 模板的预留洞，按水平投影面积计算，小于0.3m²者，圆形洞每10个增加0.72工日；方形洞每10个增加0.62工日。

8) 小型构件是指单件体积在0.04m³以内的构件；地沟盖板项目适用于单块体积在0.3m³内的矩形板；井盖项目适用于井口盖板，井室盖板按矩形板项目执行，预留口按第七条规定执行。

9) 钢筋加工定额是按现浇、预制混凝土构件、预应力钢筋分别列项的,工作内容包括加工制作、绑扎(焊接)成型、安放及浇捣混凝土时的维护用工等全部工作,除另有说明外均不允许调整。

10) 各项目中的钢筋规格是综合计算的,子目中的××以内系指主筋最大规格,凡小于$\phi 10$的构造筋均执行$\phi 10$以内子目。

11) 定额中非预应力钢筋加工,现浇混凝土构件是按手工绑扎,预制混凝土构件是按手工绑扎、点焊综合计算的,加工操作方法不同不予调整。

12) 钢筋加工中的钢筋接头、施工损耗、绑扎钢丝及成型点焊和接头用的焊条均已包括在定额内,不得重复计算。

13) 预制构件钢筋,如用不同直径钢筋点焊在一起时,按直径最小的定额计算,如粗细筋直径比在2倍以上时,其人工增加25%系数。

14) 后张法钢筋的锚固是按钢筋绑条焊、U形插垫编制的,如采用其他方法锚固,应另行计算。

15) 定额中已综合考虑了先张法张拉台座及其相应的夹具、承力架等合理的周转摊销费用,不得重复计算。

16) 非预应力钢筋不包括冷加工,如设计要求冷加工时,另行计算。

17) 下列构件钢筋,人工和机械增加系数见表1-16:

人工和机械增加系数表 表1-16

项 目	计 算 基 数	现浇构件钢筋		构筑物钢筋	
		小型构件	小型池槽	矩 形	圆 形
增加系数	人工机械	100%	152%	25%	50%

(2) 工程量计算规则

1) 现浇混凝土构件模板按构件与模板的接触面积以平方米计算。

2) 预制混凝土构件模板,按构件的实体积以立方米计算。

3) 砖、石拱圈的拱盔和支架均以拱盔与圈弧弧形接触面积计算,并执行第三册"桥涵工程"相应项目。

4) 各种材质的地模胎膜,按施工组织设计的工程量,并应包括操作等必要的宽度以平方米计算,执行第三册"桥涵工程"相应项目。

5) 井字架区分材质和搭设高度以架为单位计算,每座井计算一次。

6) 井底流槽按浇注的混凝土流槽与模板的接触面积计算。

7) 钢筋工程,应区别现浇、预制分别按设计长度乘以单位重量,以吨计算。

8) 计算钢筋工程量时,设计已规定搭接长度的,按规定搭接长度计算;设计未规定搭接长度的,已包括在钢筋的损耗中,不另计算搭接长度。

9) 先张法预应力钢筋,按构件外形尺寸计算长度,后张法预应力钢筋按设计图规定的预应力钢筋预留孔道长度,并区别不同锚具,分别按下列规定计算。

a. 钢筋两端采用螺杆锚具时,预应力的钢筋按预留孔道长度减0.35m,螺杆另计。

b. 钢筋一端采用镦头插片,另一端采用螺杆锚具时,预应力钢筋长度按预留孔道长度计算。

c. 钢筋一端采用镦头插片，另一端采用帮条锚具时，增加 0.15m，如两端均采用帮条锚具，预应力钢筋共增加 0.3m 长度。

d. 采用后张混凝土自锚时，预应力钢筋共增加 0.35m 长度。

10）钢筋混凝土构件预埋铁件，按设计图示尺寸，以吨为单位计算工程量。

（3）应用举例

【例 1-35】 【例 1-33】中之钢筋混凝土过梁，采用预制构件，已知构件中配有 $\phi 10$ 钢筋 0.003t，试求该钢筋混凝土过梁模板（无地模）、钢筋的工程量。

【解】（1）已计算出该过梁的单件体积为 $0.0375m^3$，属于小型构件。

按第七章模板、钢筋、井字架工程工程量计算规则二可知，预制混凝土构件模板，按构件的实体积以立方米计算。

所以，该过梁的模板（无地模）工程量为 $0.0375m^3$，套用定额子目编号"6—1330"（小型构件木模）。

（2）按第七章模板、钢筋、井字架工程工程量计算规则七可知，预制构件钢筋工程量为 0.003t，套用定额子目编号"6—1334"（预制，$\phi 10$ 以内）。

思考题与习题

一、简答题

1. 何谓工程建设定额？其在工程价格形成中有何作用？
2. 按编制程序可把定额分为哪几类？其在基本建设程序中的应用范围又是怎样的？
3. 什么是施工定额？施工定额的编制原则有哪些？
4. 什么叫定额水平？请比较施工定额与预算定额的定额水平？
5. 什么叫预算定额？有什么作用？
6. 什么是人工幅度差？它包括哪些内容？
7. 什么叫概算定额？它有什么作用？
8. 投资估算指标有什么作用？
9. 《全国统一市政工程预算定额》有何作用？
10. 如何区分沟槽、基坑、平整场地和一般土石方？
11. 当送桩长度超过 4m 时，如何调整？
12. 送桩的工程量计算有哪些规定？
13. 钻孔灌注桩定额中钻孔土质如何划分？
14. 现浇混凝土工程定额中有关混凝土工程量计算有哪些规定？

二、是非题

1. 《全国统一市政工程预算定额》适用于城镇管辖范围内的新建、扩建及大、中修工程。（　）
2. 《全国统一市政工程预算定额》人工不分工种、技术等级，均以综合工日表示。（　）
3. 因施工操作造成的材料损耗可以另计。（　）
4. 周转性材料已按规定的材料周转次数摊销计入定额。（　）

5. 二次搬运所消耗的人工、材料、机械,在相应的定额中已考虑。( )
6. 定额中带( )者,均计量不计价。( )
7. 实际施工中使用的机械型号、规格与定额中不同时,可作调整。( )
8. 采用井点降水的土方应按干土计算。( )
9. 打拔工具桩定额中水上作业与陆上作业是以河岸线为界划分的。( )
10. 打拔工具桩已综合考虑了打拔直桩与斜桩。( )
11. 凡打断、打弯的工具桩,均需拔除重打,工程量可重复计算。( )
12. 围堰工程50m范围内取土、砂、砂砾,均不计土方和砂、砂砾的材料价格。( )
13. 围堰高度按施工期内的最高临水面加1m计算。( )
14. 定额中挡土板支撑不管槽坑宽度,均按槽坑两侧同时支撑考虑。( )
15. 不论垂直开挖,还是放坡开挖,均可计入挡土板。( )
16. 拆除工程定额中不包括拆除时的挖土方,但包括拆除后回填土方。( )
17. 管道拆除时采用破坏性拆除不得套用拆除工程定额。( )
18. 小型混凝土构件是指单件体积0.04m³以内,重量100kg以内的各类小型构件。( )
19. 挡土墙定额中已包括了脚手架的消耗。( )
20. 道路工程定额中凡使用石灰的子目,已包括了消解石灰工作。( )
21. 道路工程路床碾压宽度按设计车行道宽度计算。( )
22. 多合土基层中各材料的定额配合比与设计配合比不同时,有关材料消耗量可调整。( )
23. 道路基层计算不扣除各种井位所占的面积。( )
24. 水泥混凝土路面施工中无论有无钢筋,套定额时均不换算。( )
25. 带平石的沥青混凝土面层计算面积时应扣除平石面积。( )
26. 道路面层计算不扣除各类井位所占的面积。( )
27. 人行道面积按实铺面积计算。( )
28. 不论何种桥型、多大跨径,均可套用桥梁工程定额。( )
29. 板涵、拱涵、圆管涵、立交箱涵均可套用桥梁工程定额。( )
30. 桥梁工程定额不适用于独立核算、执行产品出厂价格的构件厂所生产的构配件。( )
31. 支架上打桩定额中已综合考虑了支架的搭、拆及打桩机的安装、拆除,不得另计。( )
32. 陆上打桩不论采用履带式柴油打桩机,还是采用轨道式柴油打桩机,均不计陆上工作平台费。( )
33. 钢筋混凝土方桩打桩工程量按桩长(不包括桩尖)乘以桩截面面积计算。( )
34. 钻孔灌注桩定额中未包括废浆的外运及处理,其费用可另计。( )
35. 泥浆制作定额已综合考虑了普通土与膨润土,不可调整。( )
36. 灌注桩水下混凝土工程量按设计桩长乘以设计横断面面积计算。( )
37. 砌筑工程定额适用于高度8m内的桥涵砌筑工程。( )

38. 砌筑工程定额中砂浆拌合，不论机械或人工，一律不作调整。（　）
39. 因设计要求采用钢材与定额不符时，可予调整。（　）
40. 预应力钢筋定额中已包括锚具安装，但未包括锚具数量。（　）
41. 设计未包括的施工用筋可以另计。（　）
42. 管道压浆应扣除钢筋体积。（　）
43. 现浇混凝土工程定额中混凝土按常用强度等级分列，如设计要求不同时，不可换算。（　）
44. 模板工程量按模板实际面积计算。（　）
45. 预制桩工程量按桩长（包括桩尖）乘以桩横断面面积计算。（　）
46. 预制空心构件按设计图尺寸扣除空心体积，以实体积计算。（　）
47. 定额规定，空心板可计内模，空心板梁不计内模。（　）
48. 箱涵混凝土工程量计算时，不扣除单孔面积$\leqslant 0.3m^2$的孔洞体积。（　）
49. 箱涵顶进时采用气垫，原顶进定额中消耗量不受影响。（　）
50. 安装预制构件均按构件混凝土实体积（不包括空心部分）计算。（　）
51. 搭、拆水上工作平台定额中未考虑装、拆船排，可另计。（　）
52. 装饰工程定额中除油漆外，均按装饰面积计算。（　）
53. 市政排水管道与厂、区室外排水管道以厂、区围墙为界。（　）
54. 管道工程定额中所称管径均指内径。（　）
55. 管道工程定额规定，地下水位线以上为干土，地下水位线以下为湿土。（　）
56. 管道闭水试验，以实际闭水长度计算，不扣除各种井所占长度。（　）
57. 定型井定额中均已考虑了砖砌、石砌，不得调整。（　）
58. 定型井定额中已计列了内外抹灰，不得另计。（　）
59. 各类井的井深按井底基础以上至井盖顶计算。（　）
60. 顶管工作坑挖土方为综合考虑，当土壤类别不同时，不允许调整。（　）
61. 水力机械顶进定额中已包括泥浆的处理及运输，不得另计。（　）
62. 沉井下沉未考虑下沉时的纠偏，发生时可另行计算。（　）
63. 给排水机械设备安装定额中，除另有说明外，均不得因施工方法、机械配备、劳动组织等因素的差异而对定额调整或换算。（　）
64. 管道工程定额中的钢筋加工已包括钢筋接头、施工损耗、绑扎、点焊及焊条等的消耗量，不得重复计算。（　）

三、计算题

1. 根据现场资料观测，人工挖$1m^3$二类土壤，用小车推土，各项必须消耗的时间定额如下：基本工作时间60min，辅助工作时间、准备与结束工作时间、不可避免中断时间和休息时间分别占全部工作时间的2.5％、1.5％、1％和20％，求该项工作的时间定额和产量定额。

2. 完成$10m^3$砖墙需消耗砖净量10000块，有500块的损耗量，则材料损耗率和材料消耗定额分别为多少？

3. 若人工挖掘砾石含量在30％以上的密实性土壤，则人工消耗量及基价分别为多少？

4. 已知某沟槽长1000m，宽2.45m，原地面标高4.500m，沟槽底标高－2.000m，地下常水位为 3.000m，试求沟槽挖土的干、湿土工程量。

5. 某路段挖土方 2000m³，均可利用，若运至某基坑夯填，求回填后体积。

6. 已知某构筑物基础长 8m，宽 5m，原地面标高 5.750m，基础底标高 −1.000m，无防潮层，拟采用垂直开挖、挡板支撑，试求挖方量。

7. 已知某工程需打长度为 4m 的圆木桩共 6.28m³，均为斜桩，且桩位处距现有河岸线 2.5m，水深 2.2m，甲级土。拟采用柴油打桩机施工，试求该子目中人工、圆木、柴油打桩机的用量。

8. 已知某沟槽长 211m，宽 1.95m，开挖深度 3m。因土质松散，湿度高故采用钢制挡土板竖板、横撑（密排，钢支撑）。试求其人工、钢挡土板的用量。

9. 某工程使用的一种预制构件（体积 0.031m³/件，重 76.88kg/件）需要采用双轮车运送 300 米，共 112 件，试求人工的用量。

10. 若人工摊铺厚度为 8cm 的粗粒式沥青混凝土路面，则沥青混凝土的消耗量为多少？

11. 某道路长 1km，设计车行道宽度为 15m，当地规定路床碾压宽度按设计车行道宽度每侧加宽 30cm，以利路基压实。试求该子目人工、机械使用量。

12. 某道路采用二灰土基层（石灰、粉煤灰、土基层），拌合机拌合，设计配合比为石灰：粉煤灰：土＝6：70：24，已知该路段基层面积为 42450m²，其中各类井位面积共 150m²，试求厚度为 15cm 的基层所需的使用量。

13. 已知某桥预制空心板梁，其中梁长 12.96m 的共 152m³；梁长 15.96m 的共 93m³；梁长 19.96m 的共 58m³；预制时均采用充气橡胶囊做内模，设计图未考虑其压缩变形。试求该空心板梁混凝土工程量。

14. 若已知混凝土基础共 47.80m³，则用到 C15 混凝土多少？若设计要求采用 C20 混凝土，可否换算？若可以换算，C20 混凝土消耗量为多少？

15. 某桥支架上打钢筋混凝土方桩 40 根，桩截面尺寸为 0.4m×0.4m，分上下两节预制。已知施工期间最高潮水位为 5.00m，设计桩顶标高为 −1.00m，试求送桩所消耗的人工。

16. 某单跨小桥，跨径为 8m，两岸桥台均采用单排 φ600mm 钻孔灌注桩基础 7 根，桩距 120cm，试求该工程搭拆工作平台的面积。

17. 某 φ2000mm 顶管工程，总长度 155m，采用敞开式顶进，设置三级中继间，试求人工的用量。

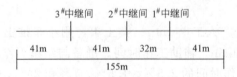

18. 某批现浇小型构件，配有 φ8mm 钢筋共 0.25t，试求人工、机械的用量。

单元 2　市政工程工程造价组成

课题 1　市政工程工程造价的构成

1.1　项目总投资的构成

建设项目投资含固定资产投资和流动资产投资两部分，其中固定资产投资与建设项目的工程造价在量上相等。工程造价是工程项目按照确定的建设项目、建设规模、建设标准、功能要求和使用要求等全部建成并验收合格交付使用所需的全部费用。

我国现行工程造价的构成主要划分为设备及工、器具购置费用、建筑安装工程费用、工程建设其他费用、预备费、建设期贷款利息、固定资产投资方向调节税等几项。具体构成如图 2-1 所示。

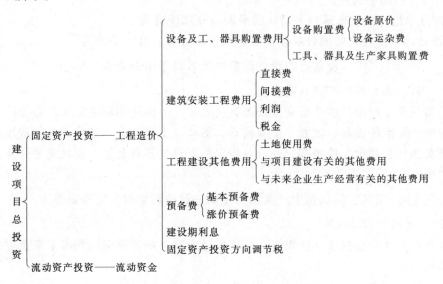

图 2-1　现行建设工程项目总投资构成

1.1.1　设备及工、器具购置费

设备及工、器具购置费，是指为工程项目购置或自制达到固定资产标准的设备和新建、扩建工程项目配置的首批工器具，以及生产家具所需的费用，由设备购置费和工、器具及生产家具购置费组成。

设备购置费包括设备原价或进口设备抵岸价和设备运杂费，即：

$$\text{设备购置费} = \text{设备原价或进口设备抵岸价} + \text{设备运杂费} \qquad (2\text{-}1)$$

式中，设备原价系指国产标准设备、非标准设备的原价。设备运杂费系指设备原价中未包括的包装和包装材料费、运输费、装卸费、采购费及仓库保管费、供销部门手续费等。

(1) 国产标准设备原价

国产标准设备原价一般指的是设备制造厂的交货价，即出厂价。

(2) 国产非标准设备原价

非标准设备是指国家尚无定型标准，各设备生产厂不可能在工艺过程中采用批量生产，只能按一次订货，并根据具体的设备图纸制造的设备。

(3) 进口设备抵岸价

进口设备抵岸价是指抵达买方边境港口或边境车站，且缴完关税以后的价格。进口设备抵岸价由进口设备货价和进口从属费用组成。

进口设备如采用装运港船上交货价（FOB），其抵岸价构成可概括为：

$$进口设备抵岸价=货价+国外运费+国外运输保险费+银行财务费+外贸手续费+\\进口关税+增值税+消费税+海关监管手续费 \quad (2-2)$$

(4) 设备运杂费

1) 设备运杂费的构成

a. 运费和装卸费。

b. 包装费。在设备出厂价中如已包括此项费用，则不应重复计算。

c. 供销部门的手续费。

d. 建设单位（或工程承包公司）的采购与仓库保管费。

2) 设备运杂费按设备原价乘以设备运杂费率计算。计算公式为：

$$设备运杂费=设备原价×设备运杂费率 \quad (2-3)$$

(5) 工具、器具及生产家具购置费

工、器具及生产家具购置费是指按照有关规定，为保证初期正常生产必须购置的没有达到固定资产标准的设备、仪器、工卡模具、器具、生产家具和备品备件的费用。一般以设备购置费为计算基数，按照部门或行业规定的工具、器具及生产家具费率计算。其一般计算公式为：

$$工具、器具及生产家具购置费=设备购置费×定额费率 \quad (2-4)$$

1.1.2 工程建设其他费

工程建设其他费包括土地使用费、与项目建设有关的其他费用和与未来企业生产经营有关的其他费用。

(1) 土地使用费

1) 农用土地征用费。农用土地征用费由土地补偿费、安置补助费、土地投资补偿费、土地管理费、耕地占用税等组成，并按被征用土地的原用途给予补偿。

2) 取得国有土地使用费。取得国有土地使用费包括：土地使用权出让金、城市建设配套费、拆迁补偿与临时安置补助费等。

(2) 与项目建设有关的其他费用

1) 建设单位管理费：是指建设工程从立项、筹建、建设、联合试运转、竣工验收交付使用及后评估等全过程管理所需的费用。包括：建设单位开办费和建设单位经费。

2) 勘察设计费：是指为本建设工程提供项目建议书、可行性研究报告及设计文件等所需费用。勘察设计费应按照原国家计委颁发的工程勘察设计收费标准计算。

3) 研究试验费：是指为本建设工程提供或验证设计参数、数据资料等进行必要的研究试验以及设计规定在施工中进行的试验、验证所需费用，包括自行或委托其他部门研究试验所需人工费、材料费、试验设备及仪器使用费，支付的科技成果、先进技术的一次性技术转让费。

4) 临时设施费：是指建设期间建设单位所需临时设施的搭设、维修、摊销费用或租赁费用。

5) 工程监理费：是指委托工程监理企业对工程实施监理工作所需费用，根据国家物价局、建设部文件规定计算。

6) 工程保险费：是指建设工程在建设期间根据需要，实施工程保险部分所需费用。包括建筑工程一切险、安装工程一切险以及机器损坏保险等。

7) 引进技术和进口设备其他费：包括出国人员费用、国外工程技术人员来华费用、技术引进费、分期或延期付款利息、担保费以及进口设备检验鉴定费。

(3) 与未来企业生产经营有关的其他费用

1) 联合试运转费是指新建企业或新增加生产工艺过程的扩建企业在竣工验收前，按照设计规定的工程质量标准，进行整个车间的负荷试运转发生的费用支出大于试运转收入的亏损部分。费用内容包括：试运转所需的原料、燃料、油料和动力的费用，机械使用费用，低值易耗品及其他物品的购置费用和施工单位参加联合试运转人员的工资等。试运转收入包括试运转产品销售和其他收入，不包括应由设备安装工程费开支的单台设备调试费及无负荷联动试运转费用。

2) 生产准备费是指新建企业或新增生产能力的企业，为保证竣工交付使用进行必要的生产准备所发生的费用。

3) 办公和生活家具购置费是指为保证新建、改建、扩建项目初期正常生产、使用和管理所必需购置的办公和生活家具、用具的费用。

1.1.3 预备费

预备费包括基本预备费和涨价预备费。

(1) 基本预备费

基本预备费是指在项目实施中可能发生难以预料的支出，需要预先预留的费用，又称不可预见费。主要指设计变更及施工过程中可能增加工程量的费用。计算公式为：

$$\text{基本预备费} = (\text{设备及工、器具购置费} + \text{建筑安装工程费} + \text{工程建设其他费}) \times \text{基本预备费率} \tag{2-5}$$

(2) 涨价预备费

指工程项目在建设期内由于物价上涨、汇率变化等因素影响而需要增加的费用。计算公式为：

$$PC = \sum_{t=1}^{n} I_t [(1+f)^t - 1] \tag{2-6}$$

式中 PC——涨价预备费；

I_t——第 t 年的建筑安装工程费、设备及工、器具购置费、工程建设其他费以及基本预备费之和；
n——建设期；
f——建设期价格上涨指数。

【例 2-1】 某项目建筑工程费 600 万元，设备、工器具购置费 800 万元，安装工程费 180 万元，工程建设其他费用 210 万元，基本预备费 90 万元，项目建设期 2 年，第 2 年计划投资 40%，年价格上涨率为 3%，则第 2 年的涨价预备费为多少万元？

【解】 第 2 年的涨价预备费为：

$$(600+800+180+210+90) \times 40\% \times [(1+3\%)^2 - 1] = 45.8 \text{ 万元}$$

1.1.4 建设期贷款利息

建设期利息是指工程项目在建设期间内发生并计入固定资产的利息。建设期利息应按借款要求和条件计算。国内银行借款按现行贷款计算，国外贷款利息按协议书或贷款意向书确定的利率按复利计算。为了简化计算，在编制投资估算时通常假定借款均在每年的年中支用，借款第一年按半年计息，其余各年份按全年计息。计算公式为：

$$\text{各年应计利息} = (\text{年初借款本息累计} + \text{本年借款额}/2) \times \text{年利率} \qquad (2\text{-}7)$$

【例 2-2】 某项目总投资 1300 万元，分三年均衡发放，第一年贷款 300 万元，第二年贷款 600 万元，第三年贷款 400 万元，建设期内年利率 12%，则建设期应付利息为多少万元？

【解】

第一年：$1/2 \times 300 \times 12\% = 18$ 万元

第二年：$(300 + 18 + 1/2 \times 600) \times 12\% = 74.16$ 万元

第三年：$(300 + 18 + 600 + 74.16 + 1/2 \times 400) \times 12\% = 143.06$ 万元

建设期应付利息 $= 18 + 74.16 + 143.06 = 235.22$ 万元

1.2 建筑安装工程费的构成

我国现行建筑安装工程费用项目组成（建标 [2003] 206 号关于印发《建筑安装工程费用项目组成》的通知）如图 2-2 所示，包括直接费、间接费、利润和税金。

1.2.1 直接费

由直接工程费和措施费组成。

(1) 直接工程费

是指施工过程中耗费的构成工程实体的各项费用，包括人工费、材料费、施工机械使用费。

1) 人工费：是指直接从事建筑安装工程施工的生产工人开支的各项费用。

$$\text{人工费} = \sum(\text{工日消耗量} \times \text{日工资单价}) \qquad (2\text{-}8)$$

内容包括：

a. 基本工资：是指发放给生产工人的基本工资。

b. 工资性补贴：是指按规定标准发放的物价补贴，煤、燃气补贴，交通补贴，住房补贴，流动施工津贴等。

c. 生产工人辅助工资：是指生产工人年有效施工天数以外非作业天数的工资，包括

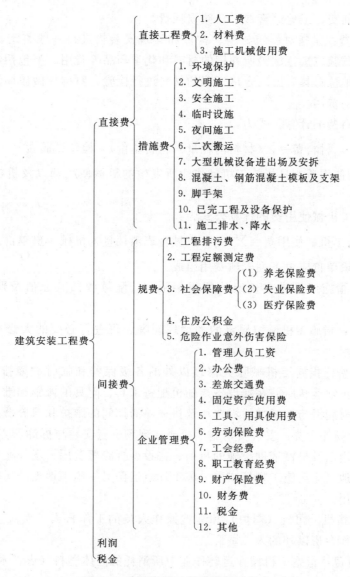

图 2-2 建筑安装工程费用项目组成

职工学习、培训期间的工资,调动工作、探亲、休假期间的工资,因气候影响的停工工资,女工哺乳时间的工资,病假在六个月以内的工资及产、婚、丧假期的工资。

d. 职工福利费:是指按规定标准计提的职工福利费。

e. 生产工人劳动保护费:是指按规定标准发放的劳动保护用品的购置费及修理费,徒工服装补贴,防暑降温费,在有碍身体健康环境中施工的保健费用等。

2)材料费:是指施工过程中耗费的构成工程实体的原材料、辅助材料、构配件、零件、半成品的费用。内容包括:

a. 材料原价(或供应价格)。

b. 材料运杂费:是指材料自来源地运至工地仓库或指定堆放地点所发生的全部费用。

c. 运输损耗费:是指材料在运输装卸过程中不可避免的损耗。

d. 采购及保管费:是指为组织采购、供应和保管材料过程中所需要的各项费用。包括：采购费、仓储费、工地保管费、仓储损耗费。

e. 检验试验费：是指对建筑材料、构件和建筑安装物进行一般鉴定、检查所发生的费用，包括自设试验室进行试验所耗用的材料和化学药品等费用。不包括新结构、新材料的试验费和建设单位对具有出厂合格证明的材料进行检验，对构件做破坏性试验及其他特殊要求检验试验的费用。

单位工程材料费的计算公式为：

$$材料费 = \sum(材料消耗量 \times 材料基价) + 检验试验费 \tag{2-9}$$

3) 施工机械使用费：是指施工机械作业所发生的机械使用费以及机械安拆费和场外运费。

单位工程施工机械使用费的计算公式为：

$$施工机械使用费 = \sum(施工机械台班消耗量 \times 机械台班单价) \tag{2-10}$$

施工机械台班单价应由下列七项费用组成：

a. 折旧费：指施工机械在规定的使用年限内，陆续收回其原值及购置资金的时间价值。

b. 大修理费：指施工机械按规定的大修理间隔台班进行必要的大修理，以恢复其正常功能所需的费用。

c. 经常修理费：指施工机械除大修理以外的各级保养和临时故障排除所需的费用。包括为保障机械正常运转所需替换设备与随机配备工具、附具的摊销和维护费用，机械运转中日常保养所需润滑与擦拭的材料费用及机械停滞期间的维护和保养费用等。

d. 安拆费及场外运费：安拆费指施工机械在现场进行安装与拆卸所需的人工、材料、机械和试运转费用以及机械辅助设施的折旧、搭设、拆除等费用；场外运费指施工机械整体或分体自停放地点运至施工现场或由一施工地点运至另一施工地点的运输、装卸、辅助材料及架线等费用。

e. 人工费：指机上司机（司炉）和其他操作人员的工作日人工费及上述人员在施工机械规定的年工作台班以外的人工费。

f. 燃料动力费：指施工机械在运转作业中所消耗的固体燃料（煤、木柴）、液体燃料（汽油、柴油）及水、电等。

g. 养路费及车船使用税：指施工机械按照国家规定和有关部门规定应缴纳的养路费、车船使用税、保险费及年检费等。

（2）措施费

是指为完成工程项目施工，发生于该工程施工前和施工过程中非工程实体项目的费用。

包括内容：

1) 环境保护费：是指施工现场为达到环保部门要求所需要的各项费用。

2) 文明施工费：是指施工现场文明施工所需要的各项费用。

3) 安全施工费：是指施工现场安全施工所需要的各项费用。

4) 临时设施费：是指施工企业为进行建筑工程施工所必须搭设的生活和生产用的临时建筑物、构筑物和其他临时设施费用等。

临时设施包括：临时宿舍、文化福利及公用事业房屋与构筑物，仓库、办公室、加工厂以及规定范围内道路、水、电、管线等临时设施和小型临时设施。

临时设施费用包括：临时设施的搭设、维修、拆除费或摊销费。

5) 夜间施工费：是指因夜间施工所发生的夜班补助费、夜间施工降效、夜间施工照明设备摊销及照明用电等费用。

6) 二次搬运费：是指因施工场地狭小等特殊情况而发生的二次搬运费用。

7) 大型机械设备进出场及安拆费：是指机械整体或分体自停放场地运至施工现场或由一个施工地点运至另一个施工地点，所发生的机械进出场运输及转移费用及机械在施工现场进行安装、拆卸所需的人工费、材料费、机械费、试运转费和安装所需的辅助设施的费用。

8) 混凝土、钢筋混凝土模板及支架费：是指混凝土施工过程中需要的各种钢模板、木模板、支架等的支、拆、运输费用及模板、支架的摊销（或租赁）费用。

9) 脚手架费：是指施工需要的各种脚手架搭、拆、运输费用及脚手架的摊销（或租赁）费用。

10) 已完工程及设备保护费：是指竣工验收前，对已完工程及设备进行保护所需费用。

11) 施工排水、降水费：是指为确保工程在正常条件下施工，采取各种排水、降水措施所发生的各种费用。

1.2.2 间接费

由规费、企业管理费组成。

（1）规费

是指政府和有关权力部门规定必须缴纳的费用（简称规费）。内容包括：

1) 工程排污费：是指施工现场按规定缴纳的工程排污费。

2) 工程定额测定费：是指按规定支付工程造价（定额）管理部门的定额测定费。

3) 社会保障费

 a. 养老保险费：是指企业按规定标准为职工缴纳的基本养老保险费。

 b. 失业保险费：是指企业按照国家规定标准为职工缴纳的失业保险费。

 c. 医疗保险费：是指企业按照规定标准为职工缴纳的基本医疗保险费。

4) 住房公积金：是指企业按规定标准为职工缴纳的住房公积金。

5) 危险作业意外伤害保险：是指按照建筑法规定，企业为从事危险作业的建筑安装施工人员支付的意外伤害保险费。

（2）企业管理费

是指建筑安装企业组织施工生产和经营管理所需费用。内容包括：

1) 管理人员工资：是指管理人员的基本工资、工资性补贴、职工福利费、劳动保护费等。

2) 办公费：是指企业管理办公用的文具、纸张、账表、印刷、邮电、书报、会议、水电、烧水和集体取暖（包括现场临时宿舍取暖）用煤等费用。

3) 差旅交通费：是指职工因公出差、调动工作的差旅费、住勤补助费，市内交通费和误餐补助费，职工探亲路费，劳动力招募费，职工离退休、退职一次性路费，工伤人员就医路费，工地转移费以及管理部门使用的交通工具的油料、燃料、养路费及牌照费。

4) 固定资产使用费：是指管理和试验部门及附属生产单位使用的属于固定资产的房屋、设备仪器等的折旧、大修、维修或租赁费。

5) 工具、用具使用费：是指管理使用的不属于固定资产的生产工具、器具、家具、交通工具和检验、试验、测绘、消防用具等的购置、维修和摊销费。

6) 劳动保险费：是指由企业支付离退休职工的易地安家补助费、职工退职金、六个月以上的病假人员工资、职工死亡丧葬补助费、抚恤费、按规定支付给离休干部的各项经费。

7) 工会经费：是指企业按职工工资总额计提的工会经费。

8) 职工教育经费：是指企业为职工学习先进技术和提高文化水平，按职工工资总额计提的费用。

9) 财产保险费：是指施工管理用财产、车辆保险。

10) 财务费：是指企业为筹集资金而发生的各种费用。

11) 税金：是指企业按规定缴纳的房产税、车船使用税、土地使用税、印花税等。

12) 其他：包括技术转让费、技术开发费、业务招待费、绿化费、广告费、公证费、法律顾问费、审计费、咨询费等。

1.2.3 利润

是指施工企业完成所承包工程获得的盈利，按照不同的计价程序，利润的形成也有所不同。在编制概算和预算时，依据不同投资来源、工程类别实行差别利润率。随着市场经济的进一步发展，企业决定利润率水平的自主权将会更大。在投标报价时，企业可以根据工程的难易程度、市场竞争情况和自身的经营管理水平自行确定合理的利润率。

1.2.4 税金

是指国家税法规定的应计入建筑安装工程造价内的营业税、城乡维护建设税及教育费附加等。营业税的税额为营业额的3%。城乡维护建设税的纳税人所在地为市区的，按营业税的7%征收；所在地为县镇的，按营业税的5%征收；所在地为农村的，按营业税的1%征收。教育费附加为营业税的3%。计算公式为：

$$税金 = (直接费 + 间接费 + 利润) \times 税率 \qquad (2-11)$$

上述公式中的税率为三种税的综合税率，是根据纳税人所在地的不同而计算得到的。如纳税人所在地为市区的，综合税率为3.41%；纳税人所在地为县镇的，综合税率为3.35%；纳税人所在地为农村的，综合税率为3.22%。

1.2.5 建筑安装工程费用计价程序

根据建设部第107号部令《建筑工程施工发包与承包计价管理办法》的规定，发包与承包价的计算方法分为工料单价法和综合单价法，程序为：

(1) 工料单价法计价程序

工料单价法是以分部分项工程量乘以单价后的合计为直接工程费，直接工程费以人工、材料、机械的消耗量及其相应价格确定。直接工程费汇总后另加间接费、利润、税金生成工程发承包价，其计算程序分为三种：

1) 以直接费为计算基础，见表2-1。

直接费为计算基础的程序表　　　　　　　　　　　　　　　表 2-1

序 号	费用项目	计算方法	备 注
1	直接工程费	按预算表	
2	措施费	按规定标准计算	
3	小计	(1)+(2)	
4	间接费	(3)×相应费率	
5	利润	((3)+(4))×相应利润率	
6	合计	(3)+(4)+(5)	
7	含税造价	(6)×(1+相应税率)	

2) 以人工费和机械费为计算基础，见表 2-2。

人工费和机械费为计算基础的程序表　　　　　　　　　表 2-2

序 号	费用项目	计算方法	备 注
1	直接工程费	按预算表	
2	其中人工费和机械费	按预算表	
3	措施费	按规定标准计算	
4	其中人工费和机械费	按规定标准计算	
5	小计	(1)+(3)	
6	人工费和机械费小计	(2)+(4)	
7	间接费	(6)×相应费率	
8	利润	(6)×相应利润率	
9	合计	(5)+(7)+(8)	
10	含税造价	(9)×(1+相应税率)	

3) 以人工费为计算基础，见表 2-3。

人工费为计算基础的程序表　　　　　　　　　　　　　表 2-3

序 号	费用项目	计算方法	备 注
1	直接工程费	按预算表	
2	直接工程费中人工费	按预算表	
3	措施费	按规定标准计算	
4	措施费中人工费	按规定标准计算	
5	小计	(1)+(3)	
6	人工费小计	(2)+(4)	
7	间接费	(6)×相应费率	
8	利润	(6)×相应利润率	
9	合计	(5)+(7)+(8)	
10	含税造价	(9)×(1+相应税率)	

【例 2-3】 某施工项目由预算表可知，其直接工程费为 500 万元，按规定标准计算的措施费为 100 万元，按直接费计算的间接费费率为 15％，按直接费与间接费之和计算的利润率为 2％，则该项目的不含税金的造价为多少万元？

【解】 间接费＝（直接工程费＋措施费）×费率＝（500＋100）×15％＝90 万元

利润＝（直接工程费＋措施费＋间接费）×费率
　　＝（500＋100＋90）×2％＝13.8 万元

不含税造价＝直接工程费＋措施费＋间接费＋利润
　　　　　＝500＋100＋90＋13.8＝703.8 万元

计算结果见表 2-4。

直接费、间接费和利润计算表　　　　　　　　　　　表 2-4

序 号	费用项目	计算方法	金 额（万元）
1	直接工程费	已知	500
2	措施费	已知	100
3	小计	(1)＋(2)	500＋100＝600
4	间接费	(3)×相应费率	600×15％＝90
5	利润	((3)＋(4))×相应利润率	(600＋90)×2％＝13.8
6	合计	(3)＋(4)＋(5)	600＋90＋13.8＝703.8

(2) 综合单价法计价程序

综合单价法是分部分项工程单价为全费用单价，全费用单价经综合计算后生成，其内容包括直接工程费、间接费、利润和税金（措施费也可按此方法生成全费用价格）。各分项工程量乘以综合单价的合价汇总后，生成工程发承包价。

由于各分部分项工程中的人工、材料、机械含量的比例不同，各分项工程可根据其材料费占人工费、材料费、机械费合计的比例（以字母"C"代表该项比值）在以下三种计算程序中选择一种计算其综合单价。见表 2-5～表 2-7。

1) 当 $C>C_0$（C_0 为本地区原费用定额测算所选典型工程材料费占人工费、材料费和机械费合计的比例）时，可采用以人工费、材料费、机械费合计为基数计算该分项的间接费和利润。

综合法单价程序表（一）　　　　　　　　　　　　表 2-5

序 号	费用项目	计算方法	备 注
1	分项直接工程费	人工费＋材料费＋机械费	
2	间接费	(1)×相应费率	
3	利润	((1)＋(2))×相应利润率	
4	合计	(1)＋(2)＋(3)	
5	含税造价	(4)×(1＋相应税率)	

2) 当 $C<C_0$ 值时，可采用以人工费和机械费合计为基数计算该分项的间接费和利润。

3) 如该分项的直接费仅为人工费，无材料费和机械费时，可采用以人工费为基数计算该分项的间接费和利润。

综合法单价程序表（二） 表 2-6

序号	费用项目	计算方法	备注
1	分项直接工程费	人工费＋材料费＋机械费	
2	其中人工费和机械费	人工费＋机械费	
3	间接费	(2)×相应费率	
4	利润	(2)×相应利润率	
5	合计	(1)+(3)+(4)	
6	含税造价	(5)×(1＋相应税率)	

综合法单价程序表（三） 表 2-7

序号	费用项目	计算方法	备注
1	分项直接工程费	人工费＋材料费＋机械费	
2	直接工程费中人工费	人工费	
3	间接费	(2)×相应费率	
4	利润	(2)×相应利润率	
5	合计	(1)+(3)+(4)	
6	含税造价	(5)×(1＋相应税率)	

【例 2-4】 某地区原费用定额测算所选典型工程材料费占人工费、材料费、机械费合计的比例为 30%，该地区的某施工项目的某分项工程中的材料费占人工费、材料费、机械费合计的比例为 25%，该分项工程的直接工程费为 600 万元，按该直接工程费中的人工费和机械费合计计算的间接费费率为 40%，利润率为 6%，则该分项工程的不含税造价为多少？

【解】 由题意知 $C < C_0$，所以以人工费和机械费合计为计算基础。

则该分项工程的不含税造价为：

$$600+600\times 75\%\times(40\%+6\%)=807 \text{ 万元}$$

计算结果见表 2-8。

定额费用计算表 表 2-8

序号	费用项目	计算方法	金额（万元）
1	分项直接工程费	人工费＋材料费＋机械费	600
2	其中人工费和机械费	人工费＋机械费	600×(1－25%)=450
3	间接费	(2)×相应费率	450×40%=180
4	利润	(2)×相应利润率	450×6%=27
5	合计	(1)+(3)+(4)	600+180+27=807

课题 2 市政工程工程量清单计价

2.1 工程量清单

2.1.1 实行工程量清单计价的目的、意义

（1）实行工程量清单计价，是工程造价深化改革的产物。

长期以来，我国发承包计价、定价以工程预算定额作为主要依据。1992年，为了适应建设市场改革的要求，针对工程预算定额编制和使用中存在的问题，提出了"控制量、指导价、竞争费"的改革措施，工程造价管理由静态管理模式逐步转变为动态管理模式。其中对工程预算定额改革的主要思路和原则是：将工程预算定额中的人工、材料、机械的消耗量和相应的单价分离，人、材、机的消耗量是国家根据有关规范、标准以及社会的平均水平来确定。控制量目的就是保证工程质量，指导价就是要逐步走向市场形成价格，这一措施在我国实行社会主义市场经济初期起到了积极的作用。但随着建设市场化进程的发展，这种做法仍然难以改变工程预算定额中国家指令性的状况，难以满足招标投标和评标的要求。因为，控制的量是反映的社会平均消耗水平，不能准确地反映各个企业的实际消耗量，不能全面地体现企业技术装备水平、管理水平和劳动生产率，还不能充分体现市场公平竞争，工程量清单计价将改革以工程预算定额为计价依据的计价模式。

（2）实行工程量清单计价，是规范建设市场秩序，适应社会主义市场经济发展的需要。

工程造价是工程建设的核心内容，也是建设市场运行的核心内容，建设市场上存在许多不规范行为，大多与工程造价有关。过去的工程预算定额在工程发包与承包工程计价中调节双方利益、反映市场价格等方面显得滞后，特别是在公开、公平、公正竞争方面，缺乏合理完善的机制，甚至出现了一些漏洞。实现建设市场的良性发展除了法律法规和行政监管以外，发挥市场规律中"竞争"和"价格"的作用是治本之策。工程量清单计价是市场形成工程造价的主要形式，工程量清单计价有利于发挥企业自主报价的能力，实现从政府定价到市场定价的转变；有利于规范业主在招标中的行为，有效改变招标单位在招标中盲目压价的行为，从而真正体现公开、公平、公正的原则，反映市场经济规律。

（3）实行工程量清单计价，是为促进建设市场有序竞争和企业健康发展的需要。

采用工程量清单计价模式招标投标，对发包单位，由于工程量清单是招标文件的组成部分，招标单位必须编制出准确的工程量清单，并承担相应的风险，促进招标单位提高管理水平。由于工程量清单是公开的，将避免工程招标中的弄虚作假、暗箱操作等不规范行为。对承包企业，采用工程量清单报价，必须对单位工程成本、利润进行分析，统筹考虑、精心选择施工方案，并根据企业的定额合理确定人工、材料、施工机械等要素的投入与配置，优化组合，合理控制现场费用和施工技术措施费用，确定投标价。改变过去过分依赖国家发布定额的状况，企业根据自身的条件编制出自己的企业定额。工程量清单计价的实行，有利于规范建设市场计价行为，规范建设市场秩序，促进建设市场有序竞争；有利于控制建设项目投资，合理利用资源；有利于促进技术进步，提高劳动生产率；有利于提高造价工程师的素质，使其成为懂技术、懂经济、懂管理的全面发展的复合型人才。

（4）实行工程量清单计价，有利于我国工程造价管理政府职能的转变。

按照政府部门真正履行起"经济调节、市场监管、社会管理和公共服务"职能的要求，政府对工程造价政府管理的模式要相应改变，将推行政府宏观调控、企业自主报价、市场竞争形成价格、社会全面监督的工程造价管理思路。实行工程量清单计价，将会有利于我国工程造价管理政府职能的转变，由过去政府控制的指令性定额转变为制定适应市场经济规律需要的工程量清单计价方法，由过去行政直接干预转变为对工程造价依法监管，有效地强化政府对工程造价的宏观调控。

(5) 实行工程量清单计价，是适应我国加入世界贸易组织（WTO），融入世界大市场的需要。

随着我国改革开放的进一步加快，中国经济日益融入全球市场，特别是我国加入世界贸易组织（WTO）后，行业壁垒下降，建设市场将进一步对外开放。国外的企业以及投资的项目越来越多地进入国内市场，我国企业走出国门在海外投资和经营的项目也在增加。为了适应这种对外开放建设市场的形势，就必须与国际通行的计价方法相适应，为建设市场主体创造一个与国际惯例接轨的市场竞争环境。工程量清单计价是国际通行的计价做法，在我国实行工程量清单计价，有利于提高国内建设各方主体参与国际化竞争的能力，有利于提高工程建设的管理水平。

2.1.2 工程量清单的概念

工程量清单是表现拟建工程的分部分项工程项目、措施项目、其他项目名称和相应数量的明细清单。是按照招标要求和施工设计图纸要求规定将拟建招标工程的全部项目和内容，依据统一的工程量计算规则、统一的工程量清单项目编制规则要求，计算拟建招标工程的分部分项工程数量的表格。

工程量清单是招标文件的组成部分，是由招标人发出的一套注有拟建工程各实物工程名称、性质、特征、单位、数量及开办项目、税费等相关表格组成的文件。首先，工程量清单是一份由招标人提供的文件，编制人是招标人或其委托的具有相应资质的工程造价咨询单位或招标代理机构。其次，工程量清单是招标文件的组成部分，一经中标且签订合同，即成为合同的组成部分。因此，无论招标人还是投标人都应该慎重对待。再次，工程量清单的描述对象是拟建工程，其内容涉及清单项目的性质、数量等，并以表格为主要表现形式。

2.1.3 工程量清单的编制

工程量清单是招标文件的组成部分，主要由分部分项工程量清单、措施项目清单、其他项目清单组成，是编制标底和投标报价的依据，是签订工程合同、调整工程量和办理竣工结算的基础。

（1）工程量清单的项目设置

工程量清单的项目设置规则是为了统一工程量清单项目名称、项目编码、计量单位和工程量计算而制定的，是编制工程量清单的依据。在《建设工程工程量清单计价规范》中，对工程量清单项目的设置作了明确的规定。

1）项目编码

项目编码以五级编码设置，用十二位阿拉伯数字表示。一、二、三、四级编码统一；第五级编码由工程量清单编制人根据工程特征自行编排。各级编码代表的含义如下：

a. 第一级表示分类码（分二位）；建筑工程为01、装饰装修工程为02、安装工程为03、市政工程为04、园林绿化工程为05。

b. 第二级表示章顺序码（分二位）。

c. 第三级表示节顺序码（分二位）。

d. 第四级表示清单项目码（分三位）。

e. 第五级表示具体清单项目码（分三位）。

以040203004001为例，项目编码结构如图2-3所示：

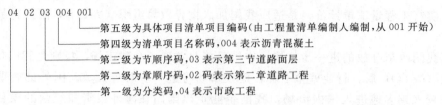

图 2-3 工程量清单项目编码结构

2) 项目名称

项目名称原则上以形成工程实体而命名。项目名称如有缺项，招标人可按相应的原则进行补充，并报当地工程造价管理部门备案。

3) 项目特征

项目特征是对项目的准确描述，是影响价格的因素，是设置具体清单项目的依据。项目特征按不同的工程部位、施工工艺或材料品种、规格等分别列项。凡项目特征中未描述到的其他独有特征，由清单编制人视项目具体情况确定，以准确描述清单项目为准。

4) 计量单位

计量单位应采用基本单位，除各专业另有特殊规定外，均按以下单位计量：

a. 以重量计算的项目——吨或千克（t 或 kg）；

b. 以体积计算的项目——立方米（m^3）；

c. 以面积计算的项目——平方米（m^2）；

d. 以长度计算的项目——米（m）；

e. 以自然计量单位计算的项目——个、套、块、樘、组、台……；

f. 没有具体数量的项目——系统、项……。

各专业有特殊计量单位的，再另外加以说明。

5) 工程内容

工程内容是指完成清单项目可能发生的具体工程，可供招标人确定清单项目和投标人投标报价参考。例如打预制钢筋混凝土方桩，包括了可能发生的搭设工作平台、制桩、运桩、打桩、接桩、送桩、凿除桩头、废料弃置等全部内容。

凡工程内容中未列全的其他具体工程，由投标人按招标文件或图纸要求编制，以完成清单项目为准，综合考虑到报价中。

至于使用什么机械、用什么方法、采取什么措施均由投标人自主决定，在清单项目设置中不做具体规定。

(2) 工程数量的计算

工程数量的计算主要通过工程量计算规则计算得到。工程量计算规则是指对清单项目工程量的计算规定。除另有说明外，所有清单项目的工程量应以实体工程量为准，并以完成后的净值计算；投标人投标报价时，应在单价中考虑施工中的各种损耗和需要增加的工程量。

工程量的计算规则按主要专业划分。包括建筑工程、装饰装修工程、安装工程、市政工程和园林绿化工程五个专业部分。

(3) 招标文件中提供的工程量清单的标准格式

工程量清单应采用统一格式，一般由下列内容组成：

1) 封面。由招标人填写、签字、盖章。

2) 填表须知。填表须知主要包括下列内容：

a. 工程量清单及其计价格式中所要求签字、盖章的地方，必须由规定的单位和人员签字、盖章；

b. 工程量清单及其计价格式中的任何内容不得随意删除或涂改；

c. 工程量清单计价格式中列明的所有需要填报的单价和合价，投标人均应填报，未填报的单价和合价，视为此项费用已包含在工程量清单的其他单价和合价中；

d. 明确金额的表示币种。

3) 总说明。总说明应按下列内容填写：

a. 工程概况，如建设规模、工程特征、计划工期、施工现场实际情况、交通运输情况、自然地理条件、环境保护要求等；

b. 工程招标和分包范围；

c. 工程量清单编制依据；

d. 工程质量、材料、施工等的特殊要求；

e. 招标人自行采购材料的名称、规格型号、数量等；

f. 其他项目清单中招标人部分（包括预留金、材料购置费等）的金额数量；

g. 其他需说明的问题。

4) 分部分项工程量清单。

分部分项工程量清单应包括项目编码、项目名称、计量单位和工程数量四个部分。这四部分内容应严格按照《建设工程工程量清单计价规范》（GB 50500—2003）中的规定执行（前面所述）。

分部分项工程量清单为不可调整的闭口清单，投标人对招标文件中所提供的分部分项工程量清单必须逐一计价，对清单所列内容不允许做任何更改变动。投标人如果认为清单内容有不妥或遗漏，只能通过质疑的方式由清单编制人做统一的修改更正，并将修正后的工程量清单发往所有投标人。

5) 措施项目清单。

措施项目清单应根据拟建工程的具体情况列项。措施项目指为完成工程项目施工，发生于该工程施工前和施工过程中技术、生活、安全等方面的非工程实体项目。

措施项目清单的设置，首先，要参考拟建工程的施工组织设计，以确定环境保护、文明安全施工、材料的二次搬运等项目；其次，参阅施工技术方案，以确定夜间施工、大型机具进出场及安拆、混凝土模板与支架、脚手架、施工排水降水、垂直运输机械、组装平台、大型机器使用等项目。参阅相关的施工规范与工程验收规范，可以确定施工技术方案没有表述的，但是为了实现施工规范与工程验收规范要求而必须发生的技术措施。招标文件中提出的某些必须通过一定的技术措施才能实现的要求。设计文件中一些不足以写进技术方案的，但是要通过一定的技术措施才能实现的内容。

措施项目清单为可调整清单，投标人对招标文件中所列项目，可根据企业自身特点做适当的变更增减。投标人要对拟建工程可能发生的措施项目和措施费用做通盘考虑。清单一经报出，即被认为是包括了所有应该发生的措施项目的全部费用。如果报出的清单中没有列项，且施工中又必须发生的项目，业主有权认为，其已经综合在分部分项工程量清单的综合单价中。将来措施项目发生时，投标人不得以任何借口提出索赔与调整。

措施清单项目见表2-9。

措施清单项目表　　　　　　　　　　　　　　　　表2-9

序 号	项 目 名 称
	1. 通用项目
1.1	环境保护
1.2	文明施工
1.3	安全施工
1.4	临时设施
1.5	夜间施工
1.6	二次搬运
1.7	大型机械设备进出场及安拆
1.8	混凝土、钢筋混凝土模板及支架
1.9	脚手架
1.10	已完工程及设备保护
1.11	施工排水、降水
	2. 建筑工程
2.1	垂直运输机械
	3. 装饰装修工程
3.1	垂直运输机械
3.2	室内空气污染测试
	4. 安装工程
4.1	组装平台
4.2	设备、管道施工安全、防冻和焊接保护措施
4.3	压力容器和高压管道的检验
4.4	焦炉施工大棚
4.5	焦炉烘炉、热态工程
4.6	管道安装后的充气保护措施
4.7	隧道内施工的通风、供水、供气、供电、照明及通讯设施
4.8	现场施工围栏
4.9	长输管道临时水工保护措施
4.10	长输管道施工便道
4.11	长输管道跨越或穿越施工措施
4.12	长输管道地下管道穿越地上建筑物的保护措施
4.13	长输管道工程施工队伍调遣
4.14	格架式抱杆
	5. 市政工程
5.1	围堰

序 号	项 目 名 称
5.2	筑岛
5.3	现场施工围栏
5.4	便道
5.5	便桥
5.6	洞内施工通风管路、供水、供气、供电、照明及通讯设施
5.7	驳岸块石清理

6) 其他项目清单。

其他项目清单应根据拟建工程的具体情况,参照下列内容列项:

a. 招标人部分。包括预留金、材料购置费等,其中预留金是指招标人为可能发生的工程量变更而预留的金额;

b. 投标人部分。包括总承包服务费、零星工作项目费等,其中总承包服务费是指为配合协调招标人进行的工程分包和材料采购所需的费用,零星工作项目费是指完成招标人提出的不能以实物计量的零星工作项目所需的费用。

2.2 工程量清单计价

2.2.1 工程量清单计价的程序

工程量清单计价的基本过程可以分为两个阶段:工程量清单格式的编制和利用工程量清单来编制投标报价。投标报价是在业主提供的工程量计算结果的基础上,根据企业自身所掌握的各种信息、资料,结合企业定额编制得出的。

(1) 分部分项工程费=∑分部分项工程量×分部分项工程单价 (2-12)

其中分部分项工程单价由人工费、材料费、机械费、管理费、利润等组成,并考虑风险费用。

(2) 措施项目费=∑措施项目工程量×措施项目综合单价 (2-13)

其中措施项目包括通用项目、建筑工程措施项目、安装工程措施项目和市政工程措施项目,措施项目综合单价的构成与分部分项工程单价构成类似。

(3) 单位工程报价=分部分项工程费+措施项目费+其他项目费+规费+税金

(4) 单项工程报价=∑单位工程报价 (2-14)

(5) 建设项目总报价=∑单项工程报价 (2-15)

2.2.2 工程量清单计价格式

(1) 工程量清单计价

工程量清单计价应包括按招标文件规定,完成工程量清单所列项目的全部费用,包括分部分项工程费、措施项目费、其他项目费和规费、税金。

分部分项工程费是指为完成分部分项工程量所需的实体项目费用。措施项目费是指分部分项工程费以外,为完成该工程项目施工,发生于该工程施工前和施工过程中技术、生活、安全等方面的非工程实体项目所需的费用。其他项目费是指分部分项工程费和措施项目费以外,该工程项目施工中可能发生的其他费用。

分部分项工程费、措施项目费和其他项目费均采用综合单价计价。合同中综合单价因工程量变更，除合同另有约定外应按下列办法确定。

1) 工程量清单漏项或由于设计变更引起新的工程量清单项目，其相应综合单价由承包方提出，经发包人确认后作为结算的依据。

2) 由于设计变更引起工程量增减部分，属合同约定幅度以内的，应执行原有的综合单价；增减的工程量属合同约定幅度以外的，其综合单价由承包人提出，经发包人确认后作为结算的依据。

由于工程量的变更，且实际发生了规定以外的费用损失，承包人可提出索赔要求，与发包人协商确认后，给予补偿。

(2) 工程量清单投标报价的统一格式

工程量清单计价表统一格式，请参阅本书附录。

思考题与习题

一、简答题

1. 何为工程造价？其包含哪几项费用？
2. 建设单位与施工企业的临时设施费，是否都列入措施费中？如何区别？
3. 设备及工、器具购置费中是否包含办公和生活家具购置费？怎样理解？
4. 我国现行建筑安装工程费由哪几部分组成？
5. 工程直接费中的人工费、机械台班单价中的人工费以及企业管理费中的管理人员工资有何不同？
6. 机械台班单价由哪七项费用组成？
7. 机械台班单价中的安拆费及场外运费与措施费中的大型机械设备进出场及安拆费有何不同？
8. 什么叫规费？包括哪些内容？
9. 什么叫工料单价法和综合单价法？
10. 什么叫工程量清单？它有哪些组成部分？
11. 实行工程量清单计价有何意义？
12. 工程量清单的计量单位主要有哪些？
13. 对投标人而言，工程量清单中哪些部分为可调整清单？哪些为闭口清单？
14. 何为综合单价？
15. 简述工程量清单的计价程序。

二、计算题

1. 某投资项目的建筑安装工程费如下：直接费500万元、间接费250万元、利润100万元，以税率3.41%计算，则应交税金多少？
2. 某项目建设期初的建筑安装工程费和设备及工、器具购置费为1500万元，建设期2年，第2年计划投资40%，年价格上涨率为3%，则第2年的涨价预备费为多少万元？
3. 某项目建设期两年，第一年贷款100万元，第二年贷款200万元，贷款分年度均衡发放，年利率10%，则建设期贷款利息为多少万元？

4. 某施工项目由预算表和规定标准可知，其直接费为 1000 万元。其中，人工费和机械费合计为 400 万元，按人工费和机械费之和计算的间接费费率为 20%，利润率为 5%，则该项目的不含税造价为多少万元？

5. 某工程采用工料单价法计价程序，以直接费为计算基础。已知该工程直接工程费为 8000 万元，措施费为 500 万元，间接费率为 12%，利润率为 4%，计税系数为 3.41%，则该工程的含税造价为多少万元？

6. 某地区原费用定额测算所选典型工程材料费占人工费、材料费、机械费合计的比例为 30%，该地区的某施工项目的某分项工程中的材料费占人工费、材料费、机械费合计的比例为 40%，该分项工程的直接工程费为 600 万元，按该分项工程的直接工程费计算的间接费费率为 30%，按此直接工程费和间接费计算的利润率为 5%，则该分项工程的不含税造价为多少？

单元 3 土石方工程计量与计价

课题 1 土石方工程专业知识

市政工程土石方包括道路路基填挖、堤防填挖、市政管网的开槽、桥涵护岸的基坑开挖、施工现场的土方平整等。

土石方工程有永久性和临时性两种，修筑路基、堤防属于永久性土方工程，开挖沟槽、基坑属于临时性工程。

土石方工程按照施工方法可分为人工土石方工程和机械土石方工程。人工土石方是采用镐、锄、铲等工具或小型机具施工的方法，适用于量小、运输近、缺乏土石方机械或不宜机械施工的土石方工程。机械土石方目前主要采用推土机、挖掘机、铲运机、压路机、平地机、凿岩机等工程机械，机械的选型应根据现场施工条件、土质、土方量大小、机械性能和施工单位机械装备情况综合考虑确定。

1.1 道路土石方

1.1.1 路基断面形式

路基是路面的基础，一般由土石方工程压实而成，路基与路面结构共同形成稳定的实体承担车辆荷载的作用。路基的基本断面形式有：路堤、路堑、半填半挖、不填不挖四种类型。

（1）路堤

道路设计线高于原地面，由填方构成的路基断面形式称为路堤，图 3-1（a）所示为

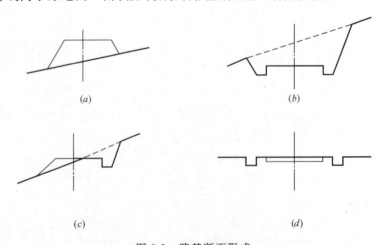

图 3-1 路基断面形式
(a) 路堤；(b) 路堑；(c) 半填半挖；(d) 不填不挖

路堤断面形式。

（2）路堑

道路设计线低于原地面，由挖方构成的路基断面形式称为路堑，图 3-1（b）所示为路堑断面形式。

（3）半填半挖

半填半挖路基是路堤和路堑的综合形式，一般是设置在较陡的山坡上，图 3-1（c）所示为半填半挖断面形式。

（4）不填不挖

道路设计线与原地面标高基本平齐即构成不填不挖的路基断面形式，图 3-1（d）所示为不填不挖断面形式。

1.1.2　路基施工

道路土方施工，不论是挖方或填方，重要的是路基的强度和稳定性。因而，挖方路基应根据土质条件和挖方深度合理确定开挖边坡，并保证路基的压实度。对于填方路基而言，进行认真的基底处理，选择良好的路基用土，分层碾压密实是施工的重点内容。路基施工的一般程序如下：

测量放样──基底处理──分层填筑──碾压密实──路基整修──检查验收。

石方施工有凿石、爆破两种。凿石是采用铁钎、铁锤或风镐将石方凿除，常用于石方量小或不宜爆破开挖的情况。在大量石方工程中多采用爆破法开挖，爆破开挖就是通过打眼、装药、爆破、清理的施工程序完成路基石方的施工。常用的爆破方法有：裸露药包法、炮眼法、深孔爆破法、药壶法、洞室法等。

1.1.3　软土路基加固处理

当路堤经过稳定验算或沉降计算不能满足设计要求时，就需要对软土地基进行加固处理，常用的方法有以下几种。

（1）换填

就是将泥炭、软土全部挖除，使路堤筑于基底或尽量换填渗水性土体，改善基底强度。适用于泥沼及软土厚度小于 2m 时的软土处理。

（2）抛石挤淤

在路基底从中部向两侧抛投一定数量片石，将淤泥挤出路基范围，以提高路基强度。所用片石宜采用不易风化大石块，尺寸一般不宜小于 0.3m。适用于抛填厚度小于 3.0m，软土表层无硬壳、呈流动状态、排水困难、石料易得的情况。

（3）砂垫层

砂垫层厚度一般为 0.6～1.0m，其可使软土顶面增加一个排水面，促进路基底的软土层固结，提高路基强度与稳定性。适用于软土地区路堤高度小于两倍极限高度时的软土处理。

（4）设置砂井

砂井与连接砂井的砂垫层配合使用效果较好。一般砂井直径为 0.2～0.3m，井距为井径的 8～10 倍，常用范围为 2～4m，平面上呈矩形或梅花形布置。适用于软土层厚度超过 5m，且路堤强度超过天然地基承载能力很多时。

（5）摊铺土工布

以土工布摊铺底层,并折向沿边坡作防护,既提高基底刚度,也使边坡受到维护,有利于排水并因地基应力再分配而增加路基的稳定性。适用于特别松软地基、土壤潮湿、地下水位高的情况。

(6) 塑料排水板

在泥炭饱和淤泥地带,利用土工布或塑料排水板作垂直与横向排水,可使路堤加快固结,加快沉降,提高路基强度。适用于竖向排除地下水与排水夹层相配合。

1.2 管道土石方

城市排水管道施工,就开槽法施工而言,一般包括施工的准备工作,土方开挖,管道基础,下管和稳管,接口、砌筑附属构筑物和回填等程序,由于污水管道与雨水管道在道路红线内平面位置和标高不同,一般先进行埋深较深的污水管道施工,再进行埋深较浅的雨水管道施工。

污(雨)水管道施工一般程序为:施工前准备工作——沟槽开挖——基础浇筑——管道安装——构筑物的砌筑——闭水试验(污水)——土方的回填及管道工程的检查与验收等。

1.2.1 开挖形式

在排水管道施工中,常用开槽法施工,其沟槽断面形式有梯形槽、混合槽、直槽、联合槽等,如图3-2所示。其中联合槽适用于两条或两条以上管道埋设在同一沟槽内的断面形式。

图3-2 沟槽断面形式

排水管道施工应合理确定沟槽开挖断面,为管道施工创造条件,同时保证工程质量和安全生产。选定何种沟槽断面形式,要考虑土的种类、地下水水位、管道结构尺寸、管道埋深、开挖方式和方法、施工排水、现场的其他因素等。

1.2.2 开挖要点

(1) 人工开挖。在天然湿度的土中开挖沟槽,如地下水位低于槽底,可开直槽,不支撑,但槽深不得超过下列规定:砂土和砂砾石≤1.0m,粉质砂土和粉质黏土≤1.25m,黏土≤1.5m。

较深的沟槽,宜分层开挖。每层槽的深度,机械挖槽根据机械性能而定,人工挖槽一般2m左右。一层槽和多层槽的头槽,在条件许可时,一般采用大开槽(即放坡不支撑);人工开挖多层槽的中槽和下槽,一般采用直槽支撑。

支撑直槽的边坡度一般采用1:0.05(即20:1)。大开槽的边坡度可根据土质情况确定。

人工开挖多层槽的层间留台宽度,大开槽与直槽之间一般不小于0.8m,直槽与直槽之间宜留 0.3~0.5m。安装井点时，槽台宽度不应小于 1m。

（2）机械开挖。采用机械挖槽时，应向机械司机详细交底，交底内容一般应包括挖槽断面、堆土位置、现有地下构筑物情况及施工要求等；并应指定专人与司机配合，其配合人员应熟悉机械挖土有关安全操作规程，并及时测量槽底高程和宽度，防止超挖或少挖。机械挖槽，应确保槽底土壤结构不被扰动或破坏，同时由于机械不可能准确地将槽底按规定高程整平，所以，设计槽底高程以上宜留 30cm 左右一层不挖，待人工进行清挖。

1.3 桥涵土石方

桥涵基础按照埋置深度的不同，可分为浅基础和深基础，浅基础一般采用明挖的方法进行施工，明挖基础施工的主要内容包括基础的定位放样、基坑开挖、基坑排水、基底处理与圬工砌筑等。桥涵深基础一般采用打桩、挖孔桩、钻孔桩、沉井、地下连续墙等基础形式。

为修筑桥涵基础开挖的临时性坑井称为基坑。基坑属于临时性工程，其作用是提供一个作业空间，使基础的砌筑得以按照设计所指定的位置进行。在基坑开挖前，先进行基础的定位放样工作，放样工作是根据桥梁中心线与墩台的纵横轴线，推出基础边线的定位点，再放线划出基坑的开挖范围。通常基坑底部的尺寸较设计的基础平面尺寸每边增加一定的富余量，以便于支撑、排水与立模板（如果是坑壁垂直的无水基坑坑底，可不必加宽，直接利用坑壁做基础模板亦可）。具体的定位工作视基坑深浅而有所不同。基坑较浅时，可用挂线板、拉线挂垂球方法进行定位；基坑较深时，可用设置定位桩形成定位线进行定位。

1.3.1 陆地基坑开挖

基坑的开挖应根据土质条件、基坑深度、施工期限以及有无地表水或地下水等因素，采用适当的施工方法。

（1）不设支撑开挖

对于在干涸无水河滩、河沟中，或有水但经改河或筑堤能排除地表水的河沟中，在地下水位低于基底，或渗透量小、不影响坑壁稳定，以及基础埋置不深，施工期较短，挖基坑时，不影响邻近建筑物安全的施工场所，可考虑选用坑壁不加支撑的基坑。

（2）垂直开挖

黏性土在半干硬或硬塑状态，基坑顶缘无活荷载，稍松土质基坑深度不超过 0.5m；中等密实（锹挖）土质基坑深度不超过 1.25m；密实（镐挖）土质基坑深度不超过 2.00m 时，均可采用垂直坑壁基坑。

（3）深基坑开挖

基坑深度在 5m 以内，土的湿度正常时，基坑可采用斜坡坑壁开挖或按坡度比值挖成阶梯形坑壁，每梯高度以 0.5~1.0m 为宜，可作为人工运土出坑的台阶。基坑深度大于 5m 时，要按照现行桥涵施工规范适当放缓坑壁坡度，或加作平台；土的湿度超出坑壁的稳定性时，应采用该湿度下土的天然坡度或采取加固坑壁的措施。

（4）混合坡开挖

当基坑的上层土质适合敞口斜坡坑壁条件，下层土质为密实黏性土或岩石，可用垂直坑壁开挖，在坑壁坡度变换处，应保留有至少为 0.5m 宽的平台。

无水基坑的施工方法，对于一般小桥涵的基础，工程量不大的基坑，可以人力施工；大、中桥基础工程，基坑深，基坑平面尺寸较大，挖方量多，可用机械或半机械施工方法。

1.3.2 水中基坑开挖

桥梁墩台基础常常位于地表水位以下，有时流速还比较大，施工时总希望在无水或静水的条件下进行。桥梁施工中最常用的方法是围堰。围堰的作用主要是防水和围水，有时还起着支撑基坑坑壁的作用。围堰的类型较多，常用的有：土围堰，土袋围堰，单行板桩围堰，双行板桩围堰，木桩土围堰，竹笼围堰，钢板桩围堰。

1.3.3 基坑排水

基坑坑底一般多位于地下水位以下，而地下水会经常渗进坑内，因此必须设法将坑内的水排除，以便于施工。桥梁基础施工中常用的基坑排水方法有以下几种。

（1）集水坑排水法

除严重流砂外，一般情况下均可适用。集水坑（沟）的大小，主要根据渗水量的大小而定，排水沟底宽不小于0.3m，纵坡为1‰～5‰。如排水时间较长或土质较差时，沟壁可用木板或荆笆支撑防护。集水坑一般设在下游位置，坑深应大于进水笼头高度，并用笆、竹篾、编筐或木围护，以防止泥沙阻塞吸水笼头。

（2）井点排水法

当土质较差有严重流砂现象，地下水位较高，挖基较深，坑壁不易稳定，用普通排水方法难以解决时，可采用井点排水法。如图3-3所示基坑井点排水。井点排水适用于渗透系数为0.5～150m/d的土壤中，尤其在2～50m/d的土壤中效果最好；降水深度一般可达4～6m，二级井点可达6～9m，超过9m应选用喷射井点或深井点法，具体可视土层的

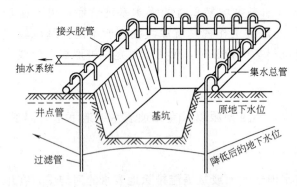

图3-3 基坑井点排水示意图

渗透系数、要求降低地下水位的深度及工程特点等，选择适宜的井点排水法和所需设备。

（3）其他排水法

对于土质渗透性较大、挖掘较深的基坑可采用板桩法或沉井法。此外，视现场条件、工程特点及工期等，还可采用帷幕法，即将基坑周围土层用硅化法、水泥灌浆法、沥青灌浆法以及冻结法等处理形成封闭的不透水的帷幕。这种方法除自然冻结法外，其余均因设备多、费用大，在桥涵基础施工时较少采用。

1.3.4 基底检验处理

当基坑已挖至基底设计高程，或已按设计要求加固、处理完毕后，须经过基底检验，方可进行基础圬工施工。

为使基底检验及时，以免因等候检验，基底暴露时间过久而风化变质，施工负责人应提前通知检验人员，安排检验。检验的内容有：

（1）检查基坑的平面位置、坑底尺寸、高程是否符合设计要求，偏差是否在现行有关规定允许范围以内。

(2) 检验基坑底面土质及其均匀性、稳定性，坑壁坡面是否平顺稳定，有无排水措施，容许承载力能否满足设计要求。

(3) 检查基坑和地基加固、处理过程中的有关施工记录和试验等资料。

(4) 检验基底地基经加固、处理后的效果是否达到设计要求。

1.3.5 安全及注意事项

(1) 明挖基础

1) 在基坑顶缘四周适当距离处设置截水沟，并防止水沟渗水，以避免地表水冲刷坑壁，影响坑壁稳定性；如对邻近建（构）筑物或临时设施有影响时，应采取安全防护措施。

2) 坑壁边缘应留有平台，静荷载距坑边缘不少于 0.5m，动荷载距坑边缘不少于 1.0m；垂直坑壁边缘因抗疲劳还应适当增宽；水文地质条件欠佳时应有加固措施。

3) 开挖中，当坑沿顶面裂缝、坑壁松塌或遇有涌水、涌砂影响基坑边坡稳定时，应立即加固防护。基坑需机械抽排水开挖时，须配备足够的抽排水设备，抽水机及管路等要安放牢靠。

4) 采用桅杆吊斗或皮带运输机出土时，应检查吊斗绳索、挂钩、机具等是否完好牢固。吊斗升降时，坑内作业人员应躲离至吊斗升降移动范围以外。吊斗不使用时，应及时摘下，不得悬挂。

5) 如用机械开挖基坑，挖至坑底时，应保留不少于 30cm 的厚度，在基础浇筑圬工前，用人工挖至基底标高。

6) 基坑应尽量在少雨季节施工。

7) 基坑宜用原土及时回填，对桥台及有河床铺砌的桥墩基坑，则应分层夯实。

8) 基坑施工不可延续时间过长，自开挖至基础完成，应抓紧时间连续施工。

9) 小型桥涵施工，如不能保证车辆通行时，应事先修好便道或便桥（涵），并在修建桥涵的道路两端设置"禁止通行"的标志。

10) 寒冷地区采用冻结法开挖基坑时，应根据地质、水文、气温等情况，分层冻结，逐层开挖。

(2) 筑岛围堰

1) 吸泥船吸管围堰筑岛时，作业区内严禁船舶进入；承载吸泥管道的浮筒上下不得行人。

2) 挖基工程所设置的各种围堰和基坑支撑，其结构必须坚固牢靠。基础施工中，挖土、吊运、浇筑混凝土等作业，严禁碰撞支撑，并不得在支撑上放置重物。

3) 施工中发现围堰、支撑有松动、变形等情况时，应及时加固，危及作业人员安全时应立即撤出。图 3-4 所示为土石围堰断面。

4) 基坑较深时，四周应悬挂人员上下扶梯。

5) 基坑支撑拆除应在施工负责人的指导下进行。拆除支撑应与基坑回填相互配合进行。

6) 在围堰内作业，遇有洪水或流水，应立即撤出作业人员。

(3) 钢板桩及钢筋混凝土板桩围堰

1) 插打钢板桩（包括钢筋混凝土板桩，以下同）围堰前，应对打桩机具进行全面检查。

2) 钢板桩起吊前，钢板桩凹槽部位应清扫干净，锁口应先进行修整或试插；组拼的钢板桩组件，应采用坚固的夹具夹牢，不得将吊具拴在钢板桩夹具上。

3) 钢板桩吊环的焊接应由专人检查，必要时应进行试吊。

4) 打桩机和卷扬机应设专人操作。钢板桩起吊应听从信号指挥。作业时，应在钢板桩上拴好溜绳，防止起吊后急剧摆动。吊起的钢板桩未就位前桩位附近不得站人。

5) 钢板桩插进锁口后，因锁口阻力不能插放到位而需桩锤压插时，应采用卷扬机钢丝绳控制桩锤下落行程，防止桩锤随钢板桩突然下滑。图3-5所示为钢板桩围堰。

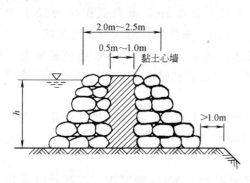

图3-4 土石围堰断面

图3-5 钢板桩围堰

6) 插打钢板桩，如因吊机高度不足，可向下移动吊点位置，但吊点不得低于桩顶下1/3桩长的位置。钢板桩在锤击下沉时，初始阶段应轻打，桩帽（垫）变形时应及时更换。

课题2 土石方工程量清单编制

2.1 土石方工程量清单项目设置及清单项目的适用范围

2.1.1 土石方工程量清单项目设置

《计价规范》将土石方工程划分为：挖土方、挖石方、填方及土石方运输3节12个项目。其中挖土方6个项目，挖石方3个项目，填方及土石方运输3个项目。

（1）挖土方

工程量清单项目设置及工程量计算规则，应按《计价规范》表D.1.1的规定执行，见表3-1。

（2）挖石方

工程量清单项目设置及工程量计算规则，应按《计价规范》表D.1.2的规定执行，见表3-2。

（3）填方及土石方运输

工程量清单项目设置及工程量计算规则，应按《计价规范》表D.1.3的规定执行，见表3-3。

挖土方（编码：040101） 表 3-1

项目编码	项目名称	项目特征	计量单位	工程量计算规则	工程内容
040101001	挖一般土方	1. 土壤类别 2. 挖土深度	m³	按设计图示开挖线以体积计算	1. 土方开挖 2. 围护、支撑 3. 场内运输 4. 平整、夯实
040101002	挖沟槽土方			原地面线以下按构筑物最大水平投影面积乘以挖土深度（原地面平均标高至槽坑底高度）以体积计算	
040101003	挖基坑土方			原地面线以下按构筑物最大水平投影面积乘以挖土深度（原地面平均标高至坑底高度）以体积计算	
040101004	竖井挖土方			按设计图示尺寸以体积计算	1. 土方开挖 2. 围护、支撑 3. 场内运输
040101005	暗挖土方	土壤类别		按设计图示断面乘以长度以体积计算	1. 土方开挖 2. 围护、支撑 3. 洞内运输 4. 场内运输
040101006	挖淤泥	挖淤泥深度		按设计图示的位置及界限以体积计算	1. 挖淤泥 2. 场内运输

挖石方（编码：040102） 表 3-2

项目编码	项目名称	项目特征	计量单位	工程量计算规则	工程内容
040102001	挖一般石方	1. 岩石类别 2. 开凿深度	m³	按设计图示开挖线以体积计算	1. 石方开凿 2. 围护、支撑 3. 场内运输 4. 修整底、边
040102002	挖沟槽石方			原地面线以下按构筑物最大水平投影面积乘以挖石深度（原地面平均标高至槽底高度）以体积计算	
040102003	挖基坑石方			按设计图示尺寸以体积计算	

填方及土石方运输（编码：040103） 表 3-3

项目编码	项目名称	项目特征	计量单位	工程量计算规则	工程内容
040103001	填方	1. 填方材料品种 2. 密实度	m³	1. 按设计图示尺寸以体积计算 2. 按挖方清单项目工程量减基础、构筑物埋入体积加原地面线至设计要求标高间的体积计算	1. 填方 2. 压实
040103002	余方弃置	1. 废弃料品种 2. 运距		按挖方清单项目工程量减利用回填方体积（正数）计算	余方点装料运输至弃置点
040103003	缺方内运	1. 填方材料品种 2. 运距		按挖方清单项目工程量减利用回填方体积（负数）计算	取料点装料运输至缺方点

2.1.2 清单项目的适用范围

(1) 挖一般土石方、沟槽土石方、基坑土石方的划分定义需要明确,在编列清单项目时,按划分的定义进行列项。划分的定义如下:

1) 底宽 7m 以内,底长大于底宽 3 倍以上应按沟槽计算。

2) 底长小于底宽 3 倍以下,底面积在 150m² 以内应按基坑计算。

3) 厚度在 30cm 以内就地挖、填土的按平整场地计算。

4) 超过上述范围,应按一般土石方计算。

(2) 竖井挖土方,指在土质隧道、地铁中除用盾构法挖竖井外的其他方法挖竖井土方时用此项目。

(3) 暗挖土方,指在土质隧道、地铁中除用盾构掘进和竖井挖土方外的其他方法挖洞内土方时用此项目。

(4) 填方,包括用各种不同的填筑材料填筑的填方均用此项目。

2.2 土石方工程清单工程量计算规则

市政工程土石方分部分项工程量清单项目要根据招标文件、工程设计图纸和技术要求及相关的规范、标准进行编制,要做到不漏不重,达到承发包双方能对工程项目的目标进行主动控制,参与工程的有关各方对同一份设计图进行清单工程量计算时,其计算结果一致,并使其风险减到最小的目的。为此,《计价规范》对设置的土石方工程量清单项目,规定了明确的工程量计算规则。

2.2.1 清单工程量计算规则

(1) 填方以压实(夯实)后的体积计算,挖方以自然密实度体积计算;

(2) 挖一般土石方的清单工程量按原地面线与设计图示开挖线之间的体积计算;道路工程挖方体积,如图 3-1(b)路堑所示,首先计算各桩号的设计断面面积,然后取两相邻设计断面面积的平均值乘以相邻断面之间的中心线长度计算挖方工程量。

$$V=\sum(A_i+A_j)/2 \times L_{i,j} \qquad (3-1)$$

式中　V——道路挖方总体积;

　A_i、A_j——道路两相邻设计断面面积;

　$L_{i,j}$——道路两相邻设计断面之间的中心线长度。

(3) 挖沟槽和基坑土石方的清单工程量,按原地面线以下构筑物最大水平投影面积乘以挖土深度(原地面平均标高至坑、槽底平均标高的高度)以体积计算。如图 3-6 和图 3-7 所示。

$$V=a \times b(H-h) \qquad (3-2)$$

式中　V——基坑或沟槽土方体积;

　a——桥台垫层或管基垫层宽度;

　b——桥台垫层或管基垫层长度;

　H——原地面线平均标高;

　h——基坑底或沟槽底平均标高;

(4) 市政管网中各种井的井位挖方计算。因为管沟挖方的长度按管网铺设的管道中心

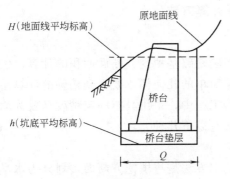
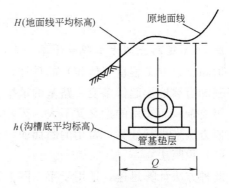

图 3-6 桥台基坑挖土方　　　　　　　图 3-7 沟槽挖土方

线的长度计算,所以管网中的各种井的井位挖方清单工程量必须扣除与管沟重叠部分的土方量。图 3-8 所示的圆形井、矩形井只计算画斜线部分的挖土方量。

(5) 填方清单工程量计算

1) 道路工程填方体积,如图 3-9 所示,首先计算各桩号的设计断面面积,然后取两相邻设计断面面积的平均值乘以相邻断面之间的中心线长度计算填方工程量。

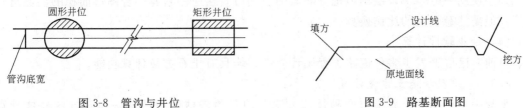

图 3-8 管沟与井位　　　　　　　图 3-9 路基断面图

2) 沟槽、基坑填方的清单工程量,按相应的挖方清单工程量减包括垫层在内的构筑物埋入体积计算;如设计填筑线在原地面以上的话,还应加上原地面线至设计线之间的体积。

2.2.2 余方弃置、缺方内运及其他

(1) 每个单位工程的挖方与填方清单工程量应考虑进行填挖平衡调运,多余部分应列余方弃置的项目,不足部分应列缺方内运项目。余方或缺方工程量,可按下式计算:

$$余方或缺方体积＝挖土总体积－回填土总体积$$

式中计算结果为正值时为余方外运体积,负值时为缺方(须取土)体积。

(2) 如招标文件中指明弃置地点的,应列明弃置点及运距;如招标文件中没有列明弃置点的,可由投标人考虑弃置点及运距。

(3) 填方缺土部分(即缺方部分)应列缺方内运清单项目。如招标文件中指明取土点的,则应列明取土点及平均运距;如招标文件中没有列明取土点的,可由投标人考虑取土点及运距。

(4) 如招标文件和设计图及技术文件中,对填方材料品种、规格有要求的也应列明,对填方密实度有要求的应列明密实度。

(5) 如遇到原有道路拆除,拆除部分应另列清单项目。道路的挖方量应不包括拆除量。

2.3 土石方工程量计算方法

2.3.1 道路土石方工程量计算

道路土石方工程量（体积）的计算，主要的问题是路基填挖方断面面积的计算。但由于路基的自然地形起伏多变，路基的填挖土方不是简单的几何体，要得到精确的计算结果往往很复杂，而实用的意义又不大。因此，在道路工程中，采用具有一定精度又较为简便的近似方法来进行计算。常用的断面面积计算方法有以下几种。

（1）积距法

此种方法计算迅速，适用于手工图上计算。基本方法是将填挖方断面，划分为水平向等高的三角形、梯形或矩形，用卡规量取各自的"平均宽度"并进行累积，累积宽度乘以高度即为面积。

（2）混合法

对于面积较大的断面，可将其中间部分划分成规则的几何图形，用公式计算，其余用积距法计算，两者之和即为断面积。

（3）Auto CAD 计算

如果使用 Auto CAD 绘制填挖方断面图，则可直接应用求算闭合图形面积的功能进行计算，但需注意设定的比例换算。

（4）专业软件计算

目前，已经开发了多种道路工程设计软件，均具有土石方量计算功能。

2.3.2 平整场地土方量计算

平整一个广场的土方量有两种计算方法，即三角棱柱体积计算法和四方棱柱体计算法。第一种方法是先将广场划成许多方格，再将每一个方格分成两个同样大小的等腰三角形。然后按锥体和楔体的体积计算法计算，此种方法比较麻烦，一般不常使用，下面介绍是后一种计算方法，即四方棱柱方法。

用四方棱柱体法计算广场土方的步骤是：

（1）在平面图上根据现场大小、地形变化和需要的精确度，来确定方格的大小，把现场划分为若干相等的正方形，地形变化大，要求精度高，正方形应划得小些，反之，可以划得大些，方格和各角都编上号码，一般采用 5m×5m～20m×20m 方格。

（2）在方格的每个角上，根据地形高和设计高之差注明应填应挖数（填用一，挖用＋），如图 3-10 所示。

（3）根据各角填挖数，计算出不填不挖处，标明在方格边线上，叫做零点。

零点求法如下：

1）假定边长为 a 的方格，其中两个角的施工高度，一是填高 H_1，一是挖深 H_2。在这两个角之间必定有一个不填挖的零点，如图 3-11 所示。

2）画一条水平线长为 a，两端向上向下画垂线，分别代表 H_1 和 H_2 表示填、挖值。

3）连接 H_1、H_2 的顶点，与水平线相交于 O 点，将水平线划分为两段，假定 O 点距 H_1 的距离为 x，则 O 点距离为 $(a-x)$，如图 3-11（b）所示。

4）按照相似三角形的定理（H_1、H_2 均用绝对值），

从图 3-11（b）得 $x/(a-x)=H_1/H_2$

0	+0.30	+0.22	+0.37	+0.48
	Ⅰ	Ⅱ	Ⅲ	Ⅳ
−0.36	−0.10	+0.18	+0.25	+0.32
	Ⅴ	Ⅵ	Ⅶ	Ⅷ
−0.54	−0.62	−0.32	−0.25	−0.05

十、一 分别代表各角挖填数,在各角左下方
Ⅰ、Ⅱ、Ⅲ等分别代表各方格之编号

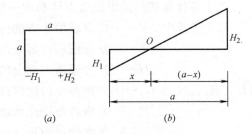

图 3-10 方格网　　　　　　图 3-11 零点计算

则
$$x = H_1 a/(H_1 + H_2)$$

这样就求得了 O 点距 H_1 的距离,用 a 减去 x,就可得到 O 点距 H_2 的距离。

将各边上的零点依次连接起来,即为 O 点线(零点线),边线的一侧为挖方,另一侧为填方。

(4) 分别计算各方格的填挖土方数,并整理汇总数。

每一方格的填挖情况不外以下几种,如图 3-12 所示。

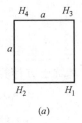 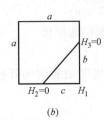 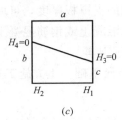 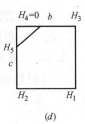

(a)　　　　　　(b)　　　　　　(c)　　　　　　(d)

图 3-12 填挖方面积计算

全挖和全填 (各角+,—符号相同)。

半填、半挖(O 点线穿过方格),其中又分为以下三种情况:要计算的部分底面是三角形;要计算的部分底面是梯形;要计算的部分底面是五边形。

现在分别介绍各种情况下的土方量计算公式:

1) 正方形内全部为挖方或填方,如图 3-12 (a) 所示。
$$V = a^2 \times (H_1 + H_2 + H_3 + H_4)/4 = a^2/4 \times \sum H \qquad (3-3)$$

2) 底面为三角形的角锥体体积,如图 3-12 (b) 所示。
$$V = b/2 \times cH_1/3 = (bc/6) H_1 \qquad (3-4)$$

3) 底面为梯形的截棱柱体积,如图 3-12 (c) 所示。
$$V = (b+c)/2 \times a(H_1 + H_2)/4 = (1/8)(b+c)a(H_1 + H_2) = (1/8)(b+c)a \times \sum H \qquad (3-5)$$

4) 底面为五边形的截棱柱体积,如图 3-12 (d) 所示。
$$V = \{a^2 - (a-b)(a-c)/2\} \times (H_1 + H_2 + H_3)/5 = \{a^2 - (a-b)(a-c)/2\} \times (\sum H)/5$$

$$= \{2a^2-(a-b)(a-c)\} \times (\sum H)/10 \tag{3-6}$$

以上各计算式都是根据土方体积的一般通式来推算的，这个通式就是 $V=F \times H$

以上各式中　　V——挖方或填土方的体积（m^3）；

F——挖方或填方部分的底面积（m^2）；

H——挖方或填方部分的平均挖深或填高（m）；

H_1、H_2、H_3、H_4——方格各角的挖深或填高（m）；

$\sum H$——方格各角挖深和填高的总和（m）；

a——方格的每边长（m）；

b，c——连接零点线后截出的边长（m）。

2.3.3 沟槽开挖土方量计算

沟槽开挖土方量计算的关键是确定管道沟槽底部的开挖宽度，一旦确定，即可根据断面形式计算开挖土方量。沟槽底部的开挖宽度可按下式计算：

$$B=D+2(b_1+b_2+b_3) \tag{3-7}$$

式中　　B——管道沟槽底部的开挖宽度；

D——管道结构的外缘宽度；

b_1——管道一侧的工作面宽度，可参照表 3-3 取值；

b_2——管道一侧的支撑板厚度，可取 10～20cm；

b_3——现场浇筑混凝土或钢筋混凝土一侧模板的厚度。

2.3.4 基坑土方量计算

采用明挖施工的桥涵基础，土方施工通常采用四面放坡的开挖形式，其基坑土方计算如下：

$$V=h/6(a^2+b^2+4ab)+mh^2(a+b+2/3mh) \tag{3-8}$$

式中符号含义如图 3-13 所示。

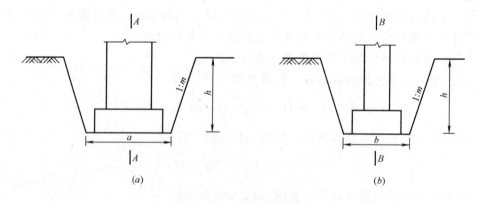

图 3-13　桥墩基坑示意图
(a) B—B 截面图；(b) A—A 截面图

V——基坑土方体积；

a——基坑底开挖长度，工作面宽度可参照表 3-4 取值；

b——基坑底开挖宽度，工作面宽度可参照表3-4取值；

h——基坑开挖深度；

m——基坑边坡坡率，可参照表1-2取值。

基础施工所需工作面宽度计算表　　　　　　表 3-4

基础材料	每边各增加工作面宽度(cm)	基础材料	每边各增加工作面宽度(cm)
砖基础	20	混凝土基础支模板	30
浆砌毛石、条石基础	15	基础垂直面做防水层	80(防水层面)
混凝土基础垫层支模板	30		

2.4 土石方工程量计算的有关问题

2.4.1 工程量的含义

从以上内容的学习可以看出，土石方工程量的计算，按照计价阶段、计价目的的不同，可分为土石方清单工程量、定额工程量、施工工程量。

（1）清单工程量。按照《计价规范》清单工程量计算规则计算，计算的范围以设计图纸为依据，用于工程量清单编制和计价。

（2）定额工程量。按照《全国统一市政工程预算定额》规定的工程量计算规则计算，以设计图纸为基础，结合施工方法、定额规定进行计算，用于定额计价及清单综合单价分析计算。

（3）施工工程量。根据施工组织设计确定的施工方法、采取的技术措施综合考虑，按实际的范围、尺寸及相关的影响因素计算，用于清单计价时综合单价的分析。挖方时的临时支撑围护和安全所需的放坡及工作面所需的加宽部分的挖方，在综合单价中一并考虑。

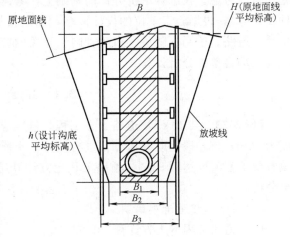

图 3-14 管沟支护（放坡）示意图

2.4.2 工程量计算比较

【例 3-1】 现以图 3-14 挖沟槽为例。管道为直径 500mm 的钢筋混凝土管，混凝土基础宽度 $B_1=0.7$m。设沟槽长度 $L=100$m，$H=4.250$m，$h=1.250$m。

【解】（1）清单工程量

$$V=B_1\times(H-h)\times L=0.7\times(4.25-1.25)\times100=210\text{m}^3$$

（2）定额工程量

当支护开挖时，按照定额工程量计算规则，$B_3=0.7+2\times0.3+0.2=1.5$m

$$V=B_3\times(H-h)\times L=1.5\times(4.25-1.25)\times100=450\text{m}^3$$

当放坡开挖时，按照定额工程量计算规则，$B_2=0.7+2\times0.3=1.3$m。若边坡为 1∶0.5，则

$$V = [B_2 + m(H-h)] \times (H-h) \times L$$
$$= [1.3 + 0.5 \times (4.25 - 1.25)] \times (4.25 - 1.25) \times 100 = 840 \text{m}^3$$

(3) 施工工程量

根据现场了解的情况，放坡开挖受到限制，选择支护开挖方案。管基、稳管、管座、抹带采用"四合一"施工方法，考虑排管的需要，开挖加宽一侧为 0.55m，另一侧为 0.35m。则 $B_3 = 0.7 + 0.55 + 0.35 = 1.6$m。

$$V = B_3 \times (H-h) \times L = 1.6 \times (4.25 - 1.25) \times 100 = 480 \text{m}^3$$

课题3　土石方工程量计量与计价综合示例

土石方工程通常是道路、桥涵、市政管网工程的组成部分，土石方工程的计价，实际上是道路、桥涵护岸、市政管网、隧道等市政工程计价的一部分。因而，土石方工程计价，必须结合具体的工程项目予以考虑。如，挖一般土石方对应道路工程；挖沟槽土石方对应市政管网工程；挖基坑土石方对应桥涵护岸工程；挖竖井土方对应土质隧道工程（除盾构施工外）等。

土石方工程量清单计价，应根据工程量清单，按照《计价规范》"工程内容"的提示，结合施工方案确定的施工方法，分析计算综合单价。但需注意，土石方开挖时的围护、支撑、地表排水应包括在分部分项工程量清单的综合单价内一并考虑，而地下水排除应在措施项目内考虑。在综合单价分析的基础上，考虑施工中可能的风险因素（如价格、地质条件变化等），根据施工单位的投标策略，确定投标报价。有关这方面的内容，详见后面各单元（道路、桥涵、隧道、市政管网）相关内容。本单元以道路土方工程为例，介绍土方工程的综合单价分析计算。

3.1　综合示例

【**例3-2**】 某市 YFX 道路土方工程，修筑起点 K0+000，终点 K0+600，路基设计宽度为 16m，该路段内既有填方，也有挖方。土质为四类土，余方要求运至 5km 处弃置点，填方要求密实度达到 95%。道路工程土方计算见表 3-6，请编制工程量清单并进行综合单价分析。

3.1.1　工程量清单编制

(1) 道路工程量土方计算

计算过程见表 3-5：

根据道路土方工程量计算表可看出：挖方 2225m³，填方 1688m³，经土方平衡后，仍有 537m³ 余方需要余土弃置。

(2) 编制道路土方工程量清单表。

土方工程量清单见表 3-6。

3.1.2　工程量清单综合单价分析

(1) 施工方案。

1) 挖土，拟采用挖掘机挖土自卸汽车运土进行土方平衡，从道路工程土方计算表中可以看出平衡场内土方运距在 500m 以内，土方纵向平衡调运由机械完成。

道路工程土方计算表　　　　　　　　　　　　　表 3-5

桩号	距离(m)	挖土			填土			备注
		断面积(m²)	平均断面积(m²)	体积(m³)	断面积(m²)	平均断面积(m²)	体积(m³)	
0+000	50	0	0	0	3.00	3.2	160	
0+050	50	0	0	0	3.40	4.0	200	
0+100	50	0	0	0	4.60	4.5	225	
0+150	50	0	0	0	4.40	7.45	373	
0+200	50	0	0	0	10.50	9.40	470	
0+250	50	0	1.20	60	8.30	5.20	260	
0+300	50	2.40	5.30	265	2.10	0	0	
0+350	50	8.20	6.70	335	0	0	0	
0+400	50	5.20	10.40	520	0			
0+450	50	15.60	9.20	460				
0+500	50	2.80	6.00	300				
0+550	50	9.20	5.70	285				
0+600		2.20						
合计				2225			1688	

分部分项工程量清单　　　　　　　　　　　　　表 3-6

工程名称：YFX 道路土方工程（0+000-0+600）土方工程量　　　　　第 1 页 共 1 页

序号	项目编码	项目名称	计量单位	工程数量
1	040101001001	挖一般土方（四类土）	m³	2225
2	040103001001	填方（密实度 95%）	m³	1688
3	040103002001	余方弃置（运距 5km）	m³	537

2）机械作业不到的地方由人工完成，人工挖土方量考虑占总挖方量的 5%，即 $2225 \times 5\% = 111 m^3$，机械挖土为 $2225 - 111 = 2114 m^3$。

3）余方弃置仍采用挖掘机挖土自卸汽车运土。

4）路基填土压实拟用压路机辗压，辗压厚度每层不超过 30cm，并分层检验密实度，达到要求的密实度后再填筑上一层。

(2) 定额及管理费、利润的取定。

1）本工程选用《全国统一市政工程预算定额》进行综合单价分析，人工费统一取综合人工单价 22.47 元/工日。

2）管理费按人工费的 10% 计取，利润按人工费的 20% 计取。

(3) 根据上述考虑作综合单价分析，见表 3-7～表 3-10。

综合单价分析表的计算结果见表 3-10。

分部分项工程量清单综合单价计算表

表 3-7

工程名称：某市 YFX 道路土方工程　　　　　　　　　　　　　　　计量单位：m³
项目编码：040101001001　　　　　　　　　　　　　　　　　　　　工程数量：2225
项目名称：挖一般土方（四类土）　　　　　　　　　　　　　　　　综合单价：8.43 元

序号	定额编号	工程内容	定额单位	工程量	分项单价：（元）					分项合价
					人工费	材料费	机械费	管理费	利润	
1	1—3	人工挖路基土方（四类土）	100m³	1.11	1129.34	0	0	112.93	225.87	1629.64
2	1—238	反铲挖掘机挖土装车（斗容量1.0m³）	1000m³	2.114	134.82	0	3492.71	13.48	26.96	7754.09
3	1—290	自卸汽车运土（载重8t,运距1km以内）	1000m³	2.114	0	5.40	4426.12	0	0	9368.23
		合　　价			1538.58	11.42	16740.41	153.85	307.71	18751.96
		单　　价			0.69	0.01	7.52	0.07	0.14	8.43

分部分项工程量清单综合单价计算表

表 3-8

工程名称：某市 YFX 道路土方工程　　　　　　　　　　　　　　　计量单位：m³
项目编码：040103001001　　　　　　　　　　　　　　　　　　　　工程数量：1688
项目名称：填方（密实度95%）　　　　　　　　　　　　　　　　　综合单价：3.17 元

序号	定额编号	工程内容	定额单位	工程量	分项单价：（元）					分项合价
					人工费	材料费	机械费	管理费	利润	
1	1—360	填土压路机辗压（密实度95%）	1000m³	1.688	134.82	6.75	2988.86	13.48	26.96	5352.43
		合　　价			227.58	11.39	5045.20	22.75	45.51	5352.43
		单　　价			0.13	0.01	2.99	0.01	0.03	3.17

分部分项工程量清单综合单价计算表

表 3-9

工程名称：某市 YFX 道路土方工程　　　　　　　　　　　　　　　计量单位：m³
项目编码：040103002001　　　　　　　　　　　　　　　　　　　　工程数量：537
项目名称：余方弃置（运距5km）　　　　　　　　　　　　　　　　综合单价：13.14 元

序号	定额编号	工程内容	定额单位	工程量	分项单价：（元）					分项合价
					人工费	材料费	机械费	管理费	利润	
1	1—238	反铲挖掘机挖土装车（斗容量1.0m³）	1000m³	0.537	134.82	0	3492.71	13.48	26.96	1969.70
2	1—292	自卸汽车运土（载重8t,运距5km以内）	1000m³	0.537	0	5.4	9469.09	0.00	0.00	5087.80
		合　　价			72.40	2.90	6960.49	7.24	14.48	7057.50
		单　　价			0.13	0.01	12.96	0.01	0.03	13.14

分部分项工程量清单计价表　　　　　　　　　　　　　　表 3-10

工程名称：YFX 道路土方工程（0+000-0+600）土方工程量　　　第 1 页 共 1 页

序号	项目编码	项目名称	计量单位	工程数量	金额 综合单价	金额 合价
1	040101001001	挖一般土方（四类土）	m³	2225	8.43	18756.75
2	040103001001	填方（密实度95%）	m³	1688	3.17	5350.96
3	040103002001	余方弃置（运距5km）	m³	537	13.14	7056.18

3.2 分部分项工程量清单综合单价计算填表说明

根据《计价规范》的统一要求，各分部分项工程的综合单价应分别通过"分部分项工程量清单计价表"和"分部分项工程量清单综合单价分析表"的分析计算求得。为便于初学者清楚分析计算过程，本书在《计价规范》统一表格的基础上，结合采用《全国统一市政工程预算定额》分析计算综合单价的方法，设计增加"分部分项工程量清单综合单价计算表"作为综合单价分析计算的过渡性表格。这三个表格填写的顺序是：

"分部分项工程量清单综合单价计算表"
↓
"分部分项工程量清单综合单价分析表"
↓
"分部分项工程量清单计价表"

下面就这三个表格的内容及填写要求介绍如下。

3.2.1 "分部分项工程量清单综合单价计算表"的填写

（1）表 3-11 表头各项，除"综合单价"外，均按照招标方提供的工程量清单填写。

分部分项工程量清单综合单价计算表　　　　　　　　　　　　表 3-11

工程名称：　　　　　　　　　　　　　　　　　　　　　计量单位：
项目编码：　　　　　　　　　　　　　　　　　　　　　工程数量：
项目名称：　　　　　　　　　　　　　　　　　　　　　综合单价：

序号	定额编号	工程内容	定额单位	工程量	分项单价：(元)					分项合价(元)
					人工费	材料费	机械费	管理费	利润	
1										
2										
3										
...										
		合　价								
		单　价								

(2) 定额编号：按照定额编号规则填写。如某市 YFX 道路土方工程示例中，"人工挖路基土方（四类土）的定额编号是 1—3"。

(3) 工程内容：根据分部分项工程分解细化列出的施工项目填写，每项施工项目应简要写明施工项目名称、施工方法、定额子目特征要素等。

(4) 定额单位：各工程内容对应的定额表头的计量单位。

(5) 工程量：以定额单位计量的工程数量。如路床整形图纸工程是 $1000m^2$，定额单位为 $100m^2$，则工程量填写"10"。

(6) 人工费、材料费、机械费、管理费：如套用《全国统一市政工程预算定额》进行综合单价分析计算，可直接填写各工程内容对应的定额子目表值。

(7) 利润：施工单位可根据本单位的期望利润、投标策略考虑确定。一般情况下，利润＝人工费×利润率（20%～35%）。

(8) 分项合价：分项合价＝工程量×∑（人工费＋材料费＋机械费＋管理费＋利润）

(9) 合价：人工费合价＝∑（工程量×人工费）

材料费合价＝∑（工程量×材料费）

机械费合价＝∑（工程量×机械费）

管理费合价＝∑（工程量×管理费）

利润合价＝∑（工程量×利润）

(10) 单价：人工单价＝人工费合价/工程数量（表头）

材料单价＝材料费合价/工程数量（表头）

机械单价＝机械费合价/工程数量（表头）

管理费单价＝管理费合价/工程数量（表头）

利润单价＝利润合价/工程数量（表头）

(11) 综合单价＝人工费单价＋材料单价＋机械单价＋管理单价＋利润单价

＝∑（合价）/工程数量（表头）＝∑（分项合价）/工程数量（表头）

3.2.2 "分部分项工程量清单综合单价分析表"的填写

(1) 表 3-12 中序号、项目编码、项目名称按招标方提供的工程量清单相应内容填写。

(2) 工程内容：按照"分部分项工程量清单综合单价计算表"的工程内容填写。

(3) 综合单价组成：按照"分部分项工程量清单综合单价计算表"的单价对应抄写。

分部分项工程量清单综合单价分析表　　　　　表 3-12

工程名称：　　　　　　　　　　　　　　　　　　　　　第　页　共　页

序号	项目编码	项目名称	工程内容	综合单价组成					综合单价
				人工费	材料费	机械使用费	管理费	利润	

3.2.3 "分部分项工程量清单计价表"的填写

(1) 表 3-13 中序号、项目编码、项目名称、计量单位、工程数量均按招标方提供的工程量清单相应内容填写。

(2) 综合单价对应抄写"分部分项工程量清单综合单价分析表"中的综合单价。

(3) 合价＝工程数量×综合单价。

分部分项工程量清单计价表　　　　　　　　　　　表 3-13

工程名称：　　　　　　　　　　　　　　　　　　第　页　共　页

序号	项目编码	项目名称	计量单位	工程数量	金　　额	
					综合单价	合价

需注意，这里仅仅是介绍综合单价分析计算的方法而已。施工企业在投标报价时，应根据企业自身条件和投标报价的策略，自行选择综合单价的确定方法并自主报价。即使选择采用上述《全国统一市政工程预算定额》的分析计算方法，在报价时也应做实质性的调整修改。因为，不同时期的人工、材料、机械台班的单价是随着市场价格而变化的。

思考题与习题

一、简答题

1. 土石方工程按照施工方法可分为哪几种？
2. 土石方工程中哪些属于永久性工程？哪些属于临时性工程？
3. 道路路堤土石方工程施工的一般程序是怎样进行的？
4. 雨（污）排水管道开挖施工的一般程序是怎样进行的？
5. 在天然湿度的土中开挖沟槽，如不受地下水影响，当按直槽开挖，不设支撑时，开挖深度有何规定？为什么？
6. 桥涵基坑排水常用的方法有哪几种？
7. 《计价规范》对市政土石方工程设置了哪几个清单项目？
8. 清单项目中的挖一般土方、挖沟槽土方、挖基坑土方应如何区分？

二、计算题

某桥梁下部结构桥墩基础，设计为明挖基础，详见图 3-15，土质为三类土。

(1) 请依据设计图 3-15 计算该桥墩基坑的清单工程量。

(2) 根据当地现场条件，施工队拟采用放坡开挖，放坡系数为 1：0.33，基础四周取

0.3m 的工作宽度。请计算该桥墩基坑的施工工程量。

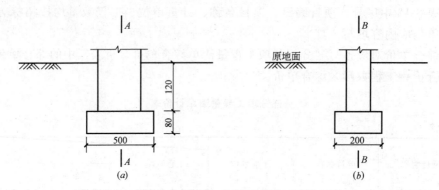

图 3-15　桥墩基础
(a) B—B 截面图；(b) A—A 截面图

单元 4 道路工程计量与计价

课题 1 道路工程专业知识

道路,就广义而言,可分为公路、城市道路、专用道路等,它们之间在结构构造方面并无本质区别,只是在道路的功能、所处地域、管辖权限等方面有所不同,公路是指连通全国各行政区划之间的汽车道路交通网络,一般由国家或各省管辖,城市道路是市区内交通运输的通道、同时也是各种管线的走廊和城区区划的界线,具有城市规划骨架的作用。它除满足各种车辆通行外,还必须为市民的出行提供安全便利。专用道路是为某种特定需要开辟的道路交通,如矿山道路、军用道路等。本章所讲的道路工程,除特别说明外均指城市道路工程,城市道路工程是市政工程的重要组成部分。

1.1 道路工程结构

1.1.1 道路工程的组成

城市道路在空间上是一条带状的实体构筑物。一般有主体工程的车行道(快、慢车道)、非机动车道、分隔带(绿化带),附属工程有人行道、侧平石、排水系统及各种管线组成。特殊路段可能会修筑挡土墙。立交或平面交叉等。道路工程各部分结构在横断面上的布置详见图 4-1。

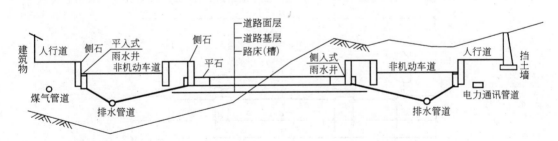

图 4-1 城市道路横断面结构示意图

城市道路工程的主体是机动车道,机动车道按照结构组成可分为两大部分:由土体修筑的部分称为路基,在路基之上采用工程材料由人工或机械铺筑的部分称为路面。学习市政工程计价,需要了解道路工程的分级分类,这有助于理解工程量清单的项目划分及综合定额的运用。

就道路工程而言是依据机动车道的宽度、路面结构的类型及路幅的形式综合划分的,概括地说就是根据道路的等级和类型划分的。

1.1.2 道路工程分类

(1) 路幅形式:根据道路功能、交通组成及交通量的大小,结合当地地形地物条件,道路横断面的车行道、人行道、绿化带、分隔带等各部分有多种组合形式，按组合形式的不同，可将车行道横向布置分为一幅式、二幅式、三幅式及四幅式，详见图 4-2。各种路幅形式及其特性见表 4-1。

道路幅式及其特性　　　　　　　　　　　表 4-1

道路类别	机动与非机动车辆行驶情况	适用范围
一幅式（一块板）	混合行驶	机动车交通量较大，非机动车较少的次干路、支路。用地不足，拆迁困难的城市道路
二幅式（二块板）	分流向，混合行驶	机动车交通量大，非机动车较少，地形地物特殊，或有平行道路可供机动车通行
三幅式（三块板）	分道行驶，非机动车分流向	机动车交通量大，非机动车多，红线宽度≥40m
四幅式（四块板）	分流向，分道行驶	机动车速度高，交通量大，非机动车多的快速路，红线宽度≥50m 的主干路

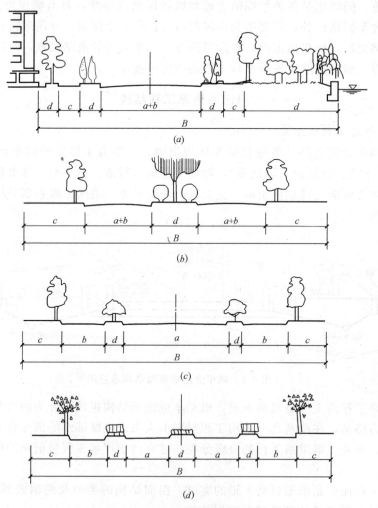

图 4-2　城市道路横断面路幅形式
(a) 一块板；(b) 二块板；(c) 三块板；(d) 四块板
a—机动车；b—非机动车；c—人行道；d—分隔带（绿化带）；B—道路全宽

(2) 道路分类

城市的道路交通系统是在合理的路网规划的基础上，根据道路功能、性质的不同，将道路进行适当分类，以满足城市道路的交通组织管理，提高交通运输效率，改善交通拥挤，保障通行安全，为城市的正常生产和生活提供良好的交通运输服务。为此将城市道路分为四类，详见表4-2。

城市道路分类表 表 4-2

分类	功能	横向布置	进出口与交叉口要求
快速路	为城市较高车速的长距离交通而设置的重要道路，设计车速≥80km/h	双向车道间常设中间隔离带，采用二幅、四幅断面形式	全控制或部分控制，与高速主干路交叉须设立交，与次干路可采用平交，人行横道应设天桥或地道
主干路	为城市道路网的骨架，连接城市各主要分区的交通干路，4车道以上	宜采用三幅路或四幅路，自行车多时应采用机动车与非机动车分流形式	两侧不宜设公共建筑物的进口
次干路	为城市交通干路，兼有服务功能，配合主干路组成道路网。一般为4车道	宜采用三幅路或四幅路，自行车多时宜用机动车与非机动车分流形式	与主干路相交处以平交为主
支路	为次干路与街坊路、区间路的连接线，解决局部地区交通，以服务为主	多采用混行的单幅式	与次干路平交

1.1.3 道路结构

(1) 结构层次

为了更好地发挥材料的使用性能，提高道路的使用品质，降低道路工程造价。道路工程通常都是分层铺筑的层状体系结构，从上向下依次为面层、基层、垫层、土基。面层、基层、垫层合称为路面。如图 4-3 所示。

面层：面层是路面结构层的最上面一个层次，它直接同大气和车轮接触，受行车荷载的作用以及外界因素变化的影响最大。因此，面层材料应具备较高的力学强度和稳定性，且应当耐磨、不透水、具有良好的抗滑性能。

基层：基层是路面结构层中的承重部分，主要承受车轮荷载的竖向力，并把由面层传下来的应力扩散到垫层或土基。因此，基层必须具有足够的强度和稳定性，同时应具有良好的扩散应力的性能。基层有时分两层铺筑，此时，上面一层仍称为基层，下面一层称为底基层。

图 4-3 路面结构示意图

垫层：垫层是介于基层和土基之间的层次，起排水、隔水、防冻或防污等作用，能够调节和改善土基的水温状况，以保证面层和基层具有必要的强度、稳定性和抗冻胀能力，扩散由基层传来的荷载应力，减小土层产生的变形。因此，在一些路基水温状况不良或有冻胀的土基上，都应在基层之下加设垫层。

土基：道路的基础，简称路基，是一种土工结构物，由填方或挖方修筑而成。路基必须满足压实度的要求。

(2) 路面分类

路面的分类方法较多，通常有三种分类方法。

1) 按路面结构组成和力学特性分类，见表4-3。

按路面结构组成和力学特性分类表　　　　　　　　　　　表 4-3

类型	结构组成	力学特性
柔性路面	主要包括用各种基层（水泥混凝土除外）和各种沥青面层类、碎（砾）石面层及块料面层所组成的路面结构	1. 刚度小，抗弯拉强度低。 2. 竖向变形较大，一般由弯沉值作为强度检核指标
刚性路面	水泥混凝土所做的面层或基层的路面结构	1. 刚度大，具有较强的整体板体结构。 2. 一般以抗压、抗折强度作为强度检核指标
半刚性路面	一般，面层为沥青类，基层为石灰或水泥稳定层及各种水硬性结合料的工业废渣基层	前期具有柔性路面的特点，其强度和刚度随时间的推移不断增长，到后期逐渐向刚性路面转化，但最终抗弯拉强度和弹性模量仍较刚性路面低

2) 按路面的使用品质分级，见表4-4。

按路面的使用品质分级表　　　　　　　　　　　表 4-4

路面等级	对应路面名称	适用道路类别	设计使用年限（年）
高级路面	水泥混凝土路面 沥青混凝土路面 厂拌沥青黑色碎石路面 整齐条石路面	快速路 主干路	20～30 15～20 15～20 20～30
次高级路面	沥青贯入式路面 路拌沥青碎（砾）石路面 沥青表面处治 半整齐石块路面	主干路 次干路 支路	10～15
中级路面	泥结或水结碎石路面、级配碎（砾）石路面		5
低级路面	多种粒料改善土路面		2～5

3) 常见路面结构层组合

路面结构层的组合是根据道路等级、路线水文地质条件综合设计确定，这里只列举几种常见类型，如图4-4～图4-6所示。

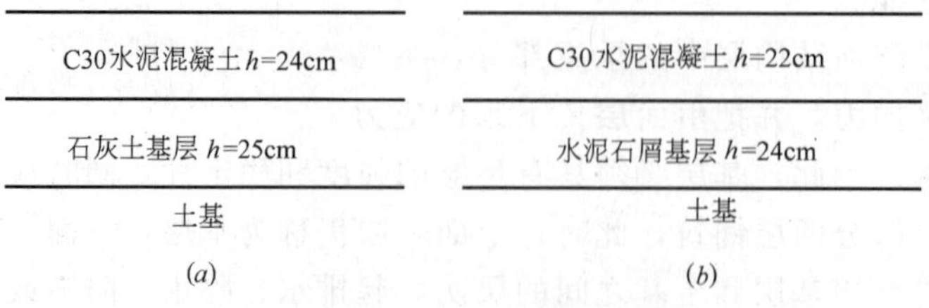

C30水泥混凝土 h=24cm	C30水泥混凝土 h=22cm
石灰土基层 h=25cm	水泥石屑基层 h=24cm
土基	土基
(a)	(b)

图 4-4　水泥混凝土路面结构

说明：柔性路面——通常也称为黑色路面。这里的"路面"一词与专业术语里的"路面"的含意有区别，人们通常所说的路面是指道路表面与车轮接触的可见层，仅仅指路面的面层。专业术语中的"路面"是指面层、基层、垫层的组合结构层。在实际的道路路面结构中，根据行车要求、力学强度组合、结构稳定的需要，面层还可进一步设置磨耗层、面层上层、面层下层；基层也可设计成上基层、下基层、底基层；当基层和面层需加强联

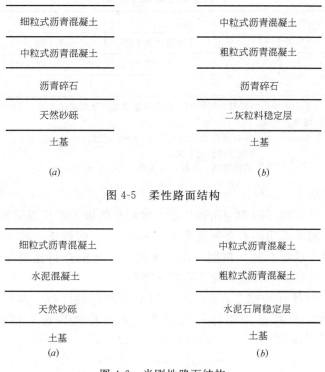

图 4-5 柔性路面结构

图 4-6 半刚性路面结构

结时，还可设置联结层。

1.2 道路工程施工

道路工程施工的内容一般包括土（石）方工程、道路基层、道路面层、道路附属工程四大部分。各部分的施工必须遵守的总体顺序应是先下后上，先主体后附属。为确保工程质量，施工操作过程必须遵守规定的工艺顺序，这个工艺顺序即是各自的施工程序。现行的《全国统一市政工程预算定额》的各定额表头的"工作内容"就是对该项目施工操作过程的简要说明。为了更好地理解定额，合理地套用定额，正确地进行工程项目清单的编制或计价，必须清楚分部分项工程的施工工艺程序。

1.2.1 土（石）方工程施工

道路土（石）方工程包括的施工内容为路基土方填筑、路堑开挖、土方挖运、压路机分层碾压等施工过程，特殊路段可能出现软土地基处理或防护加固工程。这部分内容在本书单元3中已有叙述。本节只就路床整形施工作一介绍。

路床整形施工是路基土方工程完成后，在进行路面基层铺筑前必须进行的工程内容。施工的要求有两点，一是进行铲高垫低，形成符合设计要求的路拱；二是进行有效碾压，达到设计规定的压实度要求。一般的设计标准见表4-5。

1.2.2 道路基层施工

道路基层（垫层），一般有石灰土基层，石灰工业废渣基层、配碎（砾）石基层，天然砂砾基层，水泥稳定基层。它们的共同点在于压实后较密实，孔隙率和透水性较小，强度比较稳定，受温度和水的影响不大，适应于机械化施工，并能就地取材。

土质路基压实度标准 表4-5

填挖类型	深度范围（cm）	压实度(%)		
		快速路及主干路	次干路	支路
填方	0~80	95/98	93/95	90/92
挖方	0~30	93/95	93/95	90/92

注：1. 表中数字，分子为重型击实标准的压实度，分母为轻型击实标准的压实度。
2. 表列深度均由路床顶算起。
3. 填方高度小于80cm及不填不挖路段原地面以下0~30cm范围内，土的压实度应不低于表列挖方的要求。
4. 实测压实度（%）= $\dfrac{\text{现场土样最大干密度}}{\text{试验室获得的该土质最大干密度}}$

（1）石灰土基层

石灰土基层，在道路工程中应用较广泛，常用作高级、次高级路面的基层或作为改善水温状况的垫层，通常采用的石灰剂量为8%~12%；石灰剂量＝石灰重∶干土重。

将土粉碎，掺入适量石灰，按照一定技术要求，使混合料在最佳含水量下拌合、铺筑、压实，经养护成型的结构层，称为石灰土基层。

石灰土基层根据拌合的施工方法不同，可分为路拌和厂拌。路拌一般采用拖拉机带犁耙在路槽中翻拌，厂拌是采用拌合机拌合后再运往现场进行摊铺。施工程序见图4-7：

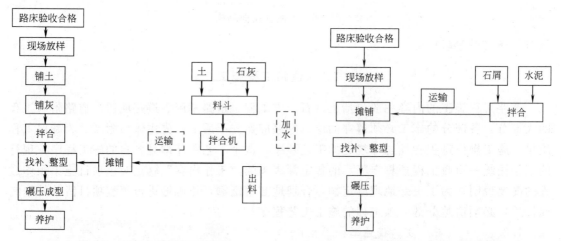

图4-7 石灰土基层施工程序　　图4-8 水泥石屑施工

（2）石灰工业废渣基层

随着工业的发展，对工业废渣的利用日益受到重视。近年来，国内外道路建设中利用工业废渣，已取得显著成绩，化废为宝，保护环境，应是今后筑路建设的方向。

常用的工业废渣有电石渣、冶炼炉渣、煤渣及粉煤灰等。所谓石灰工业渣就是把石灰、某种废渣按一定比例混合使用，一般称为"两渣土"或"两灰土"基层。如：石灰、粉煤灰、土基层；石灰、炉渣基层等。若将石灰、工业废渣、碎（砾）石混合使用，即称为"三渣基层"，如"石灰、粉煤灰、碎石"基层等。

以上各种石灰工业废渣基层，施工过程与石灰土基层大致相同，均是经过拌合——整型——碾压——养护而形成的半刚性路面结构层。

(3) 天然砂砾基层

天然砂砾石基层所用材料为天然砂砾，虽不完全符合级配要求，但可就地取材，施工简易，造价低，稳定性好，故可作高级路面或次高级路面的基层或垫层。施工基本过程：备料——摊铺——整型——碾压。

(4) 级配碎石基层

级配碎石一般是由0.075～50mm粒径的碎石通过密实原则级配而成，施工方法与天然砂砾基本相同。

(5) 水泥石屑基层

适用于潮湿多雨地区，是由粒径为5～15mm的砂砾石，掺拌一定比例的水泥碾压成型。实际上它是一种低强度等级的无砂小石子混凝土。水泥常用剂量为5%～8%，施工方法分为路拌和厂拌。施工程序如图4-8所示。

1.2.3 沥青类面层施工

(1) 沥青表面处治路面

沥青表面处治是用沥青包裹矿料，铺筑厚度不大于3cm的一种薄层处治面层。主要作用是保护下层路面结构，避免直接遭受行车和自然因素的破坏，以延长路面的使用寿命，改善行车条件。可作为城市道路支路面层或在旧有沥青路面上加铺罩面或磨耗层。

沥青表面处治的施工方法有两种，一种是层铺法，又可分为单层式、双层式、三层式。另一种是拌合法，即沥青和矿料按比例拌合后，摊铺、碾压的方法，这里主要介绍层铺法施工工艺，详见图4-9。

(2) 沥青贯入式路面

沥青贯入式路面是在初步压实稳定的碎石层上，用热沥青浇灌后，现分层撒铺嵌缝料，喷洒沥青并压实成型的路面结构，常用厚度为4～8cm。

贯入式路面的强度与稳定性主要由矿料的相互嵌挤和锁结作用而形成，是一种嵌挤型的多孔隙结构。为防止雨水透入，

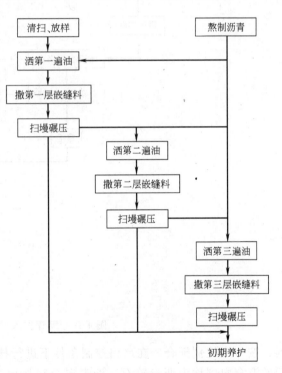

图4-9 三层式沥青表面处治施工程序

一般贯式路面需加做封层处理，但在作基层或连接层使用时，最上一层可不做封层。为了改善路面的使用品质，将路面的上层采用拌合法施工，而下层采用贯入式，称为沥青上拌下贯式路面，该种路面具有成型快，平整度好，质量有保证的特点。贯入式路面的施工程序如图4-10所示。

(3) 沥青混凝土和沥青碎石路面

沥青混凝土是由几种粒径不同的颗粒矿料（碎石、石屑、砂和矿粉）用沥青作结合

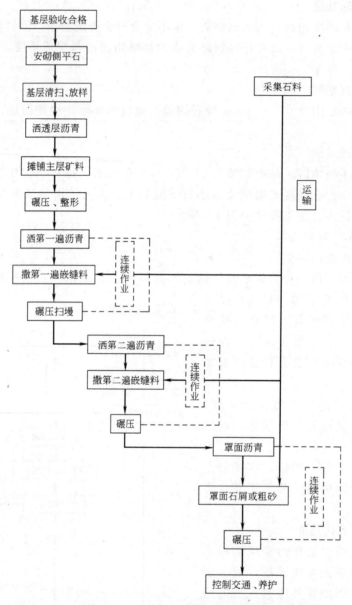

图 4-10 沥青贯入式路面施工程序

料，按一定比例配合，在严格控制条件下进行拌合形成的混合料。在拌制过程中不加入矿粉的混合料则称为沥青碎石。沥青混合料按照矿料粒径的大小不同可分为粗粒式、中粒式、细粒式、沥青砂。施工图纸上区分两种混合料的代号为：沥青混凝土——LH，沥青碎石——LS，沥青混凝土具体分类为：粗粒式 LH30～LH35，中粒式 LH20～LH25，细粒式 LH10～LH15，沥青砂 LH5。

沥青混合料的施工，一般均采用热拌热铺法，按照铺筑时的施工方法的不同，分为人工铺筑和机械铺筑，具体施工程序如图 4-11 所示。

(4) 透层、粘层及封层

透层、粘层及封层都是沥青类路面施工中采用的一些必要技术措施。它们所处的层位

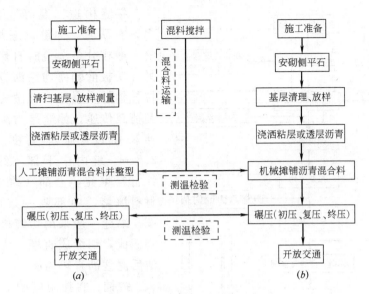

图 4-11 沥青混凝土路面施工程序
（a）人工施工；（b）机械施工

不同，其作用与名称也不同，如图 4-12 所示。

1）透层

施工：在无沥青材料的基层或旧路上，浇洒低黏度的液体沥青薄层，并使其下渗。

作用：增强层间结合力，防止下层吸油、渗水。

2）粘层

施工：在沥青结构层或水泥混凝土结构上，浇洒快凝液体沥青薄层。

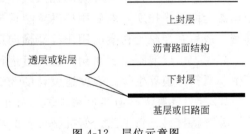

图 4-12 层位示意图

作用：使上下两层能够完全地粘结成整体。

3）封层

施工：封层是修筑在面层或基层之上的沥青混凝土薄层。

根据功用不同，有上封层和下封层之分。

作用：封闭表面空隙，防止水分渗入，延缓路面老化、改善路面外观。

1.2.4 水泥混凝土路面施工

水泥混凝土路面是将一定配合比的水泥和砂石材料（也可掺外加剂）经过搅拌、摊铺而成的刚性路面。常用于城市道路、机场道路、高速公路。

（1）水泥混凝土路面通常为人工配合机械施工（常规施工）。由于水泥混凝土路面需要设置各种缝及传力杆，故施工工序较多，并需较长时间的湿润养护。水泥混凝土路面常规的施工程序如图 4-13 所示。

（2）水泥混凝土路面的施工程序

模板安装：模板可用木模或钢模，目前常用成套钢模，模板安装应依放样位置及标高为依据，要求牢固可靠，可承受较大竖向、水平向荷载而不变形，接缝严密、不漏浆。

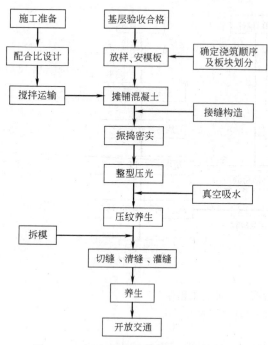

图 4-13 水泥混凝土路面常规施工程序

接缝构造：混凝土路面的接缝较多，有纵缝、伸缝（胀缝）、缩缝。纵缝一般在分条浇筑时自然形成，在浇筑另一块板前侧面均涂沥青即可，缝间设拉杆钢筋。纵缝也可做成企口形式，有利荷载传递。伸缝是为满足混凝土热胀伸长而设，胀缝宽度一般为 1.5～2.5cm。缝内中下部（约 2/3H）为弹性材料填充，上部（约 1/3H）用沥青材料填堵，中部隔一定间距安装传力杆。缩缝一般采用切缝机在拆模之后切割而成，切缝应直顺，无错口，缝内清洁后灌注沥青玛琋脂。

摊铺：将拌制好的混凝土沿纵向按模板宽度顺序摊铺，摊铺厚度应考虑振捣沉落量，一般预留高度比设计厚度高 2cm 左右。摊铺过程中应按规定要求留置试块，以便进行抗压、抗折强度检验。

振捣：混凝土摊铺后应先用插入式振捣器先边角，后中间进行初步振实，然后用平板振捣器全面振平振实，然后用振动梁整形形成设计的坡面，再用圆棒钢滚纵向滚压使表面细密，最后在混凝土初凝前用压纹器横向压出横纹。

养生：一般混凝土表面初凝后即可进行养生，养护方法有洒水养生，铺砂养生，草袋养生、塑料薄膜养生等。强度达设计的 80% 以上时可停止养护。

1.2.5 混凝土路面其他施工工艺简介

随着新材料、新工艺、新机械设备的不断出现，新的施工方法应运而生。

(1) 模式摊铺机铺筑施工工艺：用滑模式摊铺机铺筑路面，可省去安装模板，但必须使用干硬性混凝土，该种机械集摊铺、振捣、成型、打入传力杆、压光、纵向拉毛为一体的流水作业，再配备软土切缝机切缝，可使施工期缩短，并具有防止早期裂缝发生的优点。

(2) 碾压混凝土施工工艺

碾压混凝土路面（RCCP）是一种水灰比小，通过振动碾压工艺成型，高密度、高强度和零坍落度的水泥混凝土路面。这种路面节约水泥、施工进度快，造价低。但平整度、抗滑性、耐磨性三方面不足，因而常用于高等级道路的下面层和一般道路的面层。

(3) 二次振捣施工工艺

此法是在第一次振捣后，在混凝土初凝后至终凝前的一段时间内，再用功率大于 2.2kW 的平板振捣器进行第二次振捣，并使表面 1～2mm 的混凝土振动出浆达到液化为宜，这样可使表面细小裂缝和空隙填充密实，再度形成均匀致密的结构。这样提高混凝土强度达 10%～20%。

1.3 道路附属工程施工

城市道路附属工程（构筑物），一般包括侧石、平石、人行道、雨水井、涵洞、护坡、护底、排水沟及挡土墙等。附属构筑物虽不是道路工程的主体结构，然而，它不仅关系到道路工程的整体质量，而且起完善道路使用功能、保证道路主体结构稳定的作用。但在实际施工中重主体、轻附属的倾向一直存在，造成道路附属结构物的施工质量不理想，在竣工后使用不久便暴露出许多质量问题。本章着重就道路侧石、平石、人行道、挡土墙几种常见的附属构筑物的施工作一介绍。

1.3.1 侧平石施工

侧石是设在道路两侧，用于区分车道、人行道、绿化带、分隔带的界石，一般高出路面12～15cm，也称为道牙。作用是保障行人、车辆的交通安全。平石设在侧石与路面之间，平石顶面与路面平齐，有标定路面范围、整齐路容的作用，特别是沥青类路面有方便路面碾压施工及保护路面边缘的作用。侧石一般为水泥混凝土预制安砌，在绿化带或分隔带的圆端处也可现浇混凝土。平石也有现浇与预制两种。当道路纵坡小于0.3%时，利用平石纵向做成锯齿形边沟，以利路面排水。

（1）施工程序及工艺

侧平石的施工一般以预制安砌为主，施工程序为：测量放样——基础铺设——排列安砌——填缝养生。

测量放样，通常在作完基层后进行，按设计边线或其他施工基准线，准确地放线钉桩，测定侧石的位置和施工标高，以控制方向和高程。

放样后，开槽做基础，并钉桩挂线，直线部分桩距10～15m，弯道部分5～10m，路口处桩距1～5m；

把平、侧石沿灰线排列好，基础做好后，铺2cm的1:3水泥砂浆（或混合砂浆）作垫层（卧底），内侧上角挂线，让线5cm，缝宽1cm；侧石高低不一致的调整：低的用撬棍将其撬高，并在下面垫以混凝土或砂浆；高的可在顶面垫以木条（或橡皮锤）夯击使之下沉，至合乎容许误差为度。勾缝宜在路面铺筑完成后进行，用强度10MPa的水泥砂浆勾嵌。

用石灰土夯填，夯宽度不小于50cm，高度不小于15cm。槽底、背后填土密实度轻型击实标准大于或等于90%；也可以在侧石后现浇C10混凝土侧石后座，以确保侧石的稳固。

湿润养生3天，防止碰撞或采取其他保护。

（2）质量要求

侧石必须稳固，并应线条直顺，曲线圆滑美观、无折角、顶面应平整无错牙，侧石勾缝严密，平石不得阻水；侧石背后回填必须夯打密实。

1.3.2 人行道施工

人行道是城市道路的重要组成部分，特别是大城市，具有美化市容，代表城市建筑风貌的形象工程作用。所以对人行道的施工应加强管理，精工细做，确保质量。

人行道按使用材料不同可分为沥青面层人行道、水泥混凝土人行道和预制块人行道等。前两种人行道的施工程序和工艺基本与相应路面施工相同。预制块人行道通常是用水泥混凝土预制块铺砌而成。基层有石灰稳定土、水泥石屑或良好土基铺砂垫层等，对人行道的使用质量而言,要求基层具有足够的强度,稳定性和平整度,方可保证人行道面层的铺砌质量。

随着社会对残疾人士的关心,城市无障碍设施的完善,人行道中央应用带有纵向凸凹条的预制块铺设盲人通道。此外,为了美化市容,预制块可加工成多种色彩铺砌成美观大方的各种图案,常见的规格及适用范围见表4-6~表4-8。

预制水泥混凝土大方砖常用规格与适用范围　　　　表4-6

品　种	规　格 长(cm)×宽(cm)×厚(cm)	混凝土强度(MPa)	用　途
大方砖	40×40×10	25	广场与路面
大方砖	40×40×7.5	20~25	庭院、广场、路面
大方砖	49.5×49.5×10	20~25	庭院、广场、路面

预制混凝土小方砖常用规格与适用范围　　　　表4-7

品　种	规　格 长(cm)×宽(cm)×厚(cm)	混凝土强度(MPa)	用　途
9格小方砖	25×25×5	25	人行道(步道)
16格小方砖	25×25×5	25	人行道(步道)
格方砖	20×20×5	20~25	人行步道、庭院步道
格方砖	23×23×4	20~25	人行步道、庭院步道
水泥花砖	20×20×1.8 单色、多色图案	20~25	人行步道、庭院步道行通道

缸砖、陶瓷砖常用规格适用范围　　　　表4-8

品　种	规　格 长(cm)×宽(cm)×厚(cm)	混凝土强度(MPa)	适用范围
方缸砖	25×25×5		人行步道、庭院步道
	15×15×1.3	>15	人行步道、庭院步道
	10×10×1.0		人行步道、庭院步道
陶瓷砖	15×15×1.3	>15	庭院步道、通道面砖
	10×10×1.0		

(1) 施工程序和工艺

预制块人行道施工一般在车行道完毕后进行,通常采用人工挂线铺砌。施工程序为:基层摊铺碾压—测量挂线—预制块铺砌—扫填砌缝—养护。

人行道基层的摊铺碾压请参阅"道路基层施工"。

在碾压平整的基层上,按控制点定出方格坐标,并挂线,按分段冲筋(铺装样板条),随时检查位置和高程;方砖铺装要轻放,找平层可用天然砂石屑(缸砖宜用干硬性砂浆),用橡皮锤或木锤(钉橡皮)敲实,不得损坏砖边角。缸砖在铺筑前应浸水2~3h,然后阴干,方可使用。

铺好方砖后应沿线检查平整度,发现有位移、不稳、翘角、与相邻板不平等现象,应立即修正,最后用砂或石屑扫缝或作干砂掺水泥(1:10体积比)拌合均匀填缝并在砖面洒水。缸砖用素水泥灌缝,灌缝后应清洗干净,保持砖面清洁。

洒水养生3d,保持缝隙湿润。养生期间严禁上人上车。

(2) 质量要求

铺砌前应检查预制块的质量是否合格,严禁使用不合格块材铺砌,预制块必须表面平整、色彩均匀、线路清晰和棱角整齐,不得有蜂窝、脱皮、裂缝等现象。

1.3.3 挡土墙施工

挡土墙是设置于天然地面或人工坡面上,用以抵抗侧向土压力,防止墙后土体坍塌的支挡结构物。在道路工程中,它可以稳定路堤和路堑边坡,减少土方和占地面积,防止水流冲刷及避免山体滑坡,路基坍方等病害发生。

(1) 挡土墙分类

挡土墙按其在道路横断面上的位置可分为:路堤墙、路堑墙、路肩墙、山坡墙等,如图 4-14 所示。

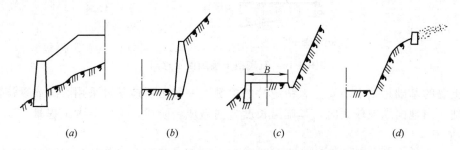

图 4-14 挡土墙按其在道路横断面上的位置分类
(a) 路堤墙;(b) 路堑墙;(c) 路肩墙;(d) 山坡墙

按其结构形式可分为:重力式、衡重式、半重力式、悬臂式、锚杆式、垛式、扶壁式等,如图 4-15 所示。

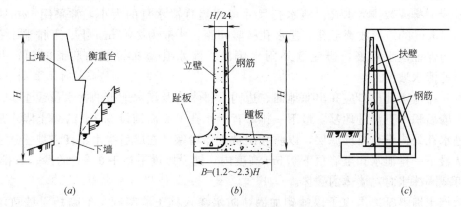

图 4-15 挡土墙按其结构形式分类
(a) 衡重式;(b) 悬臂式;(c) 扶壁式

按砌筑墙身材料可分为:石砌、砖砌、混凝土、钢筋混凝土、加筋挡土墙等。道路中常用的挡土墙有石砌重力式、衡重式及混凝土、钢筋混凝土悬臂式。

(2) 挡土墙构造

常用的石砌挡土墙一般由基础、墙身、排水设施、沉降缝等组成,如图 4-16 所示。

1) 基础

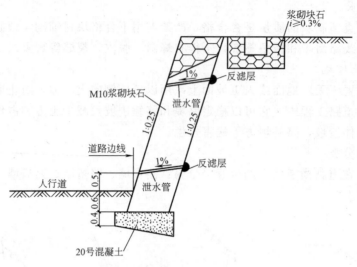

图 4-16 石砌挡土墙断面示意图

挡土墙的基础是挡土墙安全、稳定性的关键，一般土质地基可采用石砌或现浇混凝土扩大基础。当地面纵坡较大时，基础沿长度方向做成台阶式，可以节省工程量。

2) 墙身

挡土墙的墙身是挡土的主体结构。当材料为石砌或混凝土时，墙身断面形式按照墙背的倾斜方向分为：仰斜、垂直、俯斜、折线、衡重等几种形式。

3) 排水系统

挡土墙墙后排水是十分重要的工作，若排水不畅，会导致地基承载力下降和墙背部压力增加，严重时造成墙体损坏或发生倾覆。为了迅速排除墙背土体的积水，在墙身的适当高度处设置一排或数排泄水孔。泄水孔尺寸可视墙背泄水量的大小，常采用5cm×10cm或10cm×10cm的矩形或圆形孔。泄水孔横竖间距，一般为2~3m，上、下排泄水孔应交错布置。为保证泄水顺畅，避免墙外雨水倒灌，泄水孔应布置成向墙面倾斜，并设成2%~4%的泄水坡度。

最下一排泄水孔出口应高出原地面、边沟、排水沟及积水地带的常水位线至少0.3m。为了防止墙后积水下渗进地基，最下一排墙背泄水孔下面需铺设0.3m的黏土隔水层。泄水孔的进水孔处应设粒料反滤层，以防孔洞被土体堵塞。在墙后排水不良或填土透水性差时，应从最下一排泄水孔至墙顶下0.5m高度内，铺设厚度不小于0.3m的砂、石排水层，同时也可减小冻胀时对墙体的破坏。

路堑挡土墙墙趾边沟应予以铺砌加固，防水渗入挡土墙基础。干砌挡土墙可不设泄水孔。

4) 沉降缝与伸缩缝

为了防止墙身因地基不均匀沉降而引起的断裂，需设沉降缝。为了防止砌体硬化收缩和温度与湿度变化所引起的开裂，需设伸缩缝。

沉降缝和伸缩缝在挡土墙中同设于一处，称之为沉降伸缩缝。对于非岩石地基，挡土墙每隔10~15m设置一道沉降伸缩缝。对于岩石地基应根据地基岩层变化情况，可适当增大沉降缝间隔。设置缝宽为2~3cm，自基底到墙顶垂直拉通。浆砌挡土墙缝内可用胶泥填塞，但在渗水量大、填料易流失或冻害严重地区，宜用沥青麻筋或沥青木板材料，沿墙内、外、顶三边填塞，深度不小于15cm。墙背为填石料时，留空不填防水材料板。干砌挡土墙、沉降缝的两侧应用平整石料砌成垂直通缝。挡土墙各部分名称及纵向布置图如图4-17所示。

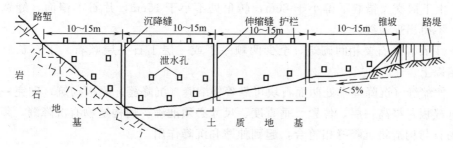

图4-17 挡土墙示意图

（3）施工程序

城市道路中的挡土墙常用的是钢筋混凝土悬臂式、扶壁式和混凝土重力式以及石砌重力式挡土墙，前三种的施工程序和工艺可参照桥梁工程中钢筋混凝土墩台的施工。石砌重力式挡土墙的施工程序可概括为：测量放线—基槽开挖—石料砌筑—勾缝。需注意以下几点：

1）测量人员应严格按道路施工中线，高程控制点放出基槽开挖界线及深度，随着施工进度测量控制挡土墙的平面位置和纵断面高程。

2）基槽开挖不得扰动基底原状土，做好排降水设施，保持基底干燥施工。对不符合设计要求的软弱基底应提出处理措施。

（4）施工工艺

1）砌石作业前的施工准备工作

a. 施工前应将地基清理干净，复核地基位置、尺寸、高程，遇有松软土层或其他不符合砌筑条件等情况必须坚决处理，使之满足设计要求，地基遇水应排除并必须夯填10cm厚的碎（卵）石或砂石垫层，使地基坚实，方可砌筑；

b. 连续砌筑时应清扫尘土及杂物落叶，石料使用前应清洗干净，不要在刚砌好的砌体上清洗；

c. 砌筑的样板，尺杆、尺寸线等均应测量核实正确，砌筑应挂线，并经常吊线校正尺杆免出误差；

d. 水泥砂浆拌合应符合设计及施工要求；

e. 砌筑用的工具、劳保用品、脚手架等均应牢固、可靠。

2）砌石方法

a. 第一层石料砌筑选择大块石料铺砌，大面向下，大石料铺满一层，用砂浆灌入空隙处，然后用小石块挤入砂浆，使砂浆充满空隙，分层向上砌平。遇在岩石或混凝土上砌筑时必须先铺底层砂浆后，再安砌石料，使砂浆和砌石连成一体，以使受力均匀，增强稳定。

b. 砌筑从最外边及角石开始，砌好外圈接砌内圈，直至铺满一层。再铺砂浆并用小石块填砌平实。砌筑时应注意：

（a）外边、角石砌筑应选择有平面、有棱角、大致方正的石块，使其尺寸、坡度、角度符合挂线，同层高度大致相等。

（b）砌筑中石块应大小搭配、相互错叠、咬接紧密，所有石块之间均应有砂浆填实，隔开，不能石与石直接接触，工作缝须留斜茬（台阶茬）。

（c）上下层交叉错缝不得小于8cm，转角处不小于15cm，片石不镶面，缝宽不宜大于4cm，不得出现通缝。

（d）丁石和顺石要相间砌筑，至少两顺一丁或一层丁石一层顺石。丁石长应为顺石的1.5倍以上。

（e）伸缩缝（沉降缝）处两面石块可靠着伸缩缝（沉降缝）隔板砌筑，砌完一层即把木隔板（缝板）提高一层，位置、垂直度、尺寸必须准确。遇构造物有沉降缝，须认真核实，使砌石与构造物沉降缝相符合，起到伸缩和沉降作用。

3）勾缝

a. 设计无勾缝时可随砌随用灰刀将灰缝刮平；

b. 勾缝前应清除墙面污染物，保证湿润，齿剔缝隙；

c. 片石砌体宜采用凸缝或平缝，料石应采用凸缝，保证砌体的自然缝，拐弯圆滑，宽度一致，赶光压实，结合牢固，无毛刺、无空鼓；

d. 砂浆强度不低于10MPa（体积比1∶2.5）。

4）质量要求

重力式挡土墙的质量要求是：砌体砂浆必须嵌填饱满、密实；灰缝应整齐均匀；缝宽符合要求，勾缝不得有空鼓、脱落；砌体分层填筑必须错缝，其相交处的咬扣必须紧密；沉降缝必须直顺贯通。预埋件、泄水孔、反滤层防水设施等必须符合设计规范的要求。砌石不得有松动、叠砌和浮塞现象。

课题2 道路工程工程量清单编制

道路工程量清单编制包括：分部分项工程量清单、措施项目清单、其他项目清单。本课题结合道路工程，重点介绍分部分项工程量清单的编制。

2.1 道路工程量清单项目设置

道路工程分部分项工程量清单的编制，应根据《计价规范》附录"D.2 道路工程"设置的统一项目编码，项目名称，计量单位和工程量计算规则编制。《计价规范》将道路工程共划分设置了5个小节60个清单项目，节的设置基本是按照道路工程施工的先后顺序编排的。这里只分别介绍前四小节。

2.1.1 路基处理

共设置14个清单项目。工程量清单项目设置及工程量计算规则，应按《计价规范》表D.2.1的规定执行，见表4-9。

2.1.2 道路基层

共设置15个清单项目。工程量清单项目设置及工程量计算规则，应按《计价规范》表D.2.2的规定执行，见表4-10。

路基处理（编码：040201） 表 4-9

项目编码	项目名称	项目特征	计量单位	工程量计算规则	工程内容
040201001	强夯土方	密实度	m²	按设计图示尺寸以面积计算	土方强夯
040201002	掺石灰	含灰量	m³	按设计图示尺寸以体积计算	掺石灰
040201003	掺干土	1. 密实度 2. 掺土率			掺干土
040201004	掺石	1. 材料 2. 规格 3. 掺石率			掺石
040201005	抛石挤淤	规格			抛石挤淤
040201006	袋装砂井	1. 直径 2. 填充料品种	m	按设计图示以长度计算	成孔、装砂袋
040201007	塑料排水板	1. 材料 2. 规格			成孔、打塑料排水板
040201008	石灰砂桩	1. 材料配合比 2. 桩径			成孔、石灰、砂填充
040201009	碎石桩	1. 材料规格 2. 桩径			1. 振冲器安装、拆除 2. 碎石填充、振实
0402010010	喷粉桩				成孔、喷粉固化
0402010011	深层搅拌桩	1. 桩径 2. 水泥含量			1. 成孔 2. 水泥浆制作 3. 压浆、搅拌
0402010012	土工布	1. 材料品种 2. 规格	m²	按设计图示以面积计算	土工布铺设
0402010013	排水沟、截水沟	1. 材料品种 2. 断面 3. 混凝土强度等级 4. 砂浆强度等级	m	按设计图示以长度计算	1. 垫层铺筑 2. 混凝土浇筑 3. 砌筑 4. 勾缝 5. 抹面 6. 盖板
0402010014	盲沟	1. 材料品种 2. 断面 3. 材料规格			盲沟铺筑

2.1.3 道路面层

共设置 7 个清单项目。工程量清单项目设置及工程量计算规则，应按《计价规范》表 D.2.3 的规定执行，见表 4-11。

2.1.4 人行道及其他

共设置 6 个清单项目。工程量清单项目设置及工程量计算规则，应按《计价规范》表 D.2.4 的规定执行，见表 4-12。

道路工程分部分项工程量清单编制的最终成果是填写"分部分项工程量清单"表。正确填表的要点是解决两个方面的问题，一是合理列出拟建道路工程各分部分项工程的清单项目名称，并正确编码，可简称为"列项编码"；二是就列出的各分部分项工程清单项目，

道路基层（编码：040202） 表4-10

项目编码	项目名称	项目特征	计量单位	工程量计算规则	工程内容
040202001	垫层	1. 厚度 2. 材料品种 3. 材料规格	m²	按设计图示尺寸以面积计算，不扣除各种井所占面积	1. 拌合 2. 铺筑 3. 找平 4. 碾压 5. 养护
040202002	石灰稳定土	1. 厚度 2. 含灰量			
040202003	水泥稳定土	1. 水泥含量 2. 厚度			
040202004	石灰、粉煤灰、土	1. 厚度 2. 配合比			
040202005	石灰、碎石、土	1. 厚度 2. 配合比 3. 碎石规格			
040202006	石灰、粉煤灰、碎（砾）石	1. 材料品种 2. 厚度 3. 碎（砾）石规格 4. 配合比			
040202007	粉煤灰	厚度			
040202008	砂砾石				
040202009	卵石				
0402020010	碎石				
0402020011	块石				
0402020012	炉渣				
0402020013	粉煤灰三渣	1. 厚度 2. 配合比 3. 石料规格			
0402020014	水泥稳定碎（砾）石	1. 厚度 2. 水泥含量 3. 石料规格			
0402020015	沥青稳定碎石	1. 厚度 2. 沥青品种 3. 石料粒径			

逐项按照清单工程量计量单位和计算规则，进行工程数量的分析计算，可简称为"清单工程量计量"。

2.2 道路工程分部分项工程量清单列项编码

道路工程的列项编码，应依据《计价规范》，招标文件的有关要求，施工图设计文件和施工现场条件等综合考虑确定。

2.2.1 审读图纸

道路工程施工图一般由平面图、纵断面图、施工横断面图、标准横断面、结构详图、交叉口设计图、附属工程结构设计图组成，工程量清单编制者必须认真阅读全套施工图，

道路面层（编码：040203） 表4-11

项目编码	项目名称	项目特征	计量单位	工程量计算规则	工程内容
040203001	沥青表面处治	1. 沥青品种 2. 层数	m²	按设计图示尺寸以面积计算，不扣除各种井所占面积	1. 洒油 2. 碾压
040203002	沥青贯入式	1. 沥青品种 2. 厚度			
040203003	黑色碎石	1. 沥青品种 2. 厚度 3. 石料最大粒径			1. 洒铺底油 2. 铺筑 3. 碾压
040203004	沥青混凝土	1. 沥青品种 2. 石料最大粒径 3. 厚度			
040203005	水泥混凝土	1. 混凝土强度等级、石料最大粒径 2. 厚度 3. 掺合料 4. 配合比			1. 传力杆及套筒制作、安装 2. 混凝土浇筑 3. 拉毛或压痕 4. 伸缝 5. 缩缝 6. 锯缝 7. 嵌缝 8. 路面养生
040203006	块料面层	1. 材质 2. 规格 3. 垫层厚度 4. 强度			1. 铺筑垫层 2. 铺砌块料 3. 嵌缝、勾缝
040203007	橡胶、塑料弹性面层	1. 材料名称 2. 厚度			1. 配料 2. 铺贴

了解工程的总体情况，明确各结构部分的详细构造，为分部分项工程量清单编制掌握基础资料。

(1) 道路工程平面图

反映道路的走向、里程、各结构宽度、沿线的地形地物等情况。为编制工程量清单时确定工程的施工范围提供依据。

(2) 道路工程纵断面、施工横断面图

反映道路沿线的土石方工程的填挖量的大小、分布状况及填挖界线，地下管线，小桥涵洞等位置、类型。主要为道路土石方工程、路基处理的分部分项工程量清单编制提供根据。

(3) 结构详图、交叉口设计图

反映道路结构层、人行道、侧平石的类型、尺寸、面层有无配筋及各种缝的构造形式。主要为道路基层，道路面层，人行道及其他的分部分项工程量清单编制提供依据。

(4) 附属工程结构设计图

主要指道路沿线设计的挡土墙、涵洞或其他配套工程项目，如有上述附属工程结构，编制工程量清单时，需对照《计价规范》的"附录D.3桥涵护岸工程"或其他相应的附录，增列分部分项工程量清单项目。

人行道及其他（编码：040204）　　　表 4-12

项目编码	项目名称	项目特征	计量单位	工程量计算规则	工程内容
040204001	人行道块料铺设	1. 材质 2. 尺寸 3. 垫层材料品种、厚度、强度 4. 图形	m²	按设计图示尺寸以面积计算，不扣除各种井所占面积	1. 整形碾压 2. 垫层、基础铺筑 3. 块料铺设
040204002	现浇混凝土人行道及进口坡	1. 混凝土强度等级、石料最大粒径 2. 厚度 3. 垫层、基础：材料品种、厚度、强度	m²	按设计图示尺寸以面积计算，不扣除各种井所占面积	1. 整形碾压 2. 垫层、基础铺筑 3. 混凝土浇筑 4. 养生
040204003	安砌侧（平、缘）石	1. 材料 2. 尺寸 3. 形状 4. 垫层、基础：材料品种、厚度、强度	m	按设计图示中心线长度计算	1. 垫层、基础铺筑 2. 侧（平、缘）石安砌
040204004	现浇侧（平、缘）石	1. 材料品种 2. 尺寸 3. 形状 4. 混凝土强度等级、石料最大粒径 5. 垫层、基础：材料品种、厚度、强度	m	按设计图示中心线长度计算	1. 垫层铺筑 2. 混凝土浇筑 3. 养生
040204005	检查井升降	1. 材料品种 2. 规格 3. 平均升降高度	座	按设计图示路面标高与原有的检查井发生正负高差的检查井的数量计算	升降检查井
040204006	树池砌筑	1. 材料品种、规格 2. 树池尺寸 3. 树池盖材料品种	个	按设计图示数量计算	1. 树池砌筑 2. 树池盖制作、安装

　　从以上道路工程图纸内容的分析可以看出，一个完整的道路工程分部分项工程量清单，应至少包括《计价规范》"附录 D.1 土方工程，D.2 道路工程"中的有关清单项目，还可能出现《计价规范》"附录 D.3 桥涵护岸工程，D.7 钢筋工，D.8 拆除工程"中的有关清单项目。

2.2.2　列项编码

　　列项编码就是在熟读施工图的基础上，对照《计价规范》"附录 D.2 道路工程"中各分部分项清单项目的名称、特征、工程内容，将拟建的道路工程结构进行合理的归类组合，编排列出一个个相对独立的与"附录 D.2 道路工程"各清单项目相对应的分部分项清单项目，经检查符合不重不漏的前提下，确定各分部分项的项目名称，同时予以正确的项目编码。当拟建工程出现新结构、新工艺，不能与《计价规范》附录的清单项目对应时，按《计价规范》3.2.4 条第 2 点执行。下面就列项编码的几个要点进行介绍。

(1) 项目特征

项目特征是对形成工程项目实体价格因素的重要描述,也是区别在同一清单项目名称内,包含有多个不同的具体项目名称的依据。项目特征给予清单编制人在确定具体项目名称、项目编码时明确的提示或指引。项目特征由具体的特征要素构成,详见《计价规范》各附录清单项目的"项目特征"栏。

编制工程量清单时,应在具体的项目名称中,简要注明该项目的主要特征要素,以提示或指引计价人在计价时应考虑的价格因素。有关联的次要特征要素可由计价人通过查阅工程图纸获得。

例如,道路工程中的"安砌侧(平、缘)石",项目特征为:1)材料;2)尺寸;3)形状;4)垫层、基础,包括材料品种、厚度、强度。以"YYH道路工程图 4-23"中安砌侧石为例,该项目的具体项目名称和项目特征可表述为:100×30×12 混凝土侧石安砌(C30 混凝土后座)。

(2) 项目编码

项目编码应执行《计价规范》3.4.3 条的规定:"分部分项工程量清单的项目编码,一至九位应按附录 A、附录 B、附录 C、附录 D、附录 E 的规定设置;十至十二位根据拟建工程的工程量清单项目名称由其编制人设置,并应自 001 起顺序编制。"也就是说除需要补充的项目外,前九位编码是统一规定,照抄套用,而后三位编码可由编制人根据拟建工程中相同的项目名称、不同的项目特征而进行排序编码。

【例 4-1】 某道路工程路面面层结构:

K0+000—K0+800 设计为 C30 水泥混凝土面层,厚度 24cm,混凝土碎石最大粒径 40mm;

K0+800—K1+950 设计为 C35 水泥混凝土面层,厚度 24cm,混凝土碎石最大粒径 40mm。

则编码应分别为 040203005001 和 040203005002。这就是说相同名称的清单项目,项目的特征也应完全相同,若项目的特征要素的某项有改变,即应视为是另一个具体的清单项目,就需要有一个对应的项目编码,该具体项目名称的编码前 9 位相同,后 3 位不同。其原因是特征要素的改变,就意味着形成该工程项目实体的施工过程和造价的改变。作为指引承包商投标报价的分部分项工程量清单,必须给出明确具体的清单项目名称和编码,以便在清单计价时不发生理解上的歧义,在综合单价分析时科学合理。

(3) 项目名称

具体项目名称,应按照《计价规范》附录 D.2 中的项目名称(可称为基本名称)结合实际工程的项目特征要素综合确定。如上例中的水泥路面,具体的项目名称可表达为"C30 水泥混凝土面层(厚度 24cm,碎石最大 40mm)"。具体名称的确定要符合道路工程设计、施工规范,也要照顾到道路工程专业方面的惯用表述。

例如,道路基层结构,广东省使用较普遍的是在石屑中掺入 6%的水泥,经过拌合,摊铺碾压成型。属于水泥稳定碎(砾)石类基层结构,按照惯用的表述,该清单项目的具体名称可确定为"6%水泥石屑基层(厚度××cm)"项目编码为"040202014001"。

(4) 工程内容

工程内容是针对形成该分部分项清单项目实体的施工过程(或工序)所包含的内容的

描述，是列项编码时，对拟建道路工程编制的分部分项工程量清单项目，与《计价规范》附录 D.2 各清单项目是否对应的对照依据，也是对已列出的清单项目，检查是否重列或漏列的主要依据。例如 道路面层中"水泥混凝土"清单项目的工程内容为：

1）传力杆及套筒的制作、安装；
2）混凝土浇筑；
3）拉毛或压痕；
4）伸缝；
5）缩缝；
6）锯缝；
7）嵌缝；
8）路面养生。

上述 8 项工程内容几乎包括了常规施工水泥混凝土路面的全部施工工艺过程。若拟建工程设计的是水泥混凝土路面结构，就可以对照上述工程内容列项编码。列出的项目名称是"C××水泥混凝土面层（厚××cm，碎石最大××mm）"，项目编码为"040203005×××"，这就是所说的对应吻合。不能再另外列出伸缩缝构造、切缝机切缝、路面养生等清单项目名称，否则就属于重列。

但应注意，"水泥混凝土"项目中，已包括了传力杆及套筒的制作、安装，没有包括纵缝拉杆，角隅加强钢筋，边缘加强钢筋的工程内容。当拟建的道路路面设计有这些钢筋工程时，就应对照"D.7 钢筋工程"另外增列钢筋的分部分项清单项目，否则就属于漏列。

2.3 清单工程量计算

工程量清单编制的第二方面要解决的问题是逐项计算清单项目工程量。对于分部分项工程量清单项目而言，清单工程量的计算需要明确计算依据、计算规则、计量单位和计算方法。

2.3.1 分部分项清单工程量计算依据

（1）《计价规范》附录 D.2 道路工程各清单项目对应的"工程量计算规则"。
（2）拟建的道路工程施工图。
（3）招标文件及现场条件。
（4）其他有关资料。

2.3.2 清单工程量计算规则和计量单位

（1）路基处理

根据道路结构的类型、路线经过路段软土地基的土质、深度等因素，采取的处理方法可有多种选择。针对不同的处理方法，工程量计算规则和计量单位也不同。其规定分述如下：

强夯土方、土工布处理路基，按照设计图示的尺寸以平方米计算。

采用掺石灰、掺干土、掺石抛石挤淤的方法处理路基，按照设计图示尺寸以立方米计算。

采用排水沟、截水沟、暗沟、袋装砂井、塑料排水板、石灰砂桩、碎石桩、喷粉桩、深层搅拌桩排除地表水、地下水或提高软土承载力的方法处理路基，按照设计图示长度以米计算。

（2）道路基层（包括垫层）、道路面层结构

虽然类型较多，但均为层状结构，所以工程量计量单一化。工程量计算规则均按照设计图示尺寸以平方米计算，并且都不扣除各种井所占的面积。

（3）道路工程中的"人行道及其他"，主要指道路工程的附属结构，工程量计算规则规定如下：

人行道结构，不论现浇或铺砌，均按设计图示尺寸以平方米计算，不扣除各种井所占的面积。

侧平石（缘石），不论现浇或安砌，均按设计图示中心线长度以米计算。

检查井升降，按设计图示路面标高与原检查井发生正负高差的检查井的数量以座计算。即在道路新建或改建工程中，凡有需升降调整检查井标高（与路面设计标高比较）的，不论检查井的类型，均以座计算。

树池砌筑，按设计图示数量以个计算。

【例 4-2】 某道路工程路面结构为两层式石油沥青混凝土路面，路面结构设计如图 4-18 所示。路段里程为 K4+100～K4+800，路面宽度 12m，基层宽度 12.5m，石灰土基层的石灰剂量为 10%。面层分两层：上层为 LH-15 细粒式沥青混凝土，下层为 LH-20 中粒式沥青混凝土。请编制该路段路面分部分项工程量清单。

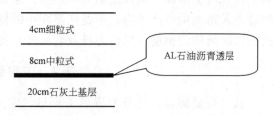

图 4-18 沥青路面结构

【解】 （1）列项编码：

根据该工程提供的路面结构设计图和相应资料，对照《计价规范》"表 D.2.2 道路基层"和"表 D.2.3 道路面层"。

石灰土基层的工程内容为：1）拌合；2）铺筑；3）找平；4）碾压；5）养护。

沥青混凝土路面的工程内容为：1）洒铺底油；2）铺筑；3）碾压。

确定该路段的分部分项工程量清单如下：

项目名称：10%石灰稳定土基层（厚 20cm）， 项目编码：040202002001；

项目名称：LH-20 中粒式沥青混凝土面层（厚 8cm，含 AL 透层）

项目编码：040203004001；

项目名称：LH-15 细粒式沥青混凝土面层（厚 4cm） 项目编码：040203004002。

（2）工程量计算

根据该工程提供的路段里程，路面各层宽度，按照清单工程量计算规则，各分部分项工程量计算如下：

10%石灰稳定土基层：700×12.5=8750m²；

LH-20 中粒式沥青混凝土面层：700×12=8400m²；

LH-15 细粒式沥青混凝土面层：700×12=8400m²。

（3）填写分部分项工程量清单

分部分项工程量清单见表 4-13。

分部分项工程量清单　　　　　　　　　　　　　　　表 4-13

工程名称：××道路工程　　　　　　　　　　　　　　　　　　　　　　第1页 共1页

序号	项目编码	项 目 名 称	计量单位	工程数量
1	040202002001	10%石灰稳定土基层（厚20cm）	m²	8750
2	040203004001	LH-20中粒式沥青混凝土面层（厚8cm，含AL透层）	m²	8400
3	040203004002	LH-15细粒式沥青混凝土面层（厚4cm）	m²	8400

（4）本例要点

1）本例的路面结构层，设计有AL石油沥青透层，是为了使基层和面层有良好的粘结力，该层不是独立结构层，在施工时与LH-20中粒式沥青混凝土结构一起进行，故将其合并，同时在清单中给予注明。

2）粗、中、细粒式沥青混凝土的加工和摊铺虽然施工工艺完全相同，但由于粒径的不同，价格也不同，故应分别列出清单项目。这就是编制工程量清单时强调的要区分"最大粒径"、"级配"、"强度"等特征因素的原因所在。

路面面层结构，除柔性的沥青路面外，还有刚性的水泥混凝土路面，水泥混凝土路面的工程量清单编制与柔性路面基本相同。但需注意两个方面，一是水泥混凝土路面中的各种缝并入路面项目清单内，不能把路面中的伸缩缝、切缝拆开来编制工程量清单。二是将构成路面结构的钢筋（除传力杆及套筒外）另外编制一个钢筋工程量清单。

2.4　工程量计算方法

就工程量而言，可分为清单工程量、定额工程量、施工工程量。其工程含义完全不同，区别在于计量的依据、规则、目的和计量单位的不同。但是，就计算的方法而言，是可以通用的，均是采用数学公式、方法进行计算。

2.4.1　路床整形

路床是道路路面结构层的基础面。路床整形就是将基础面整平，使其形成设计要求的纵横坡度，并用压路机碾压密实，达到规定的压实度。在整形施工中，包括平均厚度10cm以内的人工铲高垫低的土方工程作业。路床施工合格后，方可进行路面基层或垫层的施工。

（1）计算方法

路床整形碾压按设计道路宽度另增计两侧加宽值，乘以路床长度，以平方米计算，加宽值按设计图纸计算，不扣除各种井位所占面积，如图4-19所示。另外，当路段设有土边沟或路基盲沟时，土边沟成型工程量按设计以立方米计算土方量；路基盲沟按设计长度以米计算。在无交叉口的路段，按以下公式计算：

$$路床整形面积 = 路床宽度 \times 道路中线长度 \tag{4-1}$$

交叉口部分，按平面交叉口的设计图纸计算面积，方法参阅本课题2.4.3道路面层工程量计算。

（2）注意事项

路床宽度：一般为路面基层的设计宽度。

道路中线长度：按照平面图中的桩号计算确定，如图4-20所示。

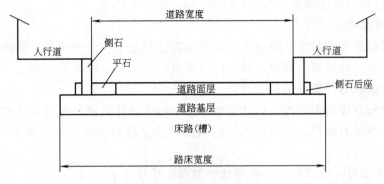

图 4-19 道路横断面示意图

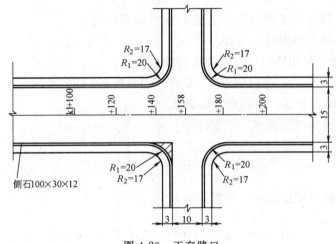

图 4-20 正交路口

2.4.2 道路基层

(1) 计算方法

道路基层有多种结构类型，根据需要有多层或一层，当沿线土质较差或水文条件不良时，还可设置垫层，道路基层按设计道路宽度另增计两侧加宽值，乘以路基长度，以平方米计，加宽值宽度按设计图纸计算，不扣除各种井位所占面积。道路工程石灰土，多合土养生按设计基层或顶层的面积以平方米计。

计算方法与路床工程量计算方法相同。

(2) 计算示例

【例 4-3】 某市 YYH 道路工程 K2+520～K2+860 段，路面面层为水泥混凝土，基层为 8%石灰土碎石，厚度 20cm，如图 4-23 所示，请计算人工铺筑基层的分部分项工程费。

【解】 (1) 计算工程量

从图 4-23 中可知，路面设计宽度为 15m，基层两侧加宽的值为 (0.1+0.13+0.12)×2=0.7m，道路中线长为 2860-2520=340m，则基层工程量=(15+0.7)×340=5338m²

(2) 分部分项工程费

查《全国统一市政工程预算定额》道路工程册，定额编号 2—167

100m² 基价：174.59+665.82+86.58=926.99 元

5338m² 分部分项工程费＝53.38×926.99＝49482.73 元

2.4.3 道路面层

路面面层结构类型较多，但城市道路常用沥青混凝土和水泥混凝土结构。水泥混凝土路面构造较复杂，计量项目较多，规定的计量单位也不同，应引起注意。

(1) 路面面积的计算方法

无交叉口的路段路面面积＝设计宽度×路中心线设计长度，有交叉口的路段路面面积应包括转弯处增加的面积，一般交叉口的两侧计算至转弯圆弧的切点断面，如图 4-20 和图 4-21 所示。

1) 道路正交时，交叉口一个转弯处增加面积计算公式

$$A = R_1^2 - \frac{1}{4}\pi R_1^2 = R_1^2\left(1 - \frac{\pi}{4}\right) \approx 0.2146 R_1^2 \quad (4-2)$$

式中 A——一个转弯处增加面积，见图 4-20 所示阴影部分。

R_1——交叉口处路面转弯半径。

当四个转弯处半径相同时，转弯处增加的总面积：

$$F = 4A \approx 4 \times 0.2146 R_1^2 = 0.8584 R_1^2 \quad (4-3)$$

2) 道路斜交时，交叉口面积的计算公式

半径为 R_3 处转弯增加面积（阴影部分）

$$A_3 = R_3^2 \left(\mathrm{tg}\, \frac{\alpha}{2} - \alpha\pi/360° \right) \quad (4-4)$$

半径为 R_4 处转弯增加面积（阴影部分）

$$A_4 = R_4^2 \left[\mathrm{tg}\, \frac{180° - \alpha}{2} - (180° - \alpha)\pi/360° \right] \quad (4-5)$$

四个转弯增加面积

$$F = 2(A_3 + A_4) \quad (4-6)$$

(2) 注意事项

1) 各类路面面层均以图纸设计面积以平方米计；

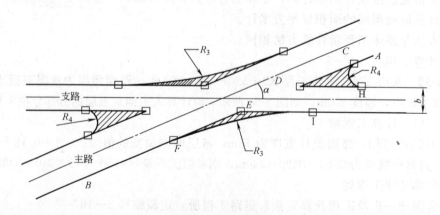

图 4-21 斜交路口

2) 水泥混凝土路面养生按路面面层工程量计算;

3) 路面面层工程量计算时不扣除各类井所占面积或体积。

(3) 计算示例

【例 4-4】 某道路平面设计图 4-20,路段中有平面正交路口一处,各部分详细尺寸见图 4-20,请计算 $K_1+100 \sim K_1+200$ 路段内的路面工程量。

【解】 从图 4-20 中可知,交叉口每个转弯半径相同,均为 $R_1=20m$,施工的主路段宽度为 15m,支路宽度为 10m。主路段中心长度为 100m,交叉口中心桩号为 K_1+158。

主路段面积为：$15 \times 100 = 1500 m^2$

支路部分面积为：$20 \times 10 \times 2 = 400 m^2$（支路计算至切点处）

四个转弯处增加的面积为：$0.8584 R_1^2 = 0.8584 \times 20^2 = 343.36 m^2$

该路段路面总面积为 $= 1500 + 400 + 343.36 = 2243.36 m^2$

2.4.4 钢筋工程

(1) 计算方法

一般情况,水泥混凝土路面均布置构造钢筋,当设计需要时,还布置钢筋网。完整的施工图中,各种钢筋的直径、根数、设计长度均明确表示。计算工程量时,只需按图纸数量将构造钢筋和钢筋网分别计算设计重量即可。

当设计图纸不完善,只注明钢筋的直线长度,未注明钢筋的弯钩长度时,弯钩的增加长度按以下规定计算,如图 4-22 所示。

一个直钩增加长度为： $3.5d$

一个半圆弯钩增加长度为： $6.25d$

一个斜弯钩增加长度为： $4.9d$

d——钢筋直径

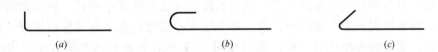

(a) (b) (c)

图 4-22 钢筋弯钩形式
(a) 直钩；(b) 半圆钩；(c) 斜弯钩

钢筋每米长度重量,按表 4-14 计算。

钢筋每米长度重量表 表 4-14

直径(mm)	6	8	10	12	14	16	18
重量(kg/m)	0.222	0.396	0.617	0.888	1.208	1.580	1.998
直径(mm)	20	22	24	25	28	30	32
重量(kg/m)	2.466	2.980	3.551	3.850	4.833	5.549	6.310

(2) 注意事项

1) 钢筋工程量的计算应以设计图纸为准,不考虑施工下料时的增减因素。另,套用《全国统一市政工程预算定额》时需区分构造筋和钢筋网。

2) 水泥混凝土路面,《全国统一市政工程预算定额》已综合考虑了前台的运输工具不同所影响的工效及有筋无筋等不同的工效。施工中无论有筋无筋及出料机具如何均不得换算。

3)《全国统一市政工程预算定额》中，对于混凝土路面的伸缝和缩缝（压缝板形成）均以断面积计算，并且填缝料均按常用的沥青木板和沥青玛琋脂考虑，若设计填缝材料配合比不同时，可以调整。

（3）计算示例

【例 4-5】 某市 YYH 道路工程，路面结构设计图如图 4-23 所示。请计算 K2+520～K2+860 路段内路面伸缝处 ϕ14mm 钢筋的工程量。

【解】 从图中可知，该路段共长 340m，可设 3 条伸缝。纵缝间距 3.75m，即纵向分四块浇筑混凝土，伸缝的构造钢筋骨架必须分四段成型，每段钢筋骨架长度为 3.75－2×0.025＝3.70m，图中未示出钢筋成型形状，现设主筋两端均设半圆弯钩。

那么，一根 ϕ14 主筋设计长度为：3.70＋2×6.25×0.014＝25＝3.875m
　　　一个钢筋骨架主筋长度为：3.875×4＝15.5m
　　　每条伸缝两侧主筋长度为：15.5×8＝124m
　　　3 条伸缝钢筋总长度为：124×3＝372m

则，钢筋 ϕ14mm 总重量为 372×1.208＝449.376kg＝0.449t

2.4.5　人行道、侧缘石及其他工程量计算

（1）计算方法

1) 人行道铺设面积＝设计长度×设计宽度，设计宽度在图纸上通常表示为侧石内边缘至人行道外边的宽度，即所谓人行道宽。但真正铺设的宽度范围，应扣除侧石所占宽度。圆弧转弯处的长度应取人行道内外侧半径平均值，计算时需注意。

2) 侧石安砌工程量以长度计，对于直线路段计算较为容易。当有交叉口时，需注意扣除路口断开长度。在计算时有两种方法，一种是分别直接计算直线部分和圆弧部分的侧石长度相加，另一种是先不考虑交叉口断开长度，直接计算直线总长，然后扣除断开部分直线长度，再加圆弧长度。实际中，前一种方法由于圆弧切点通常不标出桩号，故具体计算时有难度。实用的方法是后一种，类似【例 4-4】中计算路面面积的方法。该例是正交路口，断开部分的圆弧切线长正好为 R_1，属特例。当路口斜交时，计算较为复杂，现以图 4-21 为例予以说明。

若求道路一侧 AB 段侧石长度，需分别计算切线 DC、EF 长度和圆弧 CH、FI 长度及 DE 长度。

$$CD = R_4 \text{tg}[(180°-\alpha)/2] \tag{4-7}$$

$$EF = R_3 \text{tg}(\alpha/2) \tag{4-8}$$

$$CH = R_4 \pi (180°-\alpha)/180 \tag{4-9}$$

$$FI = R_3 \pi \alpha / 180 \tag{4-10}$$

$$DE = b/\sin\alpha \tag{4-11}$$

若 A、B 两点路段长度 L，可由 A、B 两点设计桩号计算求得，则道路一侧侧石长度＝L－CD－EF－DE＋CH 弧长＋FI 弧长。

如果两侧对称，则路段侧石总长度按一侧结果乘 2 即可，如果不对称则应分别按上述

公式计算。

(2) 注意事项

人行道板下面的垫层工程量不必另算,综合定额按通常设计列出砂垫层,炉渣垫层、石灰土垫层、石灰砂浆垫层,《全国统一市政工程预算定额》已综合在人行道板铺设定额内。当设计采用的人行道板、侧石(立缘石)、花砖等铺料及垫层与设计不同时,材料用量可按设计要求换算,但人工及其他不变。

(3) 计算示例

【例 4-6】 某路段平面设计图如图 4-20 所示,请计算 $K_1+100 \sim K_1+200$ 路段内人行道铺设的面积(支路计算至转弯切点处)。

【解】 从图中可知:人行道宽度图示均为 3m(包括圆弧部分),侧石宽度 0.12m。

实际铺设的设计宽度为 $3-0.12=2.88m$

一侧人行道直线部分长度 $100-10-2\times20=50m$

一个转弯处圆弧人行道长度:$1/4\times2\times(20+17)\pi/2=9.25\pi$

一侧人行道总长:$50+2\times9.25\pi=108.12m$

该路段人行道总面积:$108.12\times2\times2.88=662.77m^2$

2.5 道路工程措施项目清单

措施项目清单应根据拟建工程的具体情况列项。措施项目指为完成工程项目施工,发生于该工程施工前和施工过程中技术、生活、安全等方面的非工程永久实体项目,参见表 4-15。

2.5.1 措施项目清单的编制原则

"计价规范"有以下规定:

(1) 措施项目清单应根据拟建工程的具体情况,参照《计价规范》中表 3.3.1 列项。

(2) 编制措施项目清单,出现《计价规范》中表 3.3.1 未列项目,编制人可作补充。

2.5.2 措施项目清单的编制依据

(1) 拟建工程的施工组织设计;

(2) 拟建工程的施工技术方案;

(3) 与拟建工程相关的工程施工规范和工程验收规范;

(4) 招标文件;

(5) 设计文件。

2.5.3 措施项目清单的设置

安全、文明施工措施费,单列设立,专款专用。由各省市建设行政主管部门根据实际情况自行制定其计价标准和管理办法,确保足够资金用于安全生产和文明施工。

2.6 其他项目清单及规费、税金

2.6.1 其他项目清单的编制

其他项目清单有预留金、材料购置费、总承包服务费、零星工作项目费四部分内容组成。

(1) 预留金:是招标人为可能发生的工程量变更而预留的金额。工程量变更主要指工程量清单漏项、有误引起工程量的增加和施工中设计变更引起标准提高或工程量的增加等。

市政工程措施项目一览表   表 4-15

类别	序号	项目名称
通用项目	1	环境保护
	2	文明施工
	3	安全施工
	4	临时设施
	5	预算包干费
	6	工程保险费
	7	工程保修费
	8	夜间施工
	9	二次搬运
	10	大型机械设备进出场及安拆
	11	混凝土、钢筋混凝土模板及支架
	12	脚手架
	13	已完工程及设备保护
	14	施工排水、降水
市政工程	15	围堰
	16	筑岛
	17	施工现场围栏
	18	便道
	19	便桥
	20	垂直运输机械
	21	长输管道临时水工保护设施
	22	长输管道跨越或穿越施工措施
	23	长输管道地下穿越地上建筑物的保护措施
	24	洞内施工的通风、供水、供气、供电、照明、及通信设施
	25	驳岸块石清理
	26	其他

注：表中所列通用项目是指建筑、装修、安装、市政、园林绿化等工程中均可列的措施项目。

（2）材料购置费：是招标人购置材料预留的费用。

这两项费用均应由清单编制人根据业主意图和拟建工程实际情况确定。

（3）总承包服务费：是为配合协调招标人进行工程分包（指国家允许分包的工程）和材料采购所需的费用，是拟建工程的总包单位，负责对分包工程的施工单位实施进度计划、质量控制的协调工作，并承担办理分包工程项目的总体交工验收手续和责任所需的费用。

（4）零星工作项目费：是完成招标人提出的工程量暂估的零星工作费用。由招标人根据拟建工程的具体情况，列出人工、材料、机械的名称、计量单位和相应数量。

上述其他项目费所列的项目名称、费用标准、计算方法和说明，仅供工程招投标双方参考，按合同约定执行。未列的其他项目费，编制人可作补充。

2.6.2 规费、税金

（1）规费

规费是政府部门规定收取和履行社会义务的费用，是工程造价的组成部分。在工程计价中规费列在税金之前。规费是强制性费用，在工程计价时，必须按工程所在地规定列出费用名称和标准。

（2）税金

税金是指国家税法规定的应计入建设工程造价内的营业税、城市维护建设税及教育费附加。

课题3 道路工程工程量清单计价

3.1 分部分项工程量清单计价

分部分项工程量清单计价就是根据招标文件提供的"分部分项工程量清单"，按照《计价规范》规定的统一计价格式，结合施工企业的具体情况，完成"分部分项工程量清单计价表"和"分部分项工程量清单综合单价分析表"的填写计算。这里的关键是分部分项工程的综合单价的确定。

3.1.1 综合单价的确定

综合单价的确定方法可采用国家或省（市）颁发的"综合定额"或"企业定额"分析计算。

招标投标工程的标底编制可采用国家或省（市）颁发的"综合定额"和相应的计算规则，分析计算综合单价。例如《广东省市政工程综合定额》及《广东省市政工程计价办法》中的《广东省市政工程工程量清单计价指引》。

企业投标报价应采用本单位的"企业定额"，并考虑一定的风险因素，分析计算综合单价或自主报价。

采用"综合定额"或"企业定额"分析计算，两者采用的定额水平不同，计算的综合单价各异，但综合单价的分析计算的方法步骤基本相同。考虑到现阶段企业定额尚未形成，故本书在介绍综合单价计算时，除特别说明外，均采用《全国统一市政工程预算定额》分析计算。

运用《全国统一市政工程预算定额》分析计算综合单价，实质上就是分解细化每个分部分项工程应包含哪些具体的定额子目工作内容，并对应地套用定额分析计算，然后将各子目费用组合汇总，形成综合单价。这一过程，实际上是先分解细化，后组合汇总的过程。分解的目的是便于合理套用定额，组合的结果是形成综合单价。

为便于初学者清楚分析计算过程，本书在《计价规范》统一表格的基础上，结合采用《全国统一市政工程预算定额》分析计算综合单价的方法，设计增加"分部分项工程量清单综合单价计算表"作为综合单价分析计算的过渡性表格，见表4-16。该表的填写方法详见"单元3的3.2分部分项工程量清单综合单价计算填表说明"。

分部分项工程量清单综合单价计算表　　　　　　　　表 4-16

工程名称：　　　　　　　　　　　　　计量单位：
项目编码：　　　　　　　　　　　　　工程数量：
项目名称：　　　　　　　　　　　　　综合单价：

序号	定额编号	工程内容	定额单位	工程量	分项单价(元)					分项合价(元)
					人工费	材料费	机械费	管理费	利润	
1										
2										
3										
4										
			合价							
			单价							

(1) 分部分项工程分解细化

针对招标方提供的工程量清单，进行分部分项工程的分解细化，就是要求明确地列出每个分部分项工程具体有哪些施工项目组成，而这些施工项目应该与定额的哪些子目相对应，才能够合理套用《全国统一市政工程预算定额》，进一步分析计算工程量清单综合单价。

1) 认真阅读道路工程施工图，了解道路的平、纵、横总体布置，明确各部分的结构构造、尺寸、材料等，深入了解设计意图，必要时需到工程所在地现场了解情况，掌握水文、地质、交通等方面的详细资料。在对道路工程全面、详尽了解的基础上，认真核对招标方提供的工程量清单。如发现错、漏，应与招标方取得联系，及时更正或明确解决的办法。

2) 在确认工程量清单正确无误的前提下，就道路工程的土方工程、路基处理、路基、路面、人行道及其他工程的各分部分项工程逐一考虑如下几个问题：

a. 每个分部分项工程量清单已包含了施工图中的哪些具体施工项目？
b. 施工图中未包含的施工项目应划归在哪个分部分项工程量清单中计算？
c. 工程量清单中的每个分部分项工程采用何种施工方案？
d. 每个具体的施工项目选择哪种施工方法？

例如："8%石灰土基层（厚 20cm）"这个清单项目，如基层之下不设垫层，根据《计价规范》该分部分项工程应包括路床整形（路床碾压检验），材料运输，基层铺筑碾压，基层养护，消解石灰。

其中，工程量清单未明示的路床整形，材料运输，消解石灰，就属于已包含的具体施工项目。这一分析过程，可以根据施工图纸，结合施工工艺过程，分解列出。

但就基层的铺筑是人工拌合，还是机械拌合？是路拌还是厂拌？这就需要由投标方制定施工方案，进一步选择施工方法予以明确。再比如："C30 水泥混凝土路面（厚 22cm）"，当设计有传力杆、拉杆、角隅筋、加强钢筋时，这个清单项目应包含传力杆，而拉杆、角隅筋、加强钢筋这些施工项目是不包括的，应归入钢筋工程清单项目。

(2) 套用定额

根据分解细化列出的具体施工项目，对照《全国统一市政工程预算定额》各章定额子目的工作内容，对应套用，确定定额子目编号。如 8％石灰土基层（厚 20cm）分解细化的施工项目，其中之一为"路床整形"，则对应的定额子目编号为"2—1"。

（3）计算工程量

这里的工程量是指各分部分项工程分解细化列出的具体施工项目的工程量。对道路结构工程而言，该工程量的计算仍然以施工图纸为依据，并应遵守《全国统一市政工程预算定额》的定额工程量计算规则；对于道路土方工程而言，应结合具体的施工方法，计算施工工程量。工程量的计算方法详见本单元"2.4 工程量计算方法"有关内容。

（4）填表计算

详见"单元 3 的 3.2 分部分项工程量清单综合单价计算填表说明"。

3.1.2 道路基层综合单价计算举例

【例 4-7】 YYH 道路招投标工程，施工图如图 4-1 所示。招标文件提供的工程量清单见表 4-17：请对清单中"8％石灰土碎石基层（20cm）"分部分项工程项目，分解细化列出施工项目，并选择套用定额。

分部分项工程量清单 表 4-17

工程名称：YYH 道路工程 第 1 页 共 1 页

序号	项目编码	项 目 名 称	计量单位	工程量
1	040202005001	8％石灰土碎石基层（厚 20cm）	m²	5338
2	040203005001	C30 水泥混凝土路面（厚 22cm、碎石最大 40mm）	m²	5100
3	040701002001	水泥混凝土路面钢筋（构造筋）	t	2.204
4	040204001001	40×40×7 人行道预制块铺砌（砂垫层）	m²	1958.40
5	040204003001	50×30×12 混凝土侧石安砌（砂垫层）	m	680

【解】

（1）分部分项工程分解细化

阅读图纸可知，该路面结构只有面层和基层，不设垫层，故路床整形应包括在基层施工项目内。结合本企业的施工条件和设备情况，施工方法拟订为：基层 8％石灰土碎石基层（厚 20cm）施工，采用集中定点机械拌制，由 8t 自卸汽车运输（运距设为 10km），压路机碾压，初级养护。

（2）套用定额

根据《全国统一市政工程预算定额》道路工程册，"8％石灰土碎石基层（厚 20cm）"施工，定额子目有压实"厚 20cm"，本题厚度为 20cm，可直接套用，定额编号为："2—167"。同理，"8t 自卸汽车运料 10km"，套用《全国统一市政工程预算定额》通用项目册，定额编号为："1—437"。

（3）填表

将以上分析结果整理后，填写"分部分项工程量清单综合单价计算表"，见表 4-18。

（4）本例要点

1）本例题目中虽未要求路床施工内容，但根据道路基层施工的工艺程序、质量要求，必须在路床碾压成形验收合格后方可进行基层施工，故一般均需组合列出"路床整形碾压"内容。当为多层结构或设有垫层时，也只能考虑一次"路床整碾压"，不能基层计列，垫层又计列，否则属于重列。

分部分项工程量清单综合单价计算表　　　　　　　　　表 4-18

工程名称：YYH 道路工程　　　　　　　　　　　　　　　计量单位：m²
项目编码：040202005001　　　　　　　　　　　　　　　工程数量：5338
项目名称：8%石灰土碎石基层（厚 20cm）　　　　　　　综合单价：16.18 元

序号	定额编号	工程内容	定额单位	工程量	分项单价（元）					分项合价
					人工费	材料费	机械费	管理费	利润	
1	2—167	摊铺（机拌）8%石灰土碎石 20cm	100m²	53.38	174.59	665.82	86.58	17.46	34.92	52278.77
2	1—437	8t 自卸汽车运料 10km	1000m²	1.2	0	5.4	24665.05	0.00	0.00	29604.54
3	2—1	路床整形碾压检验	100m²	53.38	8.09	0	73.69	0.81	1.62	4495.13
		合　　价			9751.46	35547.95	38153.27	975.25	1950.51	86378.44
		单　　价			1.83	6.66	7.15	0.18	0.37	16.18

2）本例的基层混合料采用集中定点机械拌制施工，故应组合列出"8t 自卸汽车运料"工程内容。因此，综合单价分析时必须注意施工方法、运输方式、运距等因素的变化。

3）《全国统一市政工程预算定额》中的"8%石灰土碎石基层"施工，已包括了初期养护，故不应再分解列出基层养护的施工项目，否则也属于重列。

3.1.3 道路面层综合单价计算举例

【例 4-8】 工程概况仍以【例 4-2】提供的资料为条件，分部分项工程量清单见表 4-19。请对该道路工程的路面面层工程量清单分析计价。

分部分项工程量清单　　　　　　　　　　　　　　　　表 4-19

工程名称：××道路工程　　　　　　　　　　　　　　　第 1 页　共 1 页

序号	项目编码	项　目　名　称	计量单位	工程数量
1	040202002001	10%石灰稳定土基层（厚 20cm）	m²	8750
2	040203004001	LH-20 中粒式沥青混凝土面层（厚 8cm，含 AL 透层）	m²	8400
3	040203004002	LH-15 细粒式沥青混凝土面层（厚 4cm）	m²	8400

【解】

（1）分解细化，列出施工项目

阅读图纸可知，该路面分为上下两层，上层 4cm 细粒式沥青混凝土应包括混合料的拌制、运输及摊铺碾压，下层 8cm 中粒式沥青混凝土应包括混合料的拌制、运输及摊铺碾压外，还应将 AL 石油沥青透层施工项目考虑在内。

（2）施工方案

为保证招标文件要求的工程质量和工期，该路段施工采用机械化作业，机械摊铺，压路机碾压。沥青混合料由拌合厂集中拌制供料，直接运到工地的合同价为：

细粒式沥青混凝土 610 元/m³

中粒式沥青混凝土 580 元/m³

（3）套用定额

根据《全国统一市政工程预算定额》道路工程册"第三章 道路面层"以及确定的施工方法，套用相应子目如下：

机械摊铺 4cm 细粒式沥青混凝土：　　　　（2—285）+（2—286）×2
机械摊铺 8cm 中粒式沥青混凝土：　　　　（2—274）+（2—275）×2
机械喷洒石油沥青透层：　　　　　　　　　2—249

（4）计算工程量

按照《全国统一市政工程预算定额》的计量单位，沥青混合料拌制以体积计，沥青混合料摊铺以面积计，喷洒沥青以面积计。

机械摊铺 4cm 细粒式沥青混凝土：　　　　$700×12=8400m^2$
运输、拌制 4cm 细粒式沥青混凝土：　　　　$700×12×0.04×1.01=339.36m^3$
机械摊铺 8cm 中粒式沥青混凝土：　　　　$700×12=8400m^2$
运输、拌制 8cm 中粒式沥青混凝土：　　　　$700×12×0.08×1.01=678.72m^3$
机械喷洒石油沥青透层：　　　　　　　　　$700×12=8400m^2$

（5）填表计算

1）"分部分项工程量清单综合单价计算表"的填写计算见表 4-20 和表 4-21。

分部分项工程量清单综合单价计算表　　　　　　　　　　　表 4-20

工程名称：××道路工程　　　　　　　　　　　　　　　　计量单位：m^2
项目编码：040203004001　　　　　　　　　　　　　　　　工程数量：8400
项目名称：LH-20 中粒式沥青混凝土面层（厚 8cm，含 AL 透层）　综合单价：51.17 元

序号	定额编号	工程内容	定额单位	工程量	分项单价:（元）					分项合价（元）
					人工费	材料费	机械费	管理费	利润	
1		厂拌 8cm 中粒式沥青混凝土混合料	m^3	678.72	0	580.00	0	0	0	393657.60
2	（2—274）+（2—275）×2	机械摊铺 8cm 中粒式沥青混凝土混合料	$100m^2$	84.00	98.42	24.62	110.24	9.48	19.68	22044.96
3	2—249	机械喷洒石油沥青透层	$100m^2$	84.00	1.80	146.33	19.11	0.18	0.36	14093.52
		合价			8418.48	408017.40	10865.40	811.44	1683.36	429796.08
		单价			1.00	48.57	1.29	0.10	0.20	

分部分项工程量清单综合单价计算表　　　　　　　　　　　表 4-21

工程名称：××道路工程　　　　　　　　　　　　　　　　计量单位：m^2
项目编码：040203004002　　　　　　　　　　　　　　　　工程数量：8400
项目名称：LH-15 细粒式沥青混凝土面层（厚 4cm）　　　　综合单价：26.98 元

序号	定额编号	工程内容	定额单位	工程量	分项单价:（元）					分项合价（元）
					人工费	材料费	机械费	管理费	利润	
1		厂拌 4cm 细粒式沥青混凝土混合料	m^3	339.36	0	610.00	0	0	0	207009.60
2	（2—285）+（2—286）×2	机械摊铺 4cm 细粒式沥青混凝土混合料	$100m^2$	84.00	46.94	14.90	157.88	4.69	9.39	19639.20
		合价			3942.96	208261.20	13261.92	393.96	788.76	226648.80
		单价			0.47	24.79	1.58	0.05	0.09	

2)"分部分项工程量清单综合单价分析表"的填写计算见表4-22。

分部分项工程量清单综合单价分析表　　　　　　　　表 4-22

工程名称：××道路工程　　　　　　　　　　　　　　第 1 页　共 1 页

序号	项目编码	项目名称	工程内容	综合单价组成					综合单价
				人工费	材料费	机械使用费	管理费	利润	
1	040203004001	LH-20 中粒式沥青混凝土面层(厚 8cm,含 AL 透层)	1. 洒铺底油 2. 铺筑 3. 碾压	1.00	48.57	1.29	0.10	0.20	51.17
2	040203004002	LH-15 细粒式沥青混凝土面层(厚 4cm)	1. 铺筑 2. 碾压	0.47	24.79	1.58	0.05	0.09	26.98

(6)"分部分项工程量清单计价表"的填写见表4-23。

分部分项工程量清单计价表　　　　　　　　　　　　表 4-23

工程名称：××道路工程　　　　　　　　　　　　　　第 1 页　共 1 页

序号	项目编码	项目名称	计量单位	工程数量	金额(元)	
					综合单价	合价
1	040203004001	LH-20 中粒式沥青混凝土面层 (厚 8cm,含 AL 透层)	m^2	8400	51.17	429828
2	040203004002	LH-15 细粒式沥青混凝土面层 (厚 4cm)	m^2	8400	26.98	226632
		本页小计				656460
		合　计				656460

(7)本例要点

1)沥青混凝土路面在工程量清单中是以面积单位平方米为计量单位,在套用定额进行综合单价分析计算时,定额中沥青混凝土的消耗量,计量单位是 m^3。工程量计算时应注意它们的区别。

2)本例中的沥青混凝土混合料的拌制、运输工程量应是施工工程量,可以计入加工、运输、操作损耗量。这些合理损耗已经在《全国统一市政工程预算定额》中考虑,反映的是社会平均水平。实际工程分析计算时,应根据具体工程的施工条件、施工单位采取的节约措施等因素综合考虑确定。本例中1.01的系数,即是综合考虑上述因素而确定的系数。

3.2　措施项目费

3.2.1　措施项目费的计算原则

(1)措施项目清单为可调整清单,投标人对招标文件中所列项目,可根据企业自身特点作适当的变更增减。投标人要对拟建工程可能发生的措施项目和措施费用作通盘考虑。清单一经报出,即被认为是包括了所有应该发生的措施项目的全部费用。如果报出的清单中没有列项,且施工中又必须发生的项目,业主有权认为其已经综合在分部分项工程量清单的综合单价中。将来措施项目发生时,投标人不得以任何借口提出索赔与调整。

（2）招标文件未列的措施项目费，编制人可作补充。

（3）安全、文明施工措施费，单列设立，专款专用。由各省市建设行政主管部门根据实际情况自行制定其计价标准和管理办法，确保足够资金用于安全生产和文明施工。其主要包括以下内容：

1）文明施工措施费：围挡设施建设费；施工现场大门的设置及门卫费用；工作卡费用、道路和场地硬底化费用；排水网络设置费；清渠费用；绿化费用；设置吸烟区的费用；材料标牌设置费；完工清场及除"四害"的费用；消防器材、保健急救设施费；安全标志的购置及宣传栏的设置费；洗车设施及用水费用；娱乐室、垃圾池的设置费；厨房、卫生间贴瓷片的费用；清理建筑垃圾的费用；其他文明施工费用等。

2）安全措施费：特种作业人员上岗培训费；安全标志购置费用；交通疏导警示设施费用；抢险应急措施设备费用；水上、水下作业救生设备、器材购置和临时防护警示设施费用；渠道施工等地下作业通风、低压电配送等有关设施、监测费用和上下层间安全门费用；基础施工及基坑支护的变形监测费用；提升架立网的购置和安全带、安全帽及脚手架、提升架等架体外安全网的检测费用；楼梯口、电梯口、通道口、预留洞口、阳台周边、楼层周边及上下通道的临边安全防护费用；变配电装置的三级配电箱，外电防护、三级保护的防触电系统购置费用及电器和设备检测费用；起重机、塔吊等设备（含井字架、龙门架）与外用电梯的检测费用；安全防护设施费用；卸料平台的临边防护、层间安全门、防护棚等设施费用；施工机具的防雨棚和外围护栏的安全防护费用；其他安全防护费用。

3）预算包干费内容一般包括：施工雨水的排水、20m高以下的工程用水加压措施、施工材料堆放场地的整理、水电安装后补洞工料费；施工中临时停水停电、夜间照明施工增加费（不包括地下室和特殊工程）等，工程承发包双方对本工程的包干内容应在合同中予以认定。

（4）其他费用：如赶工措施费、特殊工种培训费等，根据工程和工地需要发生的其他费用，按实际发生或经批准的施工方案计算。

3.2.2 措施项目费的计算内容

道路工程的措施项目应根据拟建工程所处的地形、地质、现场环境等条件，结合具体的施工方案，由施工组织设计确定。一般可考虑以下几个方面。

（1）根据道路周围建筑物、已有道路分布状况，考虑是否开挖支护、开通便道、指定加工（堆放）场地等。

（2）根据开工路段是否需要维持正常的交通车辆通行，可考虑设置防护围（墙）栏等临时结构。

（3）根据道路工程施工进度安排是否正值雨期、工期紧张程度，需要考虑防雨措施项目；夜间施工工地照明、安全等施工措施。

（4）根据道路工程现场布置，可以考虑材料的二次搬运的措施项目。

（5）根据道路工程混凝土结构的施工方法，需要考虑模板、支架、脚手架等措施项目。

（6）响应招标文件的文明施工、安全施工、环境保护的措施项目等。

3.2.3 措施项目费的计算方法

（1）措施项目费计算方法，可参照表4-24计算。

(2) 表 4-24 所列的措施项目费费率，属于指导性费用，仅供工程承发包双方参考，实际中应按合同约定执行。

市政工程措施项目一览表　　　　表 4-24

类别	序号	项目名称	主要内容	计算方法
通用项目	1	环境保护		按当地环保要求估算
	2	文明施工	分部分项工程费×费率	0.1%～0.4%
	3	安全施工		按当地文件规定计算
	4	临时设施	分部分项工程费×费率	1.0%～1.6%
	5	预算包干费	分部分项工程费×费率	2%以内
	6	工程保险费	分部分项工程费×费率	0.02%～0.04%
	7	工程保修费	分部分项工程费×费率	0.10%
	8	夜间施工		按预计工期估算
	9	二次搬运	1. 人力运输小型构件 2. 汽车运输小型构件 3. 汽车运水 4. 双轮车场内运成型钢筋及水泥混凝土 5. 双轮车运其他材料 6. 人力运混凝土管 7. 人力排运承插式铸铁管 8. 人力排运承插式预应力钢筋混凝土管 9. 其他	参照《全国统一市政工程预算定额》通用项目册第六章分析计算
	10	大型机械设备进出场及安拆		桥涵册第九章
	11	混凝土、钢筋混凝土模板及支架	1. 桥涵工程混凝土模板	桥涵册第五、六、七章
			2. 桥涵工程混凝土支架	桥涵册第九章
			3. 排水工程混凝土模板	排水册第七章
			4. 排水工程井字架	排水册第七章
			5. 隧道工程混凝土模板	隧道册第二、五、六章
			6. 地下连续墙大型支撑安拆	隧道册第二、五、六章
	12	脚手架	1. 综合脚手架 2. 单排脚手架 3. 满堂红脚手架 4. 仓面脚手架 5. 靠脚手架安全挡板 6. 独立安全防护挡板 7. 围尼龙编织布 8. 其他	参照《全国统一市政工程预算定额》通用项目册第六章、桥涵工程册第九章分析计算
	13	已完工程及设备保护		按需保护工程及设备估算
	14	施工排水、降水	1. 盲沟	道路册第一章
			2. 井点降水	通用册第六章
			3. 其他	

续表

类别	序号	项目名称	主要内容	计算方法
市政工程	15	围堰	1. 土、纤维袋围堰 2. 土石混合围堰 3. 圆木桩围堰 4. 钢桩围堰 5. 钢板桩围堰 6. 双层竹笼围堰 7. 其他	参照《全国统一市政工程预算定额》通用项目册第三章分析计算。
	16	筑岛	1. 筑岛填心 2. 其他	通用项目册第三章
	17	施工现场围栏	1. 纤维布施工护栏 2. 玻璃钢施工护栏 3. 其他	通用册第六章
	18	便道	1. 泥结碎石路面 2. 水结碎石路面 3. 干结碎石路面 4. 其他	参照《全国统一市政工程预算定额》道路工程册第二、三章分析计算
	19	便桥		
	20	垂直运输机械		
	21	长输管道临时水工保护设施		参照相关专业定额
	22	长输管道跨或穿越施工措施		
	23	长输管道地下穿越地上建筑物的保护措施		
	24	洞内施工的通风、供水、供气、供电、照明及通信设施	1. 洞内通风管筒安、拆年摊销 2. 洞内风、水管道安、拆年摊销 3. 洞内电路架设、拆年摊销 4. 洞内外轻便轨道铺、拆年摊销 5. 其他	参照《全国统一市政工程预算定额》隧道工程册第二章分析计算。
	25	驳岸块石清理		参照相关专业定额
	26	其他		

注：表中所列通用项目是指建筑、装修、安装、市政、园林绿化等工程中均可列的措施项目。

（3）在工程计价中，措施项目费以"宗"或"项"形式，由承包人自报费用。

3.3 其他项目费、规费及税金

工程量清单计价时，其他项目费、规费及税金的计算应按照招标文件的要求和《计价规范》4.0.6条、4.0.7条、4.0.8条的规定执行。

3.3.1 其他项目清单计价

其他项目清单由招标人部分、投标人部分两部分内容组成（见表4-25）。

其他项目一览表　　　　　　　　表 4-25

序号	名　　称	计 算 基 数	费 用 标 准
1	招标人部分		
1.1	预留金	分部分项工程费	10%
1.2	材料购置费		
1.3	其他		
2	投标人部分		
2.1	总承包服务费	分包工程合同价	1%～2%
2.2	零星工作项目费		按预计发生数估算
2.3	其他		

（1）招标人部分

1）预留金：是招标人为可能发生的工程量变更而预留的金额。工程量变更主要指工程量清单漏项、有误引起工程量的增加和施工中设计变更引起标准提高或工程量的增加等。

2）材料购置费：是招标人购置材料预留的费用。这两项费用均应由清单编制人根据业主意图和拟建工程实际情况确定。

（2）投标人部分

1）总承包服务费：是为配合协调招标人工程分包（指国家允许分包的工程）和材料采购所需的费用，是拟建工程的总包单位，负责对分包工程的施工单位实施进度计划、质量控制的协调工作，并承担办理分包工程项目的总体交工验收手续和责任所需的费用。

2）零星工作项目费：是完成招标人提出的工程量暂估的零星工作费用。由招标人根据拟建工程的具体情况，列出人工、材料、机械的名称、计量单位和相应数量。

（3）上述其他项目费所列的项目名称、费用标准、计算方法和说明，仅供工程招投标双方参考，实际工程中应按合同约定执行。招标文件未列的其他项目费，编制人可作补充。

（4）以上预留金、材料购置费、零星工作项目费均为估算、预测数量，虽在投标时计入投标人的报价中，但不应视为投标人所有，竣工结算时，应按承包人实际完成的工作内容结算，剩余部分仍归招标人所有。

3.3.2　规费

规费是政府部门规定收取和履行社会义务的费用，是工程造价的组成部分。在工程计价中规费列在税金之前。规费是强制性费用，在工程计价时，必须按工程所在地规定列出费用名称和标准。市政工程规费费用可参照表 4-26 列项计算，表中未列的规费或各省市另有规定者，按所在地规定计算。

计算方法：

$$规费＝(分部分项工程费＋措施项目费＋其他项目费)×费率 \qquad (4-12)$$

3.3.3　税金

税金是指国家税法规定的应计入建设工程造价内的营业税、城市维护建设税及教育费

规费一览表 表 4-26

序号	项目名称	计算基数	费率
1	社会保险费	分部分项工程费 ＋ 措施项目费 ＋ 其他项目费	3.31%
2	住房公积金		1.28%
3	工程定额测定费		0.10%
4	建筑企业管理费		0.20%
5	工程排污费		0.33%
6	施工噪声排污费		按所在地规定的标准计算
7	防洪工程维护费		按所在地规定的标准计算
8	其他		

附加。市政工程税金计算可参照表 4-27 列项计算，表中未列的税项或工程所在地税务机关另有规定者，按所在地规定执行。

计算方法：

$$税金＝不含税工程造价×税率$$
$$＝(分部分项工程费＋措施项目费＋其他项目费＋规费)×税率 \quad (4-13)$$

税金计算一览表 表 4-27

序号	名称	税金计算
1	营业税	按工程所在地税务机关规定计算
2	城市维护建设税	
3	教育费附加	

课题 4 道路工程计量与计价综合示例

4.1 道路工程工程量清单

4.1.1 工程概况及编制要求

【例 4-9】 某市 YYH 城市道路工程，施工标段为 K2＋520～K2＋860。土石方工程已完成，路面及人行道工程详见施工图 4-23"YYH 道路工程图"。招标文件要求工程需要的人行道、侧石块件运距 1km，其他材料运距按 10km 考虑，施工期间要求符合文明施工的有关规定。请编制该路面工程及附属工程的工程量清单并计价。

4.1.2 工程量清单编制

（1）清单工程量计算

根据招标文件及提供的施工图，该标段施工内容为 340m 的单幅式水泥混凝土路面，路面结构为两层，附属工程有人行道、侧石等，对照《计价规范》"D.2 道路工程"列出分部分项工程清单项目如下：

1）8%石灰土碎石基层：$340×[15＋2×(0.12＋0.13＋0.10)]＝5338m^2$

2）C30 水泥混凝土路面：$340×15＝5100m^2$

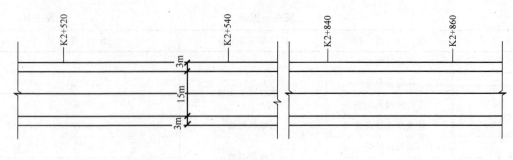

平面图

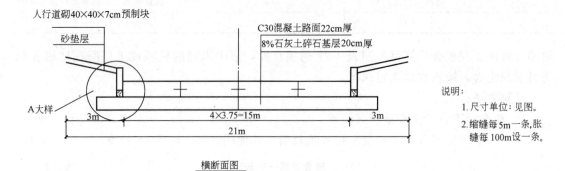

横断面图

说明：
1. 尺寸单位：见图。
2. 缩缝每5m一条，胀缝每100m设一条。

图 4-23 YYH 道路工程（一）

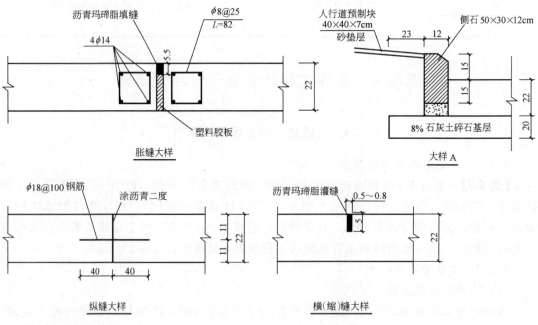

胀缝大样

大样 A

纵缝大样

横（缩）缝大样

说明：
1. 尺寸单位：见图。
2. 缩缝每5m一条，胀缝每100m设一条。

图 4-23 YYH 道路工程（二）

3）道路水泥混凝土路面钢筋（构造筋）：1.629＋0.450＋0.125＝2.204t
4）人行道预制块铺砌：（3－0.12)×340×2＝1958.40m²
5）混凝土侧石预制块安砌：340×2＝680m

(2) 分部分项工程量清单（表 4-28）

分部分项工程量清单　　　　　　　　　　　　　　　　表 4-28

工程名称：YYH 道路工程　　　　　　　　　　　　　第 1 页　共 1 页

序号	项目编码	项 目 名 称	计量单位	工程量
1	040202005001	8％石灰土碎石基层(厚 20cm)	m²	5338
2	040203005001	C30 水泥混凝土路面(厚 22cm、碎石最大 40mm)	m²	5100
3	040701002001	水泥混凝土路面钢筋(构造筋)	t	2.204
4	040204001001	40×40×7 人行道预制块铺砌(砂垫层)	m²	1958.40
5	040204003001	50×30×12 混凝土侧石安砌(砂垫层)	m	680

(3) 措施项目清单表（4-29）

措施项目清单　　　　　　　　　　　　　　　　　　　表 4-29

工程名称：YYH 道路工程　　　　　　　　　　　　　第 1 页　共 1 页

序　号	项　目　名　称
1	环境保护
2	文明施工
3	安全施工
4	临时设施
5	预算包干费
6	工程保险费
7	工程保修费
8	夜间施工
9	二次搬运
10	大型机械设备进出场及安拆
11	混凝土、钢筋混凝土模板及支架
12	脚手架
13	已完工程及设备保护
14	施工排水、降水
15	垂直运输机械
16	现场施工围栏
17	长输管道临时水工保护措施
18	长输管道跨越或穿越施工措施
19	长输管道地下管道穿越地上建筑物的保护措施
20	围堰
21	筑岛
22	便道
23	便桥
24	隧道内施工通风管路、供水、供气、供电、照明及通讯设施
25	驳岸块石清理
26	其他

(4) 其他项目清单（表4-30）

其他项目清单表 表4-30

工程名称：YYH道路工程　　　　　　　　　　　　　　　　　　　第1页 共1页

序　号	项　目　名　称
1	招标人部分
1.1	预留金
	小　计
2	投标人部分
2.1	总承包服务费
2.2	零星工作费
2.3	其他
	小　计

(5) 零星工作项目表（表4-31）

零星工作项目表 表4-31

工程名称：YYH道路工程　　　　　　　　　　　　　　　　　　　第1页 共1页

序　号	名　称	计　量　单　位	数　量
1	人工		
1.1	二类工	工日	10
1.2	综合人工	工日	20
1.3			
	小计		
2	材料		
2.1			
	小计		
3	机械		
3.1	柴油发电机(30kW)	台班	10
	小计		

(6) 主要材料表（表4-32）

主要材料价格表 表 4-32

工程名称：YYH 道路工程　　　　　　　　　　　　　　　　　　第 1 页　共 1 页

序号	材料编码	材料名称	规格、型号等特殊要求	单　位	单　价(元)
1	Z230272	人行道块	40cm×40cm×7cm	m^2	
2	Z040035	混凝土侧石	50cm×30cm×12cm	m	
3	301023	C30 混凝土	碎石最大 40mm	m^3	
4					
5					
6					
7					
8					
9					
10					
11					
12					
13					
14					
15					
16					
17					
18					
19					
20					

注：1. 招标人提供的主要材料价格表应包括详细的材料编码、材料名称、规格型号和计量单位等。
2. 所填写的单价必须与工程量清单计价中采用的相应材料的单价一致。

4.2　道路工程工程量清单计价

根据施工组织设计确定的施工方法，基层水泥石屑采用厂拌，8t 自卸汽车运输，运距 10km，人工摊铺、机械碾压；水泥混凝土路面采用搅拌机现场拌制；缩缝采用机切缝；路面草袋养护；施工期间采用施工围护。（说明：管理费按人工费 10％计，利润按人工费 20％计；人行道砌块规格 40cm×40cm×7cm，单价 6.48 元/块，即 40.5 元/m^2；侧石 50cm×30cm×12cm，单价 11.27 元/块，即 22.54 元/m；C30 混凝土单价 198.19 元/m^3）。

4.2.1　分部分项工程量清单计价

（1）分部分项工程分解细化

在了解工程概况及熟读工程图纸的基础上，根据《计价规范》和《全国统一市政工程预算定额》，结合施工方案，列出各分部分项工程的施工项目。详见"施工项目工程量计算表"。

（2）套用定额

根据分解细化列出的具体施工项目，对照《全国统一市政工程预算定额》各章定额子目的工作内容,对应套用,确定定额子目编号。如 C30 水泥混凝土路面(厚 22cm、碎石最大粒径 40mm)分解细化的施工项目有:C30 混凝土路面浇筑,C30 混凝土(现场搅拌,碎石最大粒径 40mm),伸缝构造,切缝机切缝,路面洒水养护。其中 C30 混凝土(现场搅拌,碎石最大粒径 40mm),所对应的定额子目编号为"2—790"。其余详见"分部分项工程量清单综合单价计算表"。

(3) 计算工程量

工程量的计算以图 4-23 "YYH 道路工程图"施工图纸为依据,遵守《全国统一市政工程预算定额》的定额工程量计算规则进行计算,具体工程量的计算方法详见表 4-33。

施工项目工程量计算表　　　　表 4-33

序号	施 工 项 目	工程量(计算式)
	一、道路基层	
1	人工铺筑 8%石灰土碎石基层(20cm)	长×宽:340×[15+2×(0.12+0.13+0.10)]=5338m²
2	8t 自卸汽车运料 10km	长×宽×厚×松铺系数:5338×0.2×1.12=1195.71m³
3	路床整形碾压	长×宽:340×[15+2×(0.12+0.13+0.10)]=5338m²
	二、道路面层	
1	C30 混凝土路面浇筑	长×宽:340×15=5100m²
2	伸缝构造	一条伸缝侧面积×条数:0.22×15×3=9.9m² 其中:沥青玛琋脂填缝:1/4×9.9=2.475m² 塑料胶板填缝:3/4×9.9=7.425m²
3	切缝机切缝	一条缝长×条数:15×(340/5+1-3)=990m
4	沥青玛琋脂灌缝	缝长×缝深:990×0.05=49.5m²
5	路面草袋养护	长×宽:340×15=5100m²
	三、路面钢筋	
1	构造钢筋重量	1. 纵缝拉杆(ϕ18mm): 一条纵缝拉杆根数:340/1.00+1=341 根 三条纵缝钢筋重:0.8×0.00199×341×3=1.629t 2. 胀缝钢筋: (1)主筋(ϕ14mm):[(3.75-0.05)+2×6.25×0.014]×0.00121×8×4×3=0.450t (2)箍筋(ϕ8mm):一根长度 L=0.82m 一条胀缝一个车道内箍筋根数: [(3.75-0.05)/0.25+1]×2 边=32 根 箍筋重:0.82×0.000396×32×4×3=0.125t 3. 小计:1.629+0.450+0.125=2.204t
	四、人行道	
1	人行道铺砌	一侧人行道面积:(3-0.12)×340=979.20m² 总面积:(3-0.12)×340×2=1958.40m
2	人行道碾压	总面积:(3-0.12)×340×2=1958.40m
3	汽车运人行道块(1km,人力装卸)	1958.4×0.07×=137.09m³
	五、侧石及其他	
1	侧石安砌(勾缝)	340×2=680m
2	侧石砂垫层	680×0.12×0.07=5.712m³
3	汽车运侧石(1km,人力装卸)	680×0.3×0.12=24.48m³

(4) 填表计算综合单价（表 4-34～表 4-38）

分部分项工程量清单综合单价计算表 表 4-34

工程名称：YYH 道路工程　　　　　　　　　　　　　　　计量单位：m²
项目编码：040202005001　　　　　　　　　　　　　　　工程数量：5338
项目名称：8%石灰土碎石基层（厚 20cm）　　　　　　　综合单价：16.18 元

序号	定额编号	工程内容	定额单位	工程量	分项单价(元) 人工费	材料费	机械费	管理费	利润	分项合价(元)
1	2—167	摊铺(机拌)8%石灰土碎石 20cm	100m²	53.38	174.59	665.82	86.58	17.46	34.92	52278.77
2	1—437	8t 自卸汽车运料 10km	1000m²	1.2	0	5.4	24665.05	0.00	0.00	29604.54
3	2—1	路床整形碾压检验	100m²	53.38	8.09	0	73.69	0.81	1.62	4495.13
		合　　价			9751.46	35547.95	38153.27	975.25	1950.51	86378.44
		单　　价			1.83	6.66	7.15	0.18	0.37	16.18

分部分项工程量清单综合单价计算表 表 4-35

工程名称：YYH 道路工程　　　　　　　　　　　　　　　计量单位：m²
项目编码：040203005001　　　　　　　　　　　　　　　工程数量：5100
项目名称：C30 水泥混凝土路面（厚 22cm，碎石最大 40mm）　综合单价：59.84 元

序号	定额编号	工程内容	定额单位	工程量	分项单价(元) 人工费	材料费	机械费	管理费	利润	分项合价(元)
1	2—790 换	C30 混凝土路面浇筑(22cm)	100m²	51	814.54	4586.03	92.52	81.45	162.91	292609.95
2	2—294	伸缝沥青玛琋脂	10m²	0.3	77.75	756.66	0	7.78	15.55	257.32
3	2—295	填充塑料胶	10m²	0.7	24.72	3.21	2.53	2.47	4.94	26.51
4	2—298	切缝机切缝	10m	99	14.38	0	8.14	1.44	2.88	2657.16
5	2—297	沥青玛琋脂灌缝	10m²	5	87.86	379.04	0	8.79	17.57	2466.30
6	2—300	路面草袋养护	100m²	51	25.84	106.59	0	2.58	5.17	7149.18
		合　　价			44762.93	241448.07	5526.15	4476.10	8953.17	305166.42
		单　　价			8.78	47.34	1.08	0.88	1.76	59.84

分部分项工程量清单综合单价计算表 表 4-36

工程名称：YYH 道路工程　　　　　　　　　　　　　　　计量单位：t
项目编码：040701002001　　　　　　　　　　　　　　　工程数量：2.204
项目名称：道路水泥混凝土路面钢筋（构造筋）　　　　　综合单价：3659.59 元

序号	定额编号	工程内容	定额单位	工程量	分项单价(元) 人工费	材料费	机械费	管理费	利润	分项合价(元)
1	2—304	构造钢筋	t	2.204	336.15	3202.15	20.44	33.62	67.23	8065.74
		合　　价			740.87	7057.54	45.05	74.10	148.17	8065.74
		单　　价			336.15	3202.15	20.44	33.62	67.23	3659.59

分部分项工程量清单综合单价计算表　　　　　表4-37

工程名称：YYH道路工程　　　　　　　　　　　　　　　计量单位：m²
项目编码：040204001001　　　　　　　　　　　　　　　工程数量：1958.40
项目名称：40×40×7人行道预制块铺砌（砂垫层）　　　综合单价：50.00元

序号	定额编号	工程内容	定额单位	工程量	分项单价（元）					分项合价（元）
					人工费	材料费	机械费	管理费	利润	
1	2—308换	人行道板安砌	100m²	19.58	271.44	4340.26	0	27.14	54.29	91891.49
2	2—2	人行道碾压	100m²	19.58	38.65	0	7.97	3.87	7.73	1139.95
3	1—638	汽车运人行道块（1km，人力装卸）	10m³	13.71	131.9	0	185.79	13.19	26.38	4898.03
		合　　价			7879.91	84982.29	2703.23	788.01	1576.02	97929.47
		单　　价			4.02	43.39	1.38	0.40	0.80	50.00

分部分项工程量清单综合单价计算表　　　　　表4-38

工程名称：YYH道路工程　　　　　　　　　　　　　　　计量单位：m
项目编码：040204003001　　　　　　　　　　　　　　　工程数量：680
项目名称：50×30×12混凝土侧石安砌（砂垫层）　　　　综合单价：27.79元

序号	定额编号	工程内容	定额单位	工程量	分项单价（元）					分项合价（元）
					人工费	材料费	机械费	管理费	利润	
1	2—332换	混凝土侧石铺设（勾缝）	100m	6.8	217.28	2304.6	0	21.73	43.46	17592.08
2	2—331	侧石砂垫层	m³	5.71	13.93	57.42	0	1.39	2.79	431.28
3	1—638	汽车运侧石（1km，人力装卸）	10m³	2.45	131.9	0	185.79	13.19	26.38	875.29
		合　　价			1880.20	15999.15	455.19	188.02	376.09	18898.64
		单　　价			2.76	23.53	0.67	0.28	0.55	27.79

（5）主要材料价格表（表4-39）

主要材料价格表　　　　　表4-39

工程名称：YYH道路工程　　　　　　　　　　　　　　　第1页　共1页

序号	材料编码	材料名称	规格、型号等特殊要求	单位	单价（元）
1	Z230272	人行道块	40cm×40cm×7cm	m²	40.50
2	Z040035	混凝土侧石	50cm×30cm×12cm	m	22.54
3	301023	C30混凝土	碎石最大40mm	m³	198.19
4					
5					
6					

（6）分部分项工程费计算（表4-40、表4-41）

分部分项工程量清单综合单价分析表　　　　　　　　　　　　　表 4-40

工程名称：YYH 道路工程　　　　　　　　　　　　　　　　　　　第 1 页　共 1 页

序号	项目编码	项目名称	工程内容	综合单价组成					综合单价
				工人费	材料费	机械使用费	管理费	利润	
1	040202005001	8％石灰土碎石基层（厚 20cm）	石灰土碎石拌合、铺筑、找平、碾压、养护	1.83	6.66	7.15	0.18	0.37	16.18
2				8.78	47.34	1.08	0.88	1.76	59.84
3				336.15	3202.15	20.44	33.62	67.23	3659.59
4				4.02	43.39	1.38	0.40	0.80	50.00
5		50×30×12 混凝土侧石安砌（砂垫层）		2.76	23.53	0.67	0.28	0.55	27.79

分部分项工程量清单计价表　　　　　　　　　　　　　　　　表 4-41

工程名称：YYH 道路工程　　　　　　　　　　　　　　　　　　　第 1 页　共 1 页

序号	项目编码	项目名称	计量单位	工程数量	金额	
					综合单价	合价
1	040202005001	8％石灰土碎石基层(厚 20cm)			16.18	86368.84
2					59.84	305184.00
3					3659.59	8065.74
4					50.00	92920.00
5		50×30×12 混凝土侧石安砌(砂垫层)			27.79	18897.2
		合　计				535332.98

4.2.2　措施项目清单计价（表 4-42、表 4-43）

措施项目费计算表　　　　　　　　　　　　　　　　　　　　表 4-42

工程名称：YYH 道路工程　　　　　　　　　　　　　　　　　　　第 1 页　共 1 页

序号	定额编号	工程内容	定额单位	工程量	分项单价(元)					分项合价(元)
					人工费	材料费	机械费	管理费	利润	
1	企业定额 A—1—7—160	纤维布施工护栏（高 2.5m）	100m	3.4	15.84	177.02	55.75	7.29	3.17	880.84
		合　计								880.84

161

措施项目清单计价表 表 4-43

工程名称：YYH 道路工程 第 1 页 共 1 页

序号	项 目 名 称	金额(元)
1	施工现场围栏	880.84
2	文明施工	1107.48
3	安全生产	5592.78
4	临时设施	11074.81
	合　　计	18655.91

4.2.3 其他项目清单计价（表 4-44、表 4-45）

其他项目清单计价表 表 4-44

工程名称：YYH 道路工程 第 1 页 共 1 页

序　号	项 目 名 称	金额(元)
1	招标人部分	
1.1	预留金	55374.06
1.2	材料购置费	0
1.3	其他	0
	小计	55374.06
2	投标人部分	
2.1	总承包服务费	0
2.2	零星工作费	2800
2.3	其他	0
	小计	2800
	合　　计	58174.06

零星工作项目计价表 表 4-45

工程名称：YYH 道路工程 第 1 页 共 1 页

序号	名　　称	计量单位	数　量	金额(元)	
				综合单价	合　价
1	人工				
1.1	二类工	工日	10	30	300
1.2	综合人工	工日	20	25	500
	小计				800
2	材料				
	小计				0
3	机械				

续表

序号	名　称	计量单位	数量	金额（元）	
				综合单价	合　价
3.1	柴油发电机(30kW)	台班	10	200	2000
		小计			2000
		合计			2800

4.2.4　规费计算表（表4-46）

规费计算表　　　　　　　　　　　　　　表4-46

序　号	项目名称	计算基数	费　率	金额（元）
1	社会保险费		3.31%	20871.89
2	住房公积金		1.28%	8071.30
3	工程定额测定费	630570.55	0.10%	630.57
4	建筑企业管理费		0.20%	1261.14
5	工程排污费		0.33%	2080.88
	合　计			32915.78

4.2.5　税金计算

$$税金 = 663486.33 \times 3.41\% = 22624.88 元$$

4.2.6　工程总造价（表4-47、表4-48）

单位工程费汇总表　　　　　　　　　　　　表4-47

工程名称：YYH道路工程　　　　　　　　　　第1页　共1页

序　号	项目名称	金额（元）
1	分部分项工程量清单计价合计	553740.58
2	措施项目清单计价合计	18655.91
3	其他项目清单计价合计	58174.06
4	规费	32915.78
5	税金	22624.88
	合　计	686111.21

单项工程费汇总表　　　　　　　　　　　　表4-48

工程名称：YYH道路工程　　　　　　　　　　第1页　共1页

序　号	单位工程名称	金额（元）
1	道路工程	686111.21
2		
	合　计	686111.21

投 标 总 价

建 设 单 位：　　　　　（略）

工 程 名 称：　　　YYH 道路工程

投标总价(小写)：　　　686111.21 元

　　　（大写）：　陆拾捌万陆仟壹佰壹拾壹圆贰角壹分

投 标 人：　　　　（略）　　　　　（单位签字盖章）

法定代表人：　　　　（略）　　　　　（签字盖章）

编 制 时 间：　　　　（略）

思考题与习题

一、简答题

1. 城市道路和公路，在横断面布置上有何不同？
2. 人们通常所说的道路路面，与专业上所讲的道路面层是一回事吗？
3. 水泥混凝土路面常规施工程序中有："摊铺混凝土——振捣密实——整形压光——压纹养生——切缝、清缝、灌缝——养生"等施工过程，这些施工过程与《全国统一市政工程预算定额》道路工程册的定额子目是如何对应的？
4. 请分别说出挡土墙按在道路上的位置、结构形式、使用材料的不同，分为哪几种？
5. 写出机械摊铺的粗粒式沥青混凝土（8cm）路面面层的清单编码和定额编号。

二、计算题

1. 某市的幸福路与团结路相交，幸福路路面宽度18m，团结路路面宽度10m，其余资料详见图4-24。请计算两条路施工界限范围内的路面面积。

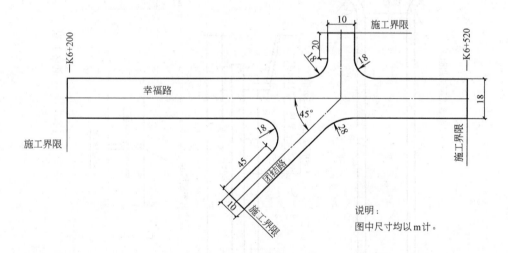

图 4-24　道路交叉口

2. ××道路工程，桩号 K2+210～K2+420 直线路段是水泥混凝土路面，丁字路口范围内为沥青混凝土路面（丁字路口计算至圆弧切点处），支路路面宽度 $A=10m$，人行道宽度 $B=3m$，转弯处圆弧半径 $R1=18m$，$R2=15m$。土石方工程已完成。路面及人行道工程结构详见图4-25。招标文件要求工程需要的人行道、侧石块件运距2km，其他材料运距按5公里考虑，施工期间要求符合安全施工、文明施工的有关规定。请完成以下内容：

（1）编制该路面工程及附属工程的分部分项工程量清单。
（2）对分部分项工程量清单中除侧石安砌外的其他各项进行综合单价计算。
（3）根据你的分析计算填写分部分项工程量清单综合单价分析表。

说明和要求：

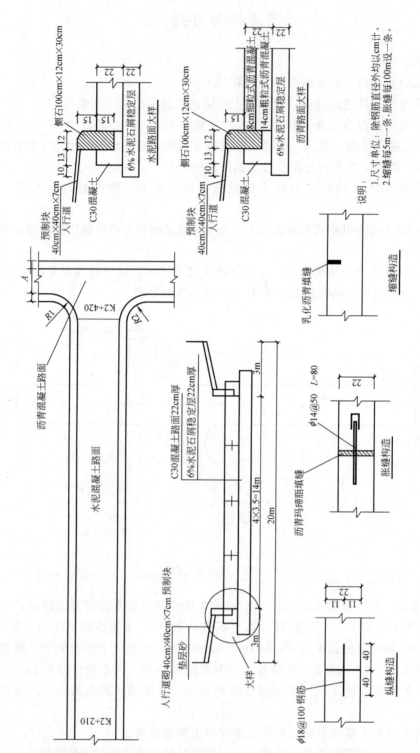

图 4-25 ××道路工程

(1) 人工、材料、机械费用采用《全国统一市政工程预算定额》标准，管理费按人工、材料、机械费之和的10%计，利润按人工费的20%计；C30混凝土单价215.10元/m³；人行道单价6.48元/块，即40.5元/m²。

(2) 综合单价分析计算时，沥青混凝土采用现场人工加工，机械铺筑。涉及到的其他施工方法，可自行考虑决定，但必须在施工方法的叙述中明确写出来。

(3) 所有工程量的计算都应写出过程，列出算式。

单元5　桥涵护岸工程计量与计价

课题1　桥涵护岸工程专业知识

道路路线遇到江河湖泊、山谷深沟以及其他线路（铁路或公路）等障碍时，为了保持道路的连续性，就需要建造专门的人工构造物——桥梁来跨越障碍。下面先介绍桥梁的基本组成部分以及桥梁的分类情况。

1.1　桥涵结构的基本组成及分类

1.1.1　桥涵结构的基本组成

（1）桥梁组成部分

图5-1是一座典型的梁式桥。从图中可见，桥梁一般由以下几部分组成：桥跨结构是在线路中断时跨越障碍的主要承重结构。桥墩和桥台是支承桥跨结构并将恒载和车辆等活载传至地基的建筑物。通常设置在桥两端的称为桥台，它除了上述作用外，还与路堤相衔接，以抵御路堤土压力，防止路堤填土的滑坡和塌落。单孔桥没有中间桥墩。桥墩和桥台中使全部荷载传至地基的底部奠基部分，通常称为基础。它是确保桥梁能安全使用的关键。由于基础往往深埋于土层之中，并且需在水下施工，故也是桥梁建筑中比较困难的一个部分。

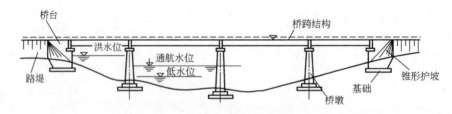

图5-1　梁式桥整体布置图

通常人们还习惯地称桥跨结构为桥梁上部结构，称桥墩和桥台（包括基础）为桥梁的下部结构。一座桥梁中在桥跨结构与桥墩或桥台的支承处所设置的传力装置，称为支座，它不仅要传递很大的荷载，并且要保证桥跨结构能产生一定的变位。在路堤与桥台衔接处，一般还在桥台两侧设置石砌的锥形护坡，以保证迎水部分路堤边坡的稳定。

在桥梁建筑工程中，除了上述基本结构外，根据需要还常常修筑护岸、导流结构物等附属工程。河流中的水位是变动的，在枯水季节的最低水位称为低水位；洪峰季节河流中的最高水位称为高水位。桥梁设计中按规定的设计洪水频率计算所得的高水位，称为设计洪水位。下面介绍一些与桥梁布置和结构有关的主要尺寸和术语名称。

（2）桥梁主要术语

1) 净跨径：对于梁式桥是设计洪水位上相邻两个桥墩（或桥台）之间的净距；对于拱式桥是每孔拱跨两个拱脚截面最低点之间的水平距离。

2) 总跨径：是多孔桥梁中各孔净跨径的总和，也称桥梁孔径（$\sum l_0$），它反映了桥下宣泄洪水的能力。

3) 计算跨径：对于具有支座的桥梁，是指桥跨结构相邻两个支座中心之间的距离。对于图5-2所示的拱桥，是两相邻拱脚截面形心点之间的水平距离。桥跨结构的力学计算是以计算跨径为基准的。

4) 桥梁全长：简称桥长，是桥梁两端两个桥台的侧墙或八字墙后端点之间的距离。

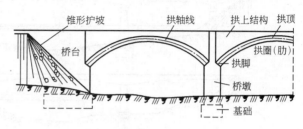

图5-2 拱桥

5) 桥梁高度：简称桥高，是指桥面与低水位之间的高差或桥面与桥下线路路面之间的距离。桥高在某种程度上反映了桥梁施工的难易性。

6) 桥下净空高度：是设计洪水位或计算通航水位至桥跨结构最下缘之间的距离。它应保证能安全排洪，并不得小于对该河流通航所规定的净空高度。

7) 建筑高度：是桥上行车路面（或轨顶）标高至桥跨结构最下缘之间的距离，它不仅与桥跨结构的体系和跨径大小有关，而且还随行车部分在桥上布置的高度位置而异。道路（或铁路）定线中所确定的桥面（或轨顶）标高，对通航净空顶部标高之差，又称为容许建筑高度。显然，桥梁的建筑高度不得大于其容许建筑高度，否则就不能保证桥下的通航要求。

8) 净矢高：是从拱顶截面下缘至相邻两拱脚截面下缘最低点之连线的垂直距离。

9) 计算矢高：是从拱顶截面形心至相邻两拱脚截面形心之连线的垂直距离。

10) 矢跨比：是拱桥中拱圈（或拱肋）的计算矢高与计算跨径之比，也称拱矢度，它是反映拱桥受力特性的一个重要指标。

此外，我国《公路工程技术标准》（JTJ 001—97）中规定，对标准设计或新建桥涵跨径在60m以下时，一般均应尽量采用标准跨径。对于梁式桥，它是指两相邻桥墩中线之间的距离，或桥墩中线至桥台台背前缘之间的距离；对于拱式桥，则是指净跨径。

1.1.2 桥涵结构的分类

(1) 桥梁的基本分类

由基本构件所组成的各种结构物，在力学上也可归结为梁式、拱式和悬吊式三种基本体系以及它们之间的各种组合。下面从受力特点、建桥材料、适用跨度、施工条件等方面来阐明桥梁各种类型的特点。

1) 梁式桥

梁式桥是一种在竖向荷载作用下无水平反力的结构，如图5-3所示。由于外力（恒载和活载）的作用方向与承重结构的轴线接近垂直，故与同样跨径的其他结构体系相比，梁内产生的弯矩最大，通常需用抗弯能力强的材料（钢、木、钢筋混凝土等）来建造。为了节约钢材和木料（木桥使用寿命不长，除临时性桥梁或战备需要外，一般不宜采用），目

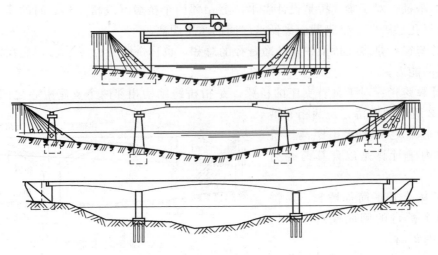

图 5-3　梁式桥

前在道路上应用最广的是预制装配式的钢筋混凝土简支梁桥。这种梁桥的结构简单，施工方便，对地基承载能力的要求也不高，但其常用跨径在 25m 以下。当跨度较大时，需要采用预应力混凝土简支梁桥，但跨度一般也不超过 50m。为了达到经济、省料的目的，可根据地质条件等修建悬臂式或连续式的梁式桥。对于很大跨径，以及对于承受很大荷载的特大桥梁可建造使用高强度材料的预应力混凝土梁桥外，也可建造钢桥。

2）拱式桥

拱式桥的主要承重结构是拱圈或拱肋（如图 5-4 所示）。这种结构在竖向荷载作用下，桥墩或桥台将承受水平推力。同时，这种水平推力将显著抵消荷载所引起在拱圈（或拱肋）内的弯矩作用。因此，与同跨径的梁相比，拱的弯矩和变形要小得多。鉴于拱桥的承重结构以受压为主，通常就可用抗压能力强的圬工材料（如砖、石、混凝土）和钢筋混凝土等来建造。拱桥的跨越能力很大，外形也较美观，在条件许可的情况下，修建拱桥往往是经济合理。同时应当注意，为了确保拱桥能安全使用，下部结构和地基必须能经受住很大的水平推力的不利作用。此外，拱桥的施工一般要比梁桥困难些。对于很大跨度的桥梁，也可建造钢拱桥。

在地基条件不适于修建具有强大推力的拱桥的情况下，必要时也可建造水平推力由钢

图 5-4　拱式桥

或预应力筋做成抗拉系杆来承受的系杆拱桥，如图5-8所示。近年来还发展了一种所谓"飞鸟式"三跨无推力拱桥，即在拱桥边跨的两端施加强大的预加力，传至拱脚，以抵消主跨拱脚巨大的恒载水平推力。

3) 刚架桥

刚架桥的主要承重结构是梁或板和立柱或竖墙整体结合在一起的刚架结构，梁和柱的连接处具有很大的刚性，如图5-5所示。在竖向荷载作用下，梁部主要受弯，而在柱脚处也具有水平反力，其受力状态介于梁桥与拱桥之间。刚架桥跨中的建筑高度就可以做得较小。当遇到线路立体交叉或需要跨越通航江河时，采用这种桥型能尽量降低线路标高，以改善纵坡并能减少路堤土方量。但普通钢筋混凝土修建的刚架桥施工比较困难，梁柱刚结处较易裂缝。

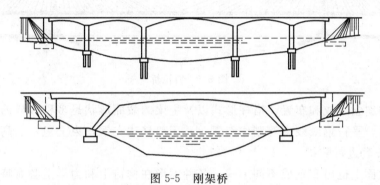

图 5-5 刚架桥

4) 吊桥

传统的吊桥（也称悬索桥）均用悬挂在两边塔架上的强大缆索作为主要承重结构，如图5-6所示。在竖向荷载作用下，通过吊杆使缆索承受很大的拉力，通常就需要在两岸桥台的后方修筑非常巨大的锚碇结构。吊桥也是具有水平反力（拉力）的结构。现代的吊桥上，广泛采用高强度的钢丝成股编制的钢缆，以充分发挥其优异的抗拉性能，因此结构自重较轻，就能以较小的建筑高度跨越其他任何桥型无与伦比的特大跨度。吊桥的另一特点是：成卷钢缆易于运输，结构的组成构件较轻，便于无支架悬吊拼装。

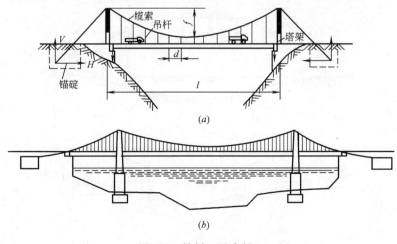

图 5-6 吊桥（悬索桥）

5) 斜拉桥

斜拉桥由斜索、塔柱和主梁所组成，如图 5-7 所示。用高强钢材制成的斜索将主梁多点吊起，并将主梁的恒载和车辆荷载传至塔柱，再通过塔柱基础传至地基。这样，跨度较大的主梁就像一根多点弹性支承（吊起）的连续梁一样工作，从而可使主梁尺寸大大减小，结构自重显著减轻，既节省了结构材料，又大幅度地增大桥梁的跨越能力。此外，与悬索桥相比，斜拉桥的结构刚度大，即在荷载作用下的结构变形小得多，且其抵抗风振的能力也比悬索桥好，这也是在斜拉桥可能达到的大跨度情况下使悬索桥逊色的重要因素。

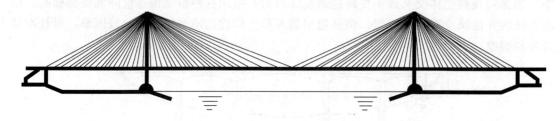

图 5-7 斜拉桥

斜拉桥的斜索组成和布置、塔柱形式以及主梁的截面形状是多种多样的。我国常用平行高强钢丝束、平行钢绞线束等制作斜索，并用热挤法在钢丝束上包一层高密度的黑色聚乙烯（PE）外套进行防护。

斜索在立面上也可布置成不同形式。各种索形在构造上和力学上各有特点，在外形美观上也各具特色。常用的索形布置为竖琴形和扇形两种。另一种是斜索集中锚固在塔顶的辐射形布置，因其塔顶锚固结构复杂而较少采用。

6) 组合体系桥梁

除了以上 5 种桥梁的基本体系以外，根据结构的受力特点，由几种不同体系的结构组合而成的桥梁称为组合体系桥。图 5-8（a）所示为一种梁和拱的组合体系，其中梁和拱都是主要承重结构，两者相互配合共同受力。由于吊杆将梁向上（与荷载作用的挠度方向相反）吊住，这样就显著减小了梁中的弯矩；同时由于拱与梁连接在一起，拱的水平推力就传给梁来承受，这样梁除了受弯以外尚且受拉。这种组合体系桥能跨越较一般简支梁桥

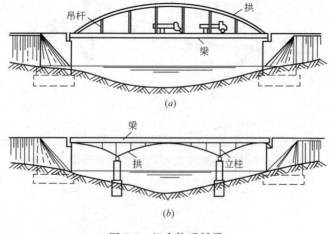

图 5-8 组合体系桥梁

更大的跨度,而对墩台没有推力作用,因此,对地基的要求就与一般简支梁桥一样。图5-8(b)所示为拱置于梁的下方、通过立柱对梁起辅助支承作用的组合体系桥。

图5-9所示为几座大跨度组合体系桥的实例。在图中由上而下依次是钢桁架和钢拱的组合;钢梁与悬吊系统的组合;钢梁与斜拉索的组合;斜拉索与悬索的组合。

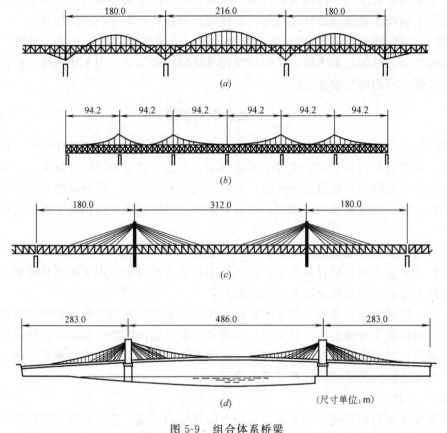

图 5-9 组合体系桥梁
(a) 九江长江大桥;(b) 丹东鸭绿江大桥;(c) 芜湖长江大桥;(d) 纽约布鲁克林大桥

(2) 桥梁的其他分类简介

除了上述按受力特点分成不同的结构体系外,人们还习惯地按桥梁的用途、大小规模和建桥材料等方面来进行分类。

1) 按用途来划分,有公路桥、铁路桥、公路铁路两用桥、农桥、人行桥、运水桥(渡槽)及其他专用桥梁(如通过管路电缆等)。

2) 按桥梁全长和跨径的不同,分为特殊大桥、大桥、中桥和小桥。《公路工程技术标准》JTJ 001—97规定的大、中、小桥划分标准见表5-1。

按跨径分类表　　　　　表 5-1

桥梁类别 指标	特大桥	大桥	中桥	小桥	涵洞
多孔跨径总长 L(m)	$L \geq 500$	$500 > L \geq 100$	$30 < L < 100$	$8 \leq L \leq 30$	$L < 8$
单孔跨径 L_b(m)	$L_b \geq 100$	$100 > L_b \geq 40$	$20 \leq L_b < 40$	$5 \leq L_b < 20$	$L_b < 5$

3) 按主要承重结构所用的材料划分,有圬工桥(包括砖、石、混凝土桥)、钢筋混凝土桥、预应力混凝土桥、钢桥和木桥等。木材易腐,而且资源有限,因此,除了少数临时性桥梁外,一般不采用。

4) 按跨越障碍的性质,可分为跨河桥、跨线桥(立体交叉)、高架桥和栈桥。高架桥一般指跨越深沟峡谷以代替高路堤的桥梁。为将车道升高至周围地面以上并使其下面的空间可以通行车辆或作其他用途(如堆栈、店铺等)而修建的桥梁,称为栈桥。

5) 按上部结构的行车道位置,分为上承式桥、下承式桥和中承式桥。桥面布置在主要承重结构之上者称为上承式桥;桥面布置在承重结构之下的称为下承式桥;桥面布置在桥跨结构高度中间的称为中承式桥。

1.2 桥涵护岸工程施工

钢筋混凝土和预应力混凝土梁桥的施工可分为就地灌筑(或简称"现浇")和预制安装两大类。一般说来,预制安装法施工的优点是:上、下部结构可平行施工,工期短;混凝土收缩徐变的影响小,质量易于控制;有利于组织文明生产。但是这种方法需要设置预制场地和拥有必要的运输和吊装设备,而且当预制块件之间的受力钢筋中断时需要作接缝处理。

现浇法施工无需预制场地,并且不需要大型吊运设备,梁体的主筋也不中断。但是,工期长,施工质量不如预制容易控制,而且对于预应力混凝土梁由于收缩和徐变引起的应力损失也较大等,这些都是此法的不足之处。

近年来,随着吊运设备能力的不断提高、预应力工艺的逐趋完善,预制安装的施工方法已在国内外得到了普遍推广。对于中、小跨径的简支梁桥广泛采用标准设计进行整片预制和整片架设。对于大、中跨径的悬臂和连续体系梁桥,在分段浇筑的悬臂法施工工艺方面已总结出丰富的实践经验,并获得很大的发展。

1.2.1 梁桥的施工

以下简要介绍钢筋混凝土和预应力混凝土简支梁的制造工艺、各种常用的运输安装方法以及大中跨径桥梁悬臂法施工的工艺特点。

(1) 钢筋混凝土简支梁的制造工艺

1) 模板和简易支架

按制作材料分类,桥梁施工常用的模板有木模板、钢模板、钢木结合模板。目前我国公路桥梁上用得最多的还是木模板。随着国家工业的发展,既能节约木材又可提高预制质量而且经久耐用的钢模板,将逐步得到使用和推广。

木模板的基本构造由紧贴于混凝土表面的壳板(又称面板)、支承壳板的肋木和立柱或横档组成,如图5-10所示。

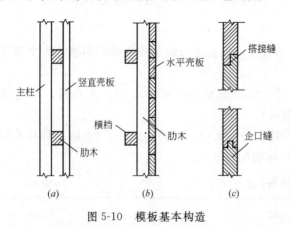

图 5-10 模板基本构造

图 5-11 所示为梁桥常用的模板构造。在拼装钢模板时,所有紧贴混凝土的接缝内部都用止浆垫使接缝密闭不漏浆,止浆垫一般采用柔软、耐用和弹性大的 5~8mm 橡胶板

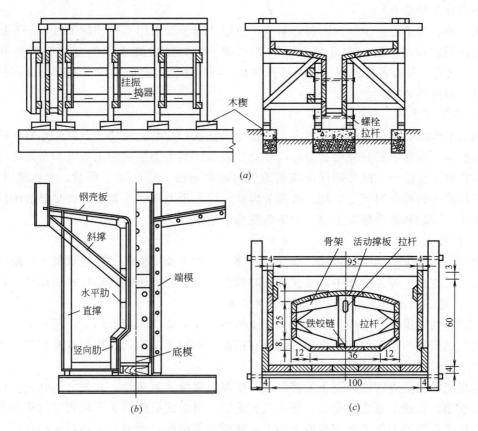

图 5-11 梁桥常用模板构造（尺寸单位：cm）
(a) T形梁的木模构造；(b) 钢模板的组成；(c) 空心板梁芯模构造

或厚 10mm 左右的泡沫塑料。

就地浇筑梁桥时，需要在梁下搭设简易支架（或称脚手架）来支承模板、浇筑的钢筋混凝土以及其他施工荷载的重量。对于装配式桥的施工，有时也要搭设简易支架作为吊装过程中的临时支承结构和施工操作之用。

目前在桥梁施工中采用较多的是木支架，并以立柱式支架为多，如图 5-12 所示。在顺桥方向的间距一般为 3~5m，靠墩台的立柱可设在墩台基础的襟边上；在横桥方向，立

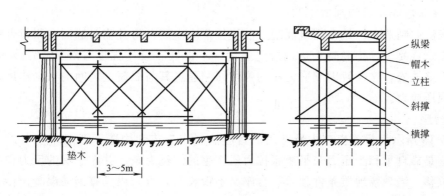

图 5-12 简易支架

柱一般设置在梁肋下。

近年来,为了进一步节约木材,对中、小型公路桥梁采用有支架施工时,已开始采用工业与民用建筑单位普遍使用的工具式钢管脚手架。这种脚手架的主要构件是外径为51mm的钢管,备有各式连接扣件,操作方便,损耗率低,在施工中质量有保证,并且可取得良好的经济效益。

2) 钢筋工作

钢筋工作的特点是:加工工序多,包括钢筋整直、切断、除锈、下料、弯制、焊接或绑扎成型等,而且钢筋的规格和型号尺寸也比较多。鉴于钢筋的加工质量和布置在浇筑混凝土后再也无法检查,故必须仔细认真地严格控制钢筋工作的施工质量。装配式T梁常用预先焊成的钢筋骨架进行安装。骨架的焊接一般采用电弧焊。骨架要有足够的刚性,以便在搬运、安装和灌筑混凝土过程中不致变形、松散。

3) 混凝土工作

混凝土工作包括拌制、运输、灌注和振捣、养护以及拆模等工序。混凝土一般应采用机械搅拌。在整个施工过程中,要注意随时检查和校正混凝土的流动性或工作度(又叫坍落度),严格控制水灰比,不得任意增加用水量。

目前,为了提高干硬或半干硬性混凝土的和易性、减少混凝土的单位用水量以提高其强度并且达到节约水泥用量的目的,尚可在混凝土中掺用减水剂。掺加减水剂的种类、数量、方法都必须通过试验确定。

混凝土的振捣对增加混凝土的密实度、提高其强度及耐久性,并使之达到内实外光起到重要作用。混凝土振捣设备有:插入式振捣器、附着式振捣器、平板式振捣器和振动台等。平板式振捣器用于大面积混凝土施工,如桥面基础等;附着式振捣器是挂在模块外部振捣,借振动模板来振捣混凝土;插入式振捣器常用的是软管式的,只要构件断面有足够的地方插入振捣器,它的效果比平板式及附着式要好。

混凝土每次振捣的时间要很好掌握,振捣时间过短或过长均对混凝土的质量有害,一般以振捣至混凝土不再下沉、无显著汽泡上升、混凝土表面出现薄层水泥浆、表面达到平整为适度。

(2) 预应力混凝土简支梁桥的制造工艺

预应力混凝土简支梁按制作工艺分为先张法和后张法两类,下面扼要阐述先张法和后张法的施工工艺。

1) 先张法简支梁的制造工艺

先张法的制造工艺是在灌筑混凝土前张拉预应力筋,将其临时锚固在张拉台座上,然后立模浇筑混凝土,待混凝土达到规定强度(不得低于设计强度等级的70%)时,逐渐将预应力筋放松,这样就因预应力筋的弹性回缩通过其与混凝土之间的粘结作用,使混凝土获得预压应力。

a. 台座

图5-13所示为目前生产中最常用的台座法制作工艺的构造示意图。重力式(也称墩式)台座是靠自重和土压力来平衡张拉力所产生的倾覆力矩,并靠土壤的反力和摩擦力抵抗水平位移。当现场地质条件较差,台座又不很长时,可采用具有钢筋混凝土传力柱组成的槽式台座,如图5-14所示。

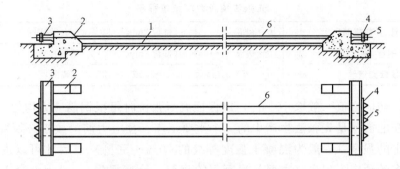

图 5-13 重力式台座构造示意图
1—台面；2—承力架；3—横梁；4—定位钢板；5—夹具；6—预应力筋

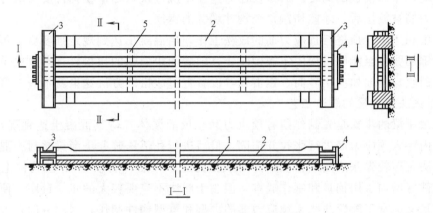

图 5-14 槽式台座构造示意图
1—台面；2—传力柱；3—横梁；4—定位板；5—横系梁

b. 预应力筋的制备和张拉

先张法预应力混凝土梁可采用冷拉Ⅲ、Ⅳ级螺纹粗钢筋、高强钢筋、钢绞线和冷拉低碳钢丝作为预应力筋。预应力筋的制备工作，包括下料、对焊、镦粗或轧丝、冷拉等工序。下料长度必须精确计算，以防止下料过长或过短造成浪费或给张拉、锚固带来困难。

Ⅳ级螺纹粗钢筋的出厂长度为 9～10m，因此需要对焊接长后才可应用。对焊接长一般应在冷拉前进行，以免冷拉钢筋高温回火后失去冷拉所提高的强度。对焊质量应严格控制，Ⅳ级钢筋的对焊一般在对焊机上进行。

钢筋端的张拉和锚固，除了焊接螺丝端杆的方法外，也可以采用镦头锚具或轧制螺纹锚具（或称轧丝锚具），以简化锚固方法和节约优质钢材。

为了提高钢筋的强度和节约钢材，预应力粗钢筋在使用前一般需要进行冷拉（即在常温下，用超过钢筋屈服强度的拉力拉伸钢筋）。

预应力筋的控制张拉力是张拉前需要确定的一个重要数据。它由预应力筋的张拉控制应力 σ_k 与截面积 A 的乘积来确定，而桥规规定，钢筋中的最大控制应力对钢丝、钢绞线不应超过 $0.75R_y^b$，对冷拉粗钢筋不应超过 $0.90R_y^b$，此处 R_y^b 为预应力筋的标准强度。

为了减小预应力筋的应力松弛损失，通常采用超张拉的方法，按照表 5-2 规定的张拉程序进行张拉。其中应力由 $105\%\sigma_k$ 退至 $90\%\sigma_k$，主要是为了设置预埋件、绑扎钢筋和支

先张法预应力筋张拉程序		表 5-2
Ⅱ、Ⅲ、Ⅳ级钢筋	$0 \rightarrow$ 初应力 $\rightarrow 105\%\sigma_k$（持荷 2min）$\rightarrow 90\%\sigma_k \rightarrow \sigma_k$（锚固）	
碳素钢丝、钢绞线	$0 \rightarrow$ 初应力 $\rightarrow 105\%\sigma_k$（持荷 2min）$\rightarrow 0 \rightarrow \sigma_k$（锚固）	
冷拔低碳钢丝	$0 \rightarrow 105\%\sigma_k$（持荷 2min）$\rightarrow \sigma_k$ 或 $0 \rightarrow 103\%\sigma_k$（锚固）	

模时的安全。初应力值一般取 $10\%\sigma_k$，以保证成组张拉时每根钢筋应力均匀。

预应力筋的放松是先张法生产中的一个重要工序。预应力筋的放松必须待混凝土养护达到设计规定的强度（一般为混凝土强度等级的 70%～80%）以后才可以进行。放松过早会造成较多的预应力损失（主要是混凝土的收缩、徐变损失），或因混凝土与钢筋的粘结力不足而造成预应力筋弹性收缩滑动和在构件端部出现水平裂缝的质量事故；放松过迟，则影响台座和模板的周转。放松操作时速度不应过快，尽量使构件受力对称均匀。只有待预应力筋被放松后，才能切割每个构件端部的钢筋。

通常可利用千斤顶进行预应力筋的放松工作。当混凝土达到规定强度后，再安装千斤顶重新将钢筋张拉至能够扭松固定螺帽时止，随着固定螺帽的扭松，逐渐放松千斤顶，让钢筋慢慢回收。其他如应用砂筒、钢滑楔等设备进行放松的方法这里就不一一赘述了。

2) 后张法简支梁的制造工艺

后张法制梁的步骤是先制作留有预应力筋孔道的梁体，待其混凝土达到规定强度后，再在孔道内穿入预应力筋进行张拉并锚固，最后进行孔道压浆并浇灌梁端封头混凝土。

后张法工序较先张法复杂（例如需要预留孔道、穿筋、灌浆等）、且构件上耗用的锚具和埋设件等增加了用钢量和制作成本，但鉴于此法不需要较大的张拉台座，便于在现场施工，而且又适宜于配置曲线型预应力筋的大型和重型构件制作，因此目前在公路桥梁上得到广泛的应用。后张法预应力混凝土桥梁常用高强碳素钢丝束、钢绞线和冷拉Ⅲ、Ⅳ级粗钢筋作为预应力筋。对于跨径较小的 T 型梁桥，也可采用冷拔低碳钢丝作为预应力筋。

a. 预应力筋的制备

无论用什么材料制作预应力筋，都应注意其下料长度应为 $L = L_0 + L_1$，其中 L_0 为构件混凝土预留孔道长度；L_1 为工作长度，它视构件端面上锚垫板厚度与数量、锚具类型、张拉设备类型和工作条件等而定。对于用镦头锚具的钢丝束，为保证每根钢丝下料长度相等，就要求钢丝在应力状态下切断下料。钢绞线在使用前应进行预拉，以减小其构造变形和应力松弛损失，并便于等长控制。下料时最好采用电弧熔割法，使切口绞线熔焊在一起。

b. 预应力筋孔道成型

孔道成型是后张法梁体施工中的一项重要工序。它的主要工作内容有：选择和安装制孔器，抽拔制孔器和孔道通孔检验等。

制孔器可分为抽拔式与埋置式两类。埋置式制孔器主要采用由薄钢板卷制的波纹形管。预埋钢板套管能使成孔均匀，摩阻力小，但使用后不能回收，因而成本较高。目前在小跨径简支 T 型梁中较少采用。抽拔式制孔器的最大优点是能够周转重复使用，经济而省钢材，故目前使用较广。

混凝土灌筑后合适的制孔器抽拔时间，是能否顺利抽拔和保证成孔质量的关键。如抽拔过早，则混凝土容易塌陷而堵塞孔道；如抽拔过迟，则可能拔断胶管。因此，制孔器的抽拔要在混凝土初凝之后与终凝之前,待其抗压强度达 4000～8000kPa 时方为合宜。根据经验,抽拔时间按下式估计:

$$H=100/T$$

式中　H——混凝土灌筑完毕至抽拔制孔器的时间(小时);
　　　T——预制构件所处的环境温度。

施工中也可通过试验来掌握其规律。

c. 预应力筋的张拉工艺

当梁体混凝土的强度达到设计强度的 70% 以上时,才可进行穿束张拉,穿束前,可用空压机吹风等方法清理孔道内的污物和积水,以确保孔道畅通。

后张法张拉预应力筋所用的液压千斤顶按其作用可分为单作用(张拉)、双作用(张拉和顶紧锚塞)和三作用(张拉、顶锚和退楔)等三种形式;按其结构特点则可分为锥锚式、拉杆式和穿心式三种形式。

后张法预应力混凝土梁桥使用最广的是采用高强钢丝束、钢制锥型锚具并配合锥锚式千斤顶的张拉工艺。其张拉程序是:

0→初应力(划线作标记)→$105\%\sigma_k$(持荷 5min)→σ_k→顶锚(测量钢丝伸长量及锚塞外器量)→大缸回油至初应力(测钢丝伸长量及锚塞外露量)→0→给油退楔。

d. 孔道压浆

孔道压浆是为了保护预应力筋不致锈蚀,并使力筋与混凝土梁体粘结成整体,从而既能减轻锚具的受力,又能提高梁的承载能力、抗裂性和耐久性。孔道压浆用专门的压浆泵进行,压浆时要求密实、饱满,并应在张拉后尽早完成。

压浆前应用压力水冲洗孔道,确保孔道畅通。压浆用的水泥浆须用不低于 50 号的普通硅酸盐水泥或 40 号快硬硅酸盐水泥拌制,水灰比应为 0.40～0.45。水泥浆应通过 2.5mm×2.5mm 的细筛后存放使用。

压浆工艺有一次压注法和二次压注法两种,前者用于不太长的直线型孔道,对于较长的孔道或曲线形孔道以二次压注法为好。

压浆应力以 500～600kPa 为宜。压浆顺序应先下孔道后上孔道,以免上孔道漏浆把下孔道堵塞。直线孔道压浆时,应从构件的一端压到另一端;曲线孔道压浆时,应从孔道最低处开始向两端进行。

二次压浆时,第一次从甲端压入直至乙端流出浓浆时将乙端阀关闭,待灰浆压力达到要求且各部再无漏水现象时再将甲端阀关闭。待第一次压浆后 30min,打开甲、乙端的阀,自乙端再进行第二次压浆,重复上述步骤,待第二次压浆完成经 30min 后,卸除压浆管,压浆工作便告完成。

e. 封端

孔道压浆后应立即将梁端水泥浆冲洗干净,并将端面混凝土凿毛。在绑扎端部钢筋网和安装封端模板时,要妥善固定,以免在灌筑混凝土时因模板走动而影响梁长。封端混凝土的强度应不低于梁体的强度。浇完封端混凝土并静置 1～2h 后,应按一般规定进行浇水养护。

(3) 装配式简支梁桥的安装

装配式简支梁桥的主要梁通常在施工现场的预制场内或可在桥梁厂内预制。为此，就要配合架梁的方法解决如何将梁运至桥头或桥孔下的问题。梁在起吊和安放时，应按设计规定的位置布置吊点或支承点。

简支式梁、板构件的架设，不外乎起吊、纵移、横移、落梁等工序。从架梁的工艺类别来分，有陆地架设、浮吊架设和利用安装导梁或塔架、缆索的高空架设等，每一类架设工艺中，按起重、吊装等机具的不同，又可分为各种独具特色的架设方法。

必须强调指出，桥梁架设既是高空作业又需要重而大的机具设备，在施工中如何确保施工人员的安全和杜绝工程事故，这是工程技术人员的重要职责。

下面简要介绍各种常用架梁方法的工艺特点。

1）陆地架设法

a. 自行式吊车架梁

在桥不高、场内又可设置行车便道的情况下，用自行式吊车（汽车吊车或履带吊车）架设中、小跨径的桥梁十分方便，如图 5-15 (a) 所示。此法视吊装重量不同，还可采用单吊（一台吊车）或双吊（两台吊车）两种。其特点是机动性好，不需要动力设备，不需要准备作业，架梁速度快。一般吊装能力为 150～1000kN，国外已出现 4100kN 的轮式吊车。

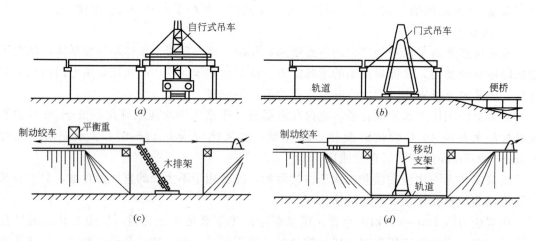

图 5-15 陆地架梁法

b. 跨墩门式吊车架梁

对于桥不太高，架桥孔数又多，沿桥墩两侧铺设轨道不困难的情况，可以采用一台或两台跨墩门式吊车来架梁，如图 5-15 (b) 所示。此时，除了吊车行走轨道外，在其内侧尚应铺设运梁轨道，或者设便道用拖车运梁。梁运到后，就用门式吊车起吊、横移，并安装在预定位置。

在水深不超过 5m、水流平缓、不通航的中、小河流上，也可以搭设便桥并铺轨后用门式吊车架梁。

c. 摆动排架架梁

用木排架或钢排架作为承力的摆动支点，由牵引绞车和制动绞车控制摆动速度梁就位后，再用千斤顶落梁就位。此法适用于小跨径桥梁，如图 5-15 (c) 所示。

d. 移动支架架梁

当预制对于高度不大的中、小跨径桥梁,当桥下地基良好能设置简易轨道时,可采用木制或钢制的移动支架架梁,如图 5-15(*d*)所示。随着牵引索前拉,移动支架带梁沿轨道前进,到位后再用千斤顶落梁。

2)浮吊架设法

a. 浮吊船架梁

在海上或深水大河上修建桥梁时,用可回转的伸臂式浮吊架梁比较方便,如图 5-16(*a*)所示。这种架梁方法,高空作业较少、施工比较安全,吊装能力也大,工效也高,但需要大型浮吊。浮吊架梁时需在岸边设置临时码头来移运预制梁。国外目前采用浮吊的吊装能力已达 30000kN 以上。

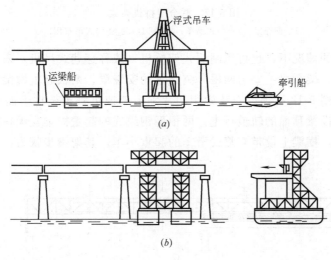

图 5-16 浮吊架设法

b. 固定式悬臂浮吊架梁

在缺乏大型伸臂式浮吊时,也可用钢制万能插件或贝雷钢架拼装固定式的悬臂浮吊进行架梁,如图 5-16(*b*)所示。用此法架梁时,需要在岸边设置运梁栈桥,以便浮吊从栈桥上起运预制梁。

3)高空架设法

a. 联合架桥机架梁

此法适用于架设中、小跨径的多跨简支梁桥,其优点是不受水深和墩高的影响,并且在作业过程中不阻塞通航。

联合架桥机由一根两跨长的钢导梁、两套门式吊机和一个托架(又称蝴蝶架)三部分组成,如图 5-17 所示。导梁顶面铺设运梁平车和托架行走轨道。门式吊车顶横梁上设有吊梁用的行走小车;为了不影响架梁的净空位置,其立柱底部还可做成在横向内倾斜的小斜腿,这样的吊车俗称拐脚龙门架。

用此法架梁时作业比较复杂,需要熟练的操作工人,而且架梁前的准备工作和架梁后的拆除工作比较费时。因此,此法用于孔数多、桥较长的桥梁比较经济。

b. 闸门式架桥机架梁

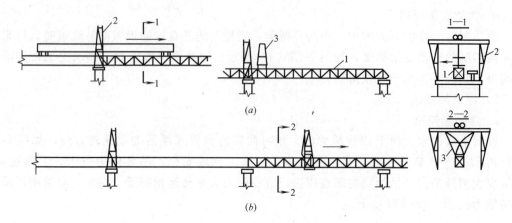

图 5-17 联合架桥机架梁
1—钢导梁；2—门式吊车；3—托架（运送门式吊车用）

在桥高、水深的情况下，也可用闸门式架桥机（或称穿巷式吊机）来架设多孔中、小跨径的装配式梁桥。架桥机主要由两根分离布置的安装梁、两根起重横梁和可伸缩的钢支腿三部分组成，如图 5-18 所示。安装梁用四片钢桁架或贝雷桁架拼组而成，下设移梁平车，可沿铺在已架设梁顶面的轨道行走。两根型钢组成的起重横梁支承在能沿安装梁顶面轨道行走的平车上，横梁上设带有复式滑车的起重小车。其架梁步骤为：

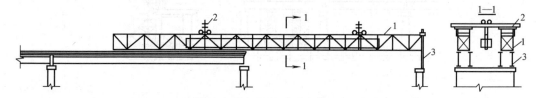

图 5-18 闸门式架桥机架梁
1—安装梁；2—起重横梁；3—可伸缩支腿

（a）将拼装好的安装梁用绞车纵向拖拉就位，使可伸缩支腿支承在架梁孔的前墩上（安装梁不够长时，可在其尾部用前方起重横梁吊起预制梁作为平衡压重）；

（b）前方起重横梁运梁前进，当预制梁尾端进入安装梁巷道时，用后方起重梁将梁吊起，继续运梁前进至安装位置后，固定起重横梁；

（c）用起重小车落梁安放在滑道垫板上，并借墩顶横移将梁（除一片中梁外）安装就位；

（d）用以上步骤并直接用起重小车架设中梁，整孔梁架完后即铺设移运安装梁的轨道。

重复上述工序，直至全桥架梁完毕。

用此法架梁，由于有两根安装梁承载，起吊能力较大，可以架设跨度较大较重的构件。我国已用这种类型的吊机架设了全长 51m、重 131t 的预应力混凝土 T 形梁。当梁较轻时用此法就可能不经济。

（4）悬臂体系和连续体系梁桥的施工要点

1）钢筋混凝土悬臂体系和连续体系梁桥的施工要点

普通钢筋混凝土的悬臂梁桥和连续梁桥，由于主梁的长度和重量大，一般很难能像简支梁那样将整根梁一次架设。因此，目前在修建钢筋混凝土的此类桥梁时，主要还是采用搭设支架模板就地浇筑的施工方法。

鉴于悬臂梁和连续梁在中墩处是连续的，而桥墩的刚性远比临时支架的刚性大得多，因此在施工中必须设法消除由于支架沉降不均而导致梁体在支承处的裂缝。为此，当不可能在初凝前一次浇完整根梁时，一般就在墩台处留出工作缝，如图5-19（a）所示。若施工支架中采用了跨径较大的梁式构件时，鉴于支架的挠度线将在梁的支承处有明显转折，因此在这些部位上也应设置工作缝，如图5-19（b）所示。工作缝宽度应不小于0.8～1.0m，由于工作缝处的端板上有钢筋通过，故制作安装都较困难，而且在浇筑混凝土前还要对已浇端面进行凿毛和清洗等工作。

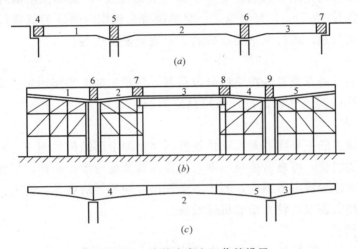

图5-19 浇筑次序和工作缝设置

有时为了避免设置工作缝的麻烦，也可以采取不设置工作缝的分段浇筑方法，如图5-19（c）所示，此时4、5段须待1、2、3段强度达到2500kPa后才能浇筑。对于长跨径的桥跨结构，从适应施工条件和减少混凝土收缩应力出发，往往也需要设置适当数量的工作缝。

2）预应力混凝土悬臂体系梁桥的施工要点

自从50年代初欧洲开始兴起桥梁悬臂施工方法以来，进一步促进了预应力混凝土悬臂体系桥梁的迅速发展。

悬臂施工法建造预应力混凝土桥梁时，不需要在河中搭设支架，而直接从已建墩台顶部逐段向跨径方向延伸施工，如图5-20所示。如果将悬伸的梁体与墩柱做成刚性固结，这样就构成了能最大限度发挥悬臂施工优越性的预应力混凝土T型刚架桥。鉴于悬臂施工时梁体的受力状态，与桥梁建成后使用荷载下的受力状态基本一致，这就既节省了施工中的额外消耗，又简化了工序，使得这类桥型在设计与施工上达到完美的协调和统一。

用悬臂施工法来建造悬臂桥梁，要比建造T形刚架桥复杂一些。因为在施工中需要采取临时措施使梁体与墩柱保持固结，而待梁体自身达到稳定状态时，又要恢复梁体与墩柱的铰接性质，对此尚需调整所施加的预应力以适应这种体系的转换。

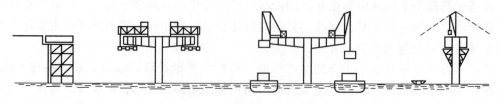

图 5-20　悬臂施工法示意图

按照梁体的制作方法，悬臂施工法又可分为悬臂浇筑和悬臂拼装两类，下面分别介绍这两种方法和施工中的临时固结措施。

a. 悬臂浇筑法

悬臂浇筑施工系利用悬吊式的活动脚手架（或称挂篮），在墩柱两侧对称平衡地浇筑梁段混凝土（每段长 2~5m），每浇筑完一对梁段待达到规定强度后就张拉预应力筋并锚固，然后向前移动吊篮，进行下一梁段的施工，直到悬臂端为止。

b. 悬臂拼装法

悬臂拼装法施工是在预制场将梁体分段预制，然后用船或平车运至架设地点，并用吊机向墩柱两侧对称均衡地拼装就位，张拉预应力筋。重复这些工序直至拼装完全部块件为止。

悬臂拼装法施工的主要优点是：梁体块件的预制和下部结构的施工可同时进行，拼装成桥的速度较现浇的快，可显著缩短工期；块件在预制场内集中制作，质量较易保证；梁体塑性变形小，可减少预应力损失，施工不受气候影响等。缺点是：需要占地较大的预制场地；为了移运和安装需要较大型的机械设备。

c. 临时固结措施

用悬臂施工法从桥墩两侧逐段延伸来建造预应力混凝土梁桥时，为了承受施工过程中可能出现的不平衡力矩，就需要采取措施使墩顶的零号块件与桥墩临时固结起来。

图 5-21 所示为我国某桥在施工中采用的临时固结措施构造。在浇筑零号块件之前，在墩顶靠两侧先浇筑 50 号的混凝土楔型垫块 2，待零号块达到设计强度 70% 以上时，在桥墩两侧各用预应力粗钢筋 1 从块件顶部张拉固定。这样就使拼装过程中出现的不平衡力矩完全由临时的混凝土垫块和预应力筋共同承受。待全部块件拼装完毕后，即可拆卸临时固结措施，使体系转换至永久支座发生作用。

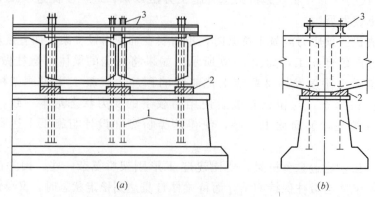

图 5-21　零号块件与桥墩的临时固结构造

3) 预应力混凝土连续梁桥的施工要点

预应力混凝土连续梁桥的施工方法甚多，有整体现浇、装配—整体施工、悬臂法施工、顶推法施工和移动式模架逐孔施工等。整体现浇需要搭设满堂支架，既影响通航，又要耗费大量支架材料，故对于大跨径多孔连续桥梁很少采用。以下分别介绍几种常用的施工方法。

a. 装配——整体施工法

装配——整体施工法的基本构思是：将整根连续梁按起吊安装设备的能力先分段预制，然后用各种安装方法将预制构件安装至墩、台或轻型的临时支架上，再现浇接头混凝土，最后通过张拉部分预应力筋，使梁体成为连续体系。

b. 悬臂施工法

用悬臂施工法建造预应力混凝土连续梁桥也分悬浇和悬拼两种，其施工程序和特点与悬臂施工法建造预应力混凝土悬臂梁桥基本相同。在悬浇和悬拼过程中，也要采取使上、下部结构临时固结的措施，待悬臂施工结束、相邻边跨梁段与悬臂端连接成整体并张拉了承受正弯矩的下缘预应力筋后，再卸除固结措施，最后再浇筑中央合拢段，使施工中的悬臂体系转换成连续体系。

c. 顶推法施工

随着预应力混凝土技术的发展和高强低摩阻滑道材料（聚四氟乙烯塑料）的问世，目前顶推法施工已成为架设连续梁桥的先进工艺，得到了广泛的应用。

顶推法施工的基本工序为：在桥台后面的引道上或在刚性好的临时支架上设置制梁场，集中制作（现浇或预制装配）一般为等高度的箱形梁段（约 10～30m 一段），待有 2～3 段后，在上、下翼板内施加能承受施工中变号内力的预应力，然后用水平千斤顶等顶推设备将支承在四氟乙烯塑料板与不锈钢板滑道上的箱梁向前推移，推出一段再接长一段，这样周期性地反复操作直至最终位置，进而调整预应力（通常是卸除支点区段底部和跨中区段顶部的部分预应力筋，并且增加和张拉一部分支点区段顶部和跨中段底部的预应力筋），使满足后加恒载和活载内力的需要，最后，将滑道支承移置成永久支座，至此施工完毕。

4) 移动式模架逐孔施工法

移动式模架逐孔施工法，是近年来以现浇预应力混凝土桥梁施工的快速化和省力化为目的发展起来的，它的基本构思是：将机械化的支架和模板支承（或悬吊）在长度稍大于两跨、前端作导梁用的承载梁上，然后在桥跨内进行现浇施工，待混凝土达到一定强度后就脱模，并将整孔模架沿导梁前移至下一浇筑桥孔，如此有节奏地逐孔推进直至全桥施工完毕。

此法适用于跨径达 20～80m 的等跨和等高度连续梁桥施工，平均推进速度约为每昼夜 3m，鉴于整套施工设备需要较大投资，故所建桥梁孔数愈多、桥愈长、模架周转次数愈多，则经济效益就愈佳。采用此法施工时，通常将现浇梁段的起讫点设在连续梁弯矩最小的截面处（约为由支点向前 $0.2L$ 处），预应力筋锚固在浇筑缝处，当浇筑下一孔梁段前再用连接器将预应力筋接长。

1.2.2 拱桥的施工

拱桥是一种能充分发挥圬工及钢筋混凝土材料抗压性能、外形美观、维修管理费用少的合理桥型，因此它被广泛采用。拱桥的施工，从方法上大体可分为有支架施工和无支架施工两大类。在我国，前者常用于石拱桥和混凝土预制块拱桥；后者多用于肋拱、双曲拱、箱形拱、桁架拱桥等。目前也有采用两者相结合的施工方法。本章在侧重介绍石拱桥的有支架施工及无支架缆索吊装施工方法的基础上，还概要介绍一些近年来国内外研讨和采用的、适合于大跨径拱桥施工的新方法，以便扩大知识面，利于再创造。

(1) 有支架施工

石拱桥、现浇混凝土拱桥以及混凝土预制块砌筑的拱桥，都采用有支架的施工方法修建，其主要施工工序有材料的准备，拱圈放样（包括石拱桥拱石的放样），拱架制作与安装，拱圈及拱上建筑的砌筑等。

拱圈或拱架的准确放样，是保证拱桥符合设计要求的基本条件之一。石拱桥的拱石，要按照拱圈的设计尺寸进行加工，为了保证尺寸准确，需要制作拱石样板。现在一般都是采用放出拱圈（肋）大样的办法来制作样板的，样板用木板或镀锌薄钢板在样台上按分块大小制成。

1) 拱架

拱架需支承全部或部分拱圈和拱上建筑重量，并保证拱圈的形状符合设计要求。拱架要有足够的强度、刚度和稳定性。同时，拱架又是一种施工临时结构，故要求构造简单、装拆方便并能重复使用，以加快施工进度，减少施工费用。

拱架的种类很多，按使用材料可分为木拱架、钢拱架、竹拱架、竹木拱架等形式。

木拱架的制作简单，架设方便，但耗用木材较多，常用于盛产木材的地区。钢拱架有多种形式，如工字梁式拱架（适用跨径可达40m）和桁架式拱桥（一般可用于100m跨径以上）。钢拱架大多数做成常备式构件（又称万能式构件），可以在现场按要求组拼成所需的构造形式，因它是由多种零件（如由角钢制成的杆件、节点板和螺栓等）构成的，故拆装容易，适用范围广，节省木材，尽管它具有一次投资较大、钢材用量较多的缺点，在我国仍得到推广采用。

2) 拱圈及拱上建筑的施工

修建拱圈时，为保证在整个施工过程中拱架受力均匀，变形最小，使拱圈的质量符合设计要求，必须选择适当的砌筑方法和顺序。一般根据跨径大小，构造形式等分别采用不同繁简程度的施工方法。

通常，跨径在10～15m以下的拱圈，可按拱的全宽和全厚，由两侧拱脚同时对称地向拱顶砌筑，并使在拱顶合拢时，拱脚处的混凝土未初凝或石拱桥拱石砌缝中的砂浆尚未凝结。稍大跨径时，最好在拱脚预留空缝，由拱脚向拱顶按全宽、全厚进行砌筑（浇筑混凝土），为了防止拱架的拱顶部分上翘，可在拱顶区段适当预先压重，待拱圈砌缝的砂浆达到设计强度70%后（或混凝土达到设计强度），再将拱脚预留空缝用砂浆（或混凝土）填塞。

大、中跨径的拱桥，一般采用分段施工或分环（分层）与分段相结合的施工方法。分段施工可使拱架变形比较均匀，并可避免拱圈的反复变形。拱上建筑的施工，应在拱圈合拢，混凝土或砂浆达到设计强度30%后进行。对于石拱桥，一般不少于合拢后三昼夜。拱上建筑的施工，应避免使主拱圈产生过大的不均匀变形。

空腹式拱桥一般是在腹孔墩砌完后就卸落拱架，然后再对称均衡地砌筑腹拱圈，以免由于主拱圈的不均匀下沉而使腹拱圈开裂。

在多孔连续拱桥中，当桥墩不是按施工单向受力墩设计时，仍应注意相邻孔间的对称均衡施工，避免桥墩承受过大的单向推力。

(2) 缆索吊装施工（无支架施工）

在峡谷或水深流急的河段上，或在通航河流上需要满足船只的顺利通行，或在洪水季节施工并受漂流物影响等条件下修建拱桥，就宜考虑采用无支架的施工方法，即可采用大型浮吊、缆索架桥设备等多种方法架设，如图5-22所示。

1) 缆索吊装施工程序

缆索架桥设备由于具有跨越能力大、水平和垂直运输机动灵活、施工也比较稳妥方便等优点，因此，在修建公路拱桥时较多采用，并得到了很大发展和积累了丰富的经验。

拱桥缆索吊装施工大致包括：拱肋（箱）的预制、移运和吊装，主拱圈的拼装、合拢，拱上建筑的砌筑，桥面结构的施工等主要工序。可以看出，除缆索吊装设备，以及拱肋（箱）的预制、移运和吊装、拱圈的拼装、合拢等几项工序外，其余工序都与有支架施工方法相同（或相近）。

2) 缆索吊装设备

缆索吊装设备，按其用途和作用可以分为：主索、工作索、塔架和锚固装置等4个基本组成部分。其中主要机具设备包括主索、起重索、牵引索、扣索、浪风索、塔架（包括索鞍）、地锚（地垄）、滑轮、电动卷扬机或手摇绞车等。其布置形式可参见图5-22所示。

a. 主索：亦称为承重索或运输天线，两端锚固于地锚。主索的截面积（根数）根据吊运构件的重量、垂度、计算跨径等因素由计算确定。横桥向主索的组数可根据桥面宽度及设备供应情况等合理选择，一般可选1～2组。每组主索可由2～4根平行钢丝绳组成。

b. 起重索：用来控制吊物的升降（即垂直运输），一端与卷扬机滚筒相连，另一端固定于对岸的地锚上。

c. 牵引索：用来牵引行车在主索上沿桥跨方向移动（即水平运输）。

d. 扣索：当拱肋分段吊装时，需用扣索分段悬挂拱肋及调整拱肋接头处的标高。

e. 浪风索：亦称缆风索。用来保证塔架、扣索排架等的纵、横向稳定及拱肋安装就位后的横向稳定。

f. 塔架及索鞍：塔架是用来提高主索的临空高度及支承各种受力钢索的重要结构。塔架的形式是多种多样的，按材料可分为木塔架和钢塔架两类。

木塔架一般用于高度在20m以下的场合，当高度在20m以上时较多采用钢塔架。塔架顶上设置了为放置主索、起重索、扣索等用的索鞍，它可以减少钢丝绳与塔架的摩阻力，使塔架承受较小的水平力，并减少钢丝绳的磨损。

g. 地锚：亦称地垄或锚碇。用于锚固主索、扣索、起重索及绞车等。地锚的可靠性对缆索吊装的安全有决定性影响。

h. 电动卷扬机及手摇绞车：用作牵引、起吊等的动力装置。电动卷扬机速度快，但不易控制。对于一般要求精细调整钢索长度的部位多用手摇绞车，以便于操纵。

i. 其他附属设备：如各种倒链葫芦、花篮螺栓、钢丝卡子（钢丝扎头）、千斤绳、横移索等。

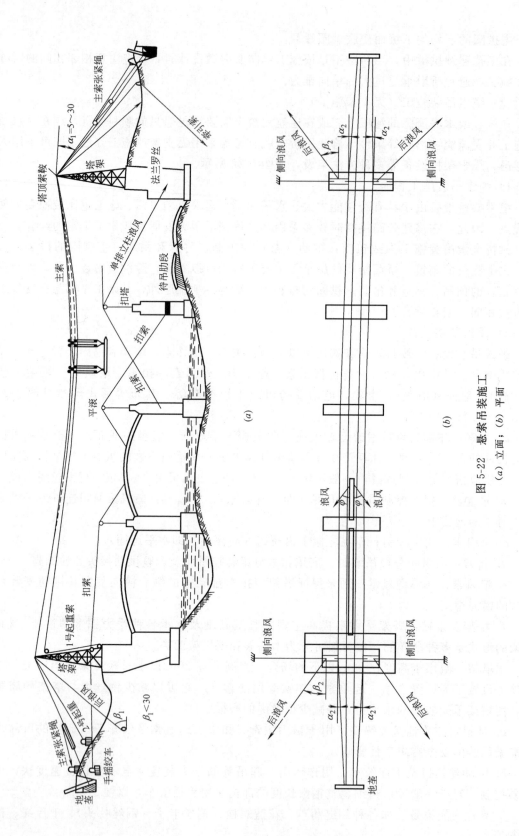

图 5-22 悬索吊装施工
(a) 立面;(b) 平面

1.2.3 其他施工方法简介

拱桥的结构形式和经济性等与其施工方法有着密切的联系，因此，国内外都十分重视拱桥新施工方法的研讨，并已取得了可喜的进展。其他施工方法大致有以下几种。

(1) 支架横移法

支架横移法仍属有支架施工方式。由于拱架费用高（有的高达桥梁总造价的25%），为了提高支架重复利用率，减少支架数量和费用，于是对于由多个箱肋组成拱圈的宽桥可以沿桥宽方向分几次施工。即只需架设承受单一箱肋重量的较窄的支架，随着拱圈的安装进度，将支架沿桥跨的横方向移动而重复使用。此法适用于桥不高、水不深、基础较好的大跨径拱桥施工。

(2) 斜吊式悬臂施工法

大跨度拱桥，也可像梁式桥悬臂法施工那样，利用挂篮和斜吊钢筋（或扣索）进行悬臂法施工。拱肋除第一段用斜吊支架现浇混凝土外，其余各段均用挂篮现浇施工。斜吊杆可以用钢丝束或预应力粗钢筋。架设过程中作用于斜吊杆的力是通过布置在桥面板上的临时拉杆传至岸边的地锚上（也可利用岸边桥墩台作地锚）。用这种方法修建大跨径拱桥时，施工技术管理方面值得重视的问题有斜吊钢筋的拉力控制、斜吊钢筋的锚固和地锚地基反力的控制、预拱度的控制、混凝土应力的控制等几项。

(3) 刚性骨架施工法

这种方法是用劲性钢材（如角钢、槽钢等型钢）作为拱圈的受力钢材，在施工过程中，先把这些钢骨架拼装成拱，作施工钢拱架使用，然后再现浇混凝土，把这些钢骨架埋入拱圈（拱肋）混凝土中，形成钢筋混凝土拱。该方法的优点是可以减少施工设备的用钢量，整体性好，拱轴线易于控制，施工进度快等。但结构本身的用钢量大且需用型钢较多，故在桥梁工程中尚不多用。

(4) 转体施工法

拱桥转体施工法可按转动方向分为两大类：竖向转体施工法和平面转体施工法。

1) 竖向转体施工

该方法是在竖直位置浇注拱肋混凝土，或者单孔拱桥利用桥面两岸斜坡地形作支架浇筑拱肋混凝土，然后再从两边逐渐放倒预制拱肋搭接成桥。本世纪50年代，意大利曾用此法修建了多姆斯河桥等，跨径已达70m。这样的施工方法比用拱架施工可节省投资和材料，但如果跨径过大，拱肋过长，则竖向转动不易控制、施工过程中易出现问题，故一般只宜在中、小跨径拱桥中使用。

2) 平面转体施工

这是1979年我国四川省首创成功的一种新型施工方法，其施工要点是：将拱圈分为两个半跨，分别在两岸利用地形作简单支架（或土牛拱胎），现浇或预制拼装拱肋（拱桁），安装拱肋间横向联系（如横隔板、横系梁等），把扣索（钢丝绳或高强钢丝束）的一端锚固在拱肋的端部（靠拱顶附近），使扣索自拱顶经过肋上的临时支架延伸至桥台尾部并锚固，然后用液压千斤顶（或手摇卷扬机和链条滑车）收紧扣索，使拱肋脱模（或脱架），借助铺有聚四氟乙烯板或其他润滑材料和钢件的环形滑道（如用二硫化钼作润滑剂的球形铰加钢轮滑道），用手摇卷扬机牵引，慢速地将拱肋转体合拢，最后再进行主拱圈和拱上建筑的施工。

转体施工法的关键设备是转盘，它由转盘轴心、环形滑道上板、底板等组成。实践表明，转盘滑道采用摩阻力很小（动摩擦系数约为 0.04~0.05）的镀铬钢板与四氟板环道面接触方案较好。转盘直径的确定是由环道四氟板工作压力大小及保证转动体系的稳定性而确定，为了使转动部分（环形滑道以上部分）重心恰好与转盘轴心位置重合，以便启动时环道受力均衡，需要利用桥台自重及临时压重（即平衡重，一般要用低强度等级砂浆砌块石）来调整。

实践表明，拱桥转体施工方法具有结构合理、受力明确、施工设备少、工艺简便、节约施工用材、施工安全（变高空作业为岸边陆地上作业）、速度快、造价低等优点。我国于 1988 年成功地用此法建成了四川涪陵乌江桥，跨度达到 200m，成为世界上用转体法施工的桥梁之最。转体法不仅用于拱桥施工，并且已推广用于刚构桥、斜拉桥等桥梁的施工，取得了成功的经验。

课题 2　桥涵护岸工程工程量清单编制

桥涵护岸工程工程量清单编制包括：分部分项工程量清单，措施项目清单、其他项目清单。本课题结合桥涵护岸工程，重点介绍分部分项工程量清单的编制。

2.1　桥涵护岸工程工程量清单项目设置

桥涵护岸工程工程分部分项工程量清单的编制，应根据《计价规范》附录 "D.3 桥涵护岸工程" 设置的统一项目编码、项目名称、计量单位和工程量计算规则进行编制。《计价规范》将桥涵护岸工程共划分设置了 9 节 74 个清单项目。

2.1.1　桩基

共设置 7 个清单项目，工程量清单项目设置及工程量计算规则，应按《计价规范》中表 D.3.1 的规定执行，见表 5-3。

2.1.2　现浇混凝土

共设置 20 个清单项目，工程量清单项目设置及工程量计算规则，应按《计价规范》中表 D.3.2 的规定执行，见表 5-4。

2.1.3　预制混凝土

共设置 5 个清单项目，工程量清单项目设置及工程量计算规则，应按《计价规范》中表 D.3.3 的规定执行，见表 5-5。

2.1.4　砌筑

共设置 4 个清单项目，工程量清单项目设置及工程量计算规则，应按《计价规范》中表 D.3.4 的规定执行，见表 5-6。

2.1.5　挡墙、护坡

共设置 5 个清单项目，工程量清单项目设置及工程量计算规则，应按《计价规范》中表 D.3.5 的规定执行，见表 5-7。

2.1.6　立交箱涵

共设置 6 个清单项目，工程量清单项目设置及工程量计算规则，应按《计价规范》中表 D.3.6 的规定执行，见表 5-8。

桩基（编码：040301） 表 5-3

项目编码	项目名称	项目特征	计量单位	工程量计算规则	工程内容	
040301001	圆木桩	1. 材质 2. 尾径 3. 斜率	m	按设计图示以桩长（包括桩尖）计算	1. 工作平台搭拆 2. 桩机竖拆 3. 运桩 4. 桩靴安装	5. 沉桩 6. 截桩头 7. 废料弃置
040301002	钢筋混凝土板桩	1. 混凝土强度等级、石料最大粒径 2. 部位	m^3	按设计图示桩长（包括桩尖）乘以桩的断面积以体积计算	1. 工作平台搭拆 2. 桩机竖拆 3. 场内外运桩 4. 沉桩 5. 送桩	6. 凿除桩头 7. 废料弃置 8. 混凝土浇筑 9. 废料弃置
040301003	钢筋混凝土方桩（管桩）	1. 形式 2. 混凝土强度等级、石料最大粒径 3. 断面 4. 斜率 5. 部位	m	按设计图示桩长（包括桩尖）计算	1. 工作平台搭拆 2. 桩机竖拆 3. 混凝土浇筑 4. 运桩 5. 沉桩	6. 接桩 7. 送桩 8. 凿除桩头 9. 桩芯混凝土充填 10. 废料弃置
040301004	钢管桩	1. 材质 2. 加工工艺 3. 管径、壁厚 4. 斜率 5. 强度			1. 工作平台搭拆 2. 桩机竖拆 3. 钢管制作 4. 场内外运桩 5. 沉桩 6. 接桩 7. 送桩	8. 切割钢管 9. 精割盖帽 10 管内取土 11. 余土弃置 12. 管内填心 13. 废料弃置
040301005	钢管成孔灌注桩	1. 桩径 2. 深度 3. 材料品种 4. 混凝土强度等级、石料最大粒径			1. 工作平台搭拆 2. 桩机竖拆 3. 沉桩及灌注、拔管 4. 凿除桩头 5. 废料弃置	
040301006	挖孔灌注桩	1. 桩径 2. 深度 3. 岩土类别 4. 混凝土强度等级、石料最大粒径		按设计图示以长度计算	1. 挖桩成孔 2. 护壁制作、安装、浇捣 3. 土方运输	4. 灌注混凝土 5. 凿除桩头 6. 废料弃置 7. 余方弃置
040301007	机械成孔灌注桩				1. 工作平台搭拆 2. 成孔机械竖拆 3. 护筒埋设 4. 泥浆制作 5. 钻、冲成孔	6. 余方弃置 7. 灌注混凝土 8. 凿除桩头 9. 废料弃置

2.1.7 钢结构

共设置9个清单项目，工程量清单项目设置及工程量计算规则，应按《计价规范》中表 D.3.7 的规定执行，见表 5-9。

2.1.8 装饰

共设置8个清单项目，工程量清单项目设置及工程量计算规则，应按表《计价规范》中 D.3.8 的规定执行，见表 5-10。

2.1.9 其他

共设置10个清单项目，工程量清单项目设置及工程量计算规则，应按《计价规范》中表 D.3.9 的规定执行，见表 5-11。

现浇混凝土（编码：040302）　　　表 5-4

项目编码	项目名称	项目特征	计量单位	工程量计算规则	工程内容
040302001	混凝土基础	1. 混凝土强度等级、石料最大粒径 2. 嵌料（毛石）比例 3. 垫层厚度、材料品种、强度	m³	按设计图示尺寸以体积计算	1. 垫层铺筑 2. 混凝土浇筑 3. 养生
040302002	混凝土承台	1. 部位 2. 混凝土强度等级、石料最大粒径			1. 混凝土浇筑 2. 养生
040302003	墩（台）帽				
040302004	墩（台）身				
040302005	撑梁及横梁				
040302006	墩（台）盖梁				
040302007	拱桥拱座	混凝土强度等级、石料最大粒径			
040302008	拱桥拱肋				
040302009	拱上构件	1. 部位 2. 混凝土强度等级、石料最大粒径			
0403020010	混凝土箱梁				
0403020011	混凝土连续板	1. 部位 2. 强度 3. 形式			
0403020012	混凝土板梁	1. 部位 2. 形式 3. 混凝土强度等级、石料最大粒径			
0403020013	拱板	1. 部位 2. 混凝土强度等级、石料最大粒径			
0403020014	混凝土楼梯	1. 形式 2. 混凝土强度等级、石料最大粒径	m³	按设计图示尺寸以体积计算	1. 混凝土浇筑 2. 养生
0403020015	混凝土防撞护栏	1. 断面 2. 混凝土强度等级、石料最大粒径	m	按设计图示尺寸以长度计算	
0403020016	混凝土小型构件	1. 部位 2. 混凝土强度等级、石料最大粒径	m³	按设计图示尺寸以体积计算	
0403020017	桥面铺装	1. 部位 2. 混凝土强度等级、石料最大粒径 3. 沥青品种 4. 厚度 5. 配合比	m²	按设计图示尺寸以面积计算	1. 混凝土浇筑 2. 养生 3. 沥青混凝土铺装 4. 碾压
0403020018	桥头搭板	混凝土强度等级、石料最大粒径	m³	按设计图示尺寸以体积计算	1. 混凝土浇筑 2. 养生
0403020019	桥塔身	1. 形状 2. 混凝土强度等级、石料最大粒径		按设计图示尺寸以体积计算	
0403020020	连系梁				

预制混凝土（编码：040303）　　　表 5-5

项目编码	项目名称	项目特征	计量单位	工程量计算规则	工程内容
040303001	预制混凝土立柱	1. 形状、尺寸 2. 混凝土强度等级、石料最大粒径 3. 预应力、非预应力 4. 张拉方式	m³	按设计图示尺寸以体积计算	1. 混凝土浇筑 2. 养护 3. 构件运输 4. 立柱安装 5. 构件连接
040303002	预制混凝土板				
040303003	预制混凝土梁				
040303004	预制混凝土桁架拱构件	1. 部位 2. 混凝土强度等级、石料最大粒径			1. 混凝土浇筑 2. 养护 3. 构件运输 4. 安装 5. 构件连接
040303005	预制混凝土小型构件				

砌筑（编码：040304） 表5-6

项目编码	项目名称	项目特征	计量单位	工程量计算规则	工程内容
040304001	干砌块料	1. 部位 2. 材料品种 3. 规格	m³	按设计图示尺寸以体积计算	1. 砌筑 2. 勾缝
040304002	浆砌块料	1. 部位 2. 材料品种 3. 规格 4. 砂浆强度等级			1. 砌筑 2. 砌体勾缝 3. 砌体抹面 4. 泄水孔制作、安装 5. 滤层铺设 6. 沉降缝
040304003	浆砌拱圈	1. 材料品种 2. 规格 3. 砂浆强度			1. 砌筑 2. 砌体勾缝 3. 砌体抹面
040304004	抛石	1. 要求 2. 品种规格			抛石

挡墙、护坡（编码：040305） 表5-7

项目编码	项目名称	项目特征	计量单位	工程量计算规则	工程内容
040305001	挡墙基础	1. 材料品种 2. 混凝土强度等级、石料最大粒径 3. 垫层厚度、材料品种、强度	m³	按设计图示尺寸以体积计算	1. 垫层铺筑 2. 混凝土浇筑
040305002	现浇混凝土挡墙墙身	1. 混凝土强度等级、石料最大粒径 2. 泄水孔材料品种、规格 3. 滤水层要求			1. 混凝土浇筑 2. 养生 3. 抹灰 4. 泄水孔制作、安装 5. 滤水层铺筑
040305003	预制混凝土挡墙墙身				1. 混凝土浇筑 2. 养生 3. 构件运输 4. 安装 5. 泄水孔制作、安装 6. 滤水层铺筑
040305004	挡墙混凝土压顶	混凝土强度等级、石料最大粒径			1. 混凝土浇筑 2. 养生
040305005	护坡	1. 材料品种 2. 结构形式 3. 厚度	m²	按设计图示尺寸以面积计算	1. 修整边坡 2. 砌筑

立交箱涵（编码：040306） 表 5-8

项目编码	项目名称	项目特征	计量单位	工程量计算规则	工程内容
040306001	滑板	1. 透水管材料种、规格 2. 垫层厚度、材料品种、强度 3. 混凝土强度等级、石料最大粒径	m³	按设计图示尺寸以体积计算	1. 透水管铺设 2. 垫层铺筑 3. 混凝土浇筑 4. 养生
040306002	箱涵底板	1. 透水管材料品种、规格 2. 垫层厚度、材料品种、强度 3. 混凝土强度等级、石料最大粒径 4. 石蜡层要求 5. 塑料薄膜品种、规格			1. 石蜡层 2. 塑料薄膜 3. 混凝土浇筑 4. 养生
040306003	箱涵侧墙	1. 混凝土强度等级、石料最大粒径 2. 防水层工艺要求			1. 混凝土浇筑 2. 养生 3. 防水砂浆 4. 防水层铺涂
040306004	箱涵顶板				
040306005	箱涵顶进	1. 断面 2. 长度	kt·m	按设计图示尺寸以被顶箱涵的质量乘以箱涵的位移距离分节累计计算	1. 顶进设备安装、拆除 2. 气垫安装、拆除 3. 气垫使用 4. 钢刃角制作、安装、拆除 5. 挖土实顶 6. 场内外运输 7. 中继间安装、拆除
040306006	箱涵接缝	1. 材质 2. 工艺要求	m	按设计图示止水带长度计算	接缝

钢结构（编码：040307） 表 5-9

项目编码	项目名称	项目特征	计量单位	工程量计算规则	工程内容
040307001	钢箱梁	1. 材质 2. 部位 3. 油漆品种、色彩、工艺要求	t	按设计图示尺寸以质量计算（不包括螺栓、焊缝质量）	1. 制作 2. 运输 3. 试拼 4. 安装 5. 连接 6. 除锈、油漆
040307002	钢板梁				
040307003	钢桁梁				
040307004	钢拱				
040307005	钢构件				
040307006	劲性钢结构				
040307007	钢结构叠合梁				
040307008	钢拉索	1. 材质 2. 直径 3. 防护方式		按设计图示尺寸以质量计算	1. 拉索安装 2. 张拉 3. 锚具 4. 防护壳制作、安装
040307009	钢拉杆				1. 连接、紧锁件安装 2. 钢拉杆安装 3. 钢拉杆防腐 4. 钢拉杆防护壳制作、安装

装饰（编码：040308） 表 5-10

项目编码	项目名称	项目特征	计量单位	工程量计算规则	工程内容
040308001	水泥砂浆抹面	1. 砂浆配合比 2. 部位 3. 厚度	m²	按设计图示尺寸以面积计算	砂浆抹面
040308002	水刷石饰面	1. 材料 2. 部位 3. 砂浆配合比 4. 形式、厚度			饰面
040308003	剁斧石饰面	1. 材料 2. 部位 3. 形式 4. 厚度			
040308004	拉毛	1. 材料 2. 砂浆配合比 3. 部位 4. 厚度			砂浆、水泥浆拉毛
040308005	水磨石饰面	1. 规格 2. 砂浆配合比 3. 材料品种 4. 部位			饰面
040308006	镶贴面层	1. 材质 2. 规格 3. 厚度 4. 部位			镶贴面层
040308007	水质涂料	1. 材料品种 2. 部位			涂料涂刷
040308008	油漆	1. 材料品种 2. 部位 3. 工艺要求			1. 除锈 2. 刷油漆

2.1.10 其他相关问题

（1）除箱涵顶进土方、桩土方以外，其他（包括顶进工作坑）土方，应按《计价规范》中 D.1 中相关项目编码列项。

（2）台帽、台盖梁均应包括耳墙、背墙。

2.2 桥涵护岸工程分部分项工程量清单列项编码

桥涵护岸工程分部分项工程量清单编制的最终成果是填写"分部分项工程量清单"表。正确填表的要点是解决两个方面的问题，一是合理列出拟建桥涵护岸工程各分部分项工程的清单项目名称，并正确编码，可简称为"列项编码"；二是就列出的各分部分项工程清单项目，逐项按照清单工程量计量单位和计算规则，进行工程数量的分析计算，可简称为"工程量计量"。

其他（编码：040309）　　　　　　　　　　　　　　　　　　　表 5-11

项目编码	项目名称	项目特征	计量单位	工程量计算规则	工程内容
040309001	金属栏杆	1. 材质 2. 规格 3. 油漆品种、工艺要求	t	按设计图示尺寸以质量计算	1. 制作、运输、安装 2. 除锈、刷油漆
040309002	橡胶支座	1. 材质 2. 规格	个	按设计图示数量计算	支座安装
040309003	钢支座	1. 材质 2. 规格 3. 形式			
040309004	盆式支座	1. 材质 2. 承载力			
040309005	油毛毡支座	1. 材质 2. 规格	m^2	按设计图示以面积计算	制作、安装
040309006	桥梁伸缩装置	1. 材料品种 2. 规格	m	按设计图示以延长米计算	1. 制作、安装 2. 嵌缝
040309007	隔声屏障	1. 材料品种 2. 结构形式 3. 油漆品种、工艺要求	m^2	按设计图示以面积计算	1. 制作、安装 2. 除锈、刷油漆
040309008	桥面泄水管	1. 材料 2. 管径 3. 滤层要求	m	按设计图示以长度计算	1. 进水口、泄水管制作、安装 2. 滤层铺设
040309009	防水层	1. 材料品种 2. 规格 3. 部位 4. 工艺要求	m^2	按设计图示以面积计算	防水层铺涂
0403090010	钢桥维修设备	按设计图要求	套	按设计图示数量计算	1. 制作 2. 运输 3. 安装 4. 除锈、刷油漆

　　桥涵护岸工程的列项编码，应依据《计价规范》，招标文件的有关要求，桥涵工程施工图设计文件和施工现场条件等综合考虑确定。

2.2.1 审读图纸

　　桥涵护岸工程施工图一般由桥涵平面布置图、桥涵结构总体布置图、桥涵上下部结构图及钢筋布置图、桥面系构造图、附属工程结构设计图组成。工程量清单编制者必须认真阅读全套施工图，了解工程的总体情况，明确各结构部分的详细构造，为分部分项工程量清单编制掌握基础资料。

　　（1）桥涵平面布置图，表达桥涵的中心轴线线形、里程、结构宽度、桥涵附近的地形地物等情况。为编制工程量清单时确定工程的施工范围提供依据。

　　（2）桥涵结构总体布置图中，立面图表达桥涵的类型、孔数及跨径、桥涵高度及水位标高、桥涵两端与道路的连接情况等；剖面图表达桥涵上下部结构的形式以及桥涵横向的布置方式等。主要为编制桥涵护岸各分部分项工程量清单及措施项目时提供根据。

（3）桥涵上下部结构图及钢筋布置图中，上下部结构图表达桥涵的基础、墩台、上部的梁（拱或塔索）的类型；各部分结构的形状、尺寸、材质以及各部分的连接安装构造等。钢筋布置图表达钢筋的布置形式、种类及数量。主要为桥涵护岸桩基，现浇混凝土，预制混凝土，砌筑，装饰的分部分项工程量清单编制提供依据。

（4）桥面系构造图，表达桥面铺装、人行道、栏杆、防撞墙、伸缩缝、防水排水系统、隔声构造等的结构形式、尺寸及各部分的连接安装。主要为编制桥涵护岸的现浇混凝土、预制混凝土、其他分部分项工程量清单时提供根据。

（5）附属工程结构设计图，主要指跨越河流的桥涵或城市立交桥梁修建的河流护岸、河床铺砌、导流堤坝、护坡、挡墙等配套工程项目。

从以上桥涵护岸工程图纸内容的分析可以看出，一个完整的桥涵护岸工程分部分项工程清单，应至少包括《计价规范》"附录 D.1 土方工程，D.3 桥涵护岸工程"中的有关清单项目，还可能出现《计价规范》"附录 D.2 道路工程，D.7 钢筋工，D.8 拆除工程"中的有关清单项目。

2.2.2 列项编码

列项编码就是在熟读施工图的基础上，对照《计价规范》"附录 D.3 桥涵护岸工程"中各分部分项清单项目的名称、特征、工程内容，将拟建的桥涵护岸工程结构进行合理的分类组合，编排列出一个个相对独立的与"附录 D.2 桥涵护岸工程"各清单项目相对应的分部分项清单项目，经检查符合不重不漏的前提下，确定各分部分项的项目名称，同时予以正确的项目编码。当拟建工程出现新结构、新工艺，不能与《计价规范》附录的清单项目对应时，按《计价规范》3.2.4 条第 2 点执行。下面就列项编码的几个要点进行介绍。

（1）项目特征

关于项目特征的含义和作用已在"3.2 道路工程量清单编制"讲述。实际上，项目特征、项目编码、项目名称三者是互为影响的整体，无论哪一项变化，都会引起其他两项的改变。因此，桥梁工程的项目特征，结合在以下内容中介绍。

（2）项目编码

项目编码应执行《计价规范》3.4.3 条的规定："分部分项工程量清单的项目编码，一至九位应按附录 A、附录 B、附录 C、附录 D、附录 E 的规定设置；十至十二位根据拟建工程的工程量清单项目名称由其编制人设置，并应自 001 起顺序编制"。也就是说除需要补充的项目外，前九位编码是统一规定，照抄套用，而后三位编码可由编制人根据拟建工程中相同的项目名称、不同的项目特征而进行排序编码。

这里以桥梁桩基中常见的"钢筋混凝土方桩"为例，其统一的项目编码为"040301003"，项目特征包括"1. 形式；2. 混凝土强度等级、石料最大粒径；3. 断面；4. 斜率；5. 部位"，若在同一座桥梁结构中，上述 5 个项目特征有一个发生改变，则工程量清单编制时应在后三位的排序编码予以区别。例如：

某座桥梁的桥墩桩基设计为 C30 钢筋混凝土方桩，断面尺寸 30cm×40cm，混凝土碎石最大粒径 20mm；桥台桩基设计为 C30 钢筋混凝土方桩，断面尺寸 30cm×30cm，混凝土碎石最大粒径 10mm；均为垂直桩。由于桩的断面、部位、碎石粒径特征不同，故项目编码应分别为 040301003001 和 040301003002。

这就是说，相同名称的清单项目，项目的特征也应完全相同，若项目的特征要素的某项有改变，即应视为是不同的另一个清单项目，就需要有一个对应的项目编码。其原因是特征要素的改变，就意味着形成该工程项目实体的施工过程和造价的改变。作为指引承包商投标报价的分部分项工程量清单，必须给出明确具体的清单项目名称和编码，以便在清单计价时不发生理解上的歧义，在综合单价分析时科学合理。

(3) 项目名称

具体项目名称，应按照《计价规范》附录 D.3 中的项目名称（可称为基本名称）结合实际工程的项目特征要素综合确定。如上例中编码为 040301003002 的钢筋混凝土方桩，具体的项目名称可表达为 "C30 钢筋混凝土方桩（桥台垂直桩，断面 30cm×30cm，碎石最大 10mm）"。具体名称的确定要符合桥涵护岸工程设计、施工规范，也要照顾到桥涵护岸工程专业方面的惯用表述。

(4) 工程内容

工程内容是针对形成该分部分项清单项目实体的施工过程（或工序）所包含的内容的描述，是列项编码时，对拟建桥涵护岸工程编制的分部分项工程量清单项目，与《计价规范》附录 D.3 桥涵护岸工程各清单项目是否对应的对照依据，也是对已列出的清单项目，检查是否重列或漏列的主要依据。如上例中编码为 040301003002 的钢筋混凝土方桩，清单项目的工程内容为：

1) 工作平台搭拆；
2) 桩机竖拆；
3) 混凝土浇筑；
4) 运桩；
5) 沉桩；
6) 接桩；
7) 送桩；
8) 凿除桩头；
9) 桩芯混凝土充填；
10) 废料弃置。

上述 10 项工程内容包括了沉入桩施工的全部施工工艺过程，还包括了钢筋混凝土桩的预制、运输。不能再另外列出桩的制作、运送、接桩等清单项目名称，否则就属于重列。

但应注意，上述项目中未包括桩钢筋的制作、安装以及预制桩的模板，故应对照 "D.7 钢筋工程" 另外增列钢筋的分部分项清单项目，否则就属于漏列。模板工程应列入措施项目中。

2.3 清单工程量计算

工程量清单编制的第二方面要解决的问题是逐项计算清单项目工程量。对于分部分项工程量清单项目而言，清单工程的计算需要明确的计算依据、计算规则、计算单位和计算方法。

2.3.1 分部分项清单工程量计算依据

(1)《计价规范》附录 D.3 桥涵护岸工程各清单项目对应的"工程量计算规则"。

(2) 拟建的道路工程施工图。

(3) 招标文件及现场条件。

(4) 其他有关资料。

2.3.2 清单工程量计算规则和计量单位

(1) 桩基。桥梁工程中的桩基类型较多，在《计价规范》的清单项目名称中，按照桩身材质的不同分为圆木桩、钢筋混凝土板桩、钢筋混凝土方桩（管桩）、钢管桩，另外按照成孔方式的不同，又分为钢管成孔灌注桩、挖孔灌注桩、机械成孔灌注桩。

钢筋混凝土板桩，按设计图示桩长（包括桩尖）乘以桩的断面积以体积立方米计算。

圆木桩、钢筋混凝土方桩（管桩）、钢管桩、钢管成孔灌注桩，按设计图示的桩长（包括桩尖）以米计算。

挖孔灌注桩、机械成孔灌注桩，按设计图示的桩长以米计算。

(2) 现浇混凝土，包括了桥梁结构中现浇施工的各分部分项工程清单项目，清单工程量的计算规则除"混凝土防撞护栏"按设计图示的尺寸以长度米计算，"桥面铺装"按设计图示的尺寸以面积平方米计算外，其余各项均按设计图示尺寸以体积立方米计算。

(3) 预制混凝土，各项清单工程量的计算规则为：按设计图示尺寸以体积立方米计算。

(4) 砌筑，各项清单工程量的计算规则为：按设计图示尺寸以体积立方米计算。

(5) 挡墙、护坡，除护坡按设计图示的尺寸以面积平方米计算外，其余各项均按设计图示尺寸以体积立方米计算。

(6) 立交箱涵，清单工程量的计算规则除"箱涵顶进"按设计图示尺寸以被顶箱涵的质量乘以箱涵的位移距离分节累计以千吨·米计算，"箱涵接缝"按设计图示，止水带长度以米计算外，其余各项均按设计图示尺寸以体积立方米计算。

(7) 结构，钢拉索、钢拉杆按设计图示尺寸以质量吨计算，其余各项均按设计图示尺寸以质量吨计算（不包括螺栓、焊缝质量）。

(8) 装饰，各项清单工程量的计算规则为：按设计图示尺寸以面积平方米计算。

(9) 其他，金属栏杆按设计图示尺寸以质量吨计算；橡胶支座、钢支座、盆式支座按设计图示数量以个计算；钢桥维修设备按设计图示数量以套计算；桥梁伸缩装置、桥面泄水管按设计图示的尺寸以长度米计算；油毛毡支座、隔声屏障、防水层按设计图示尺寸以面积平方米计算。

2.3.3 清单工程量有效位数取舍规定

清单工程数量计算的最终结果，在填表时要求保留有效位数。有效位数的取舍，应遵守下列规定：

(1) 以吨为单位，应保留小数点后三位数字，第四位四舍五入；

(2) 以立方米、平方米、米为单位，应保留小数点后两位数字，第三位四舍五入；

(3) 以"个"、"项"、"套"等为单位，应取整数。

【例 5-1】 YYH 涵洞工程详见图 5-31（一）、（二）、（三），该涵洞位置的土质为密实的黄土，不考虑地下水，施工期间地表河流无水，基坑开挖多余的土方可就地弃置，请编制该涵洞土方工程、下部结构的工程量清单。

【解】 （1）审读图纸

从涵洞总体布置图可以看出，该涵洞标准跨径 2.5m，净跨径 1.9m。下部结构的工程内容有：现浇 C20 混凝土台帽，M7.5 砂浆砌 40 号块石台身，现浇 C20 混凝土基础，M5 水泥砂浆砌块石截水墙、河床铺砌及 5cm 厚砂垫层，在两涵台之间共设 3 道支撑梁。

从涵洞结构设计图可看出，支撑梁为 20cm×35cm 钢筋混凝土矩形梁，在台帽内布置有钢筋骨架，并预埋有 10 根 ϕ22mm 的锚固钢筋，台帽的构造形状为，中间高（27cm）两边低（20cm）向外 1.5% 的斜坡棱体。

涵洞位置处，地形平坦，原地面以下最大挖深为 1m，最小挖深为 0.4m。土质为密实的黄土，属一、二类土壤。

（2）列项编码

根据上述资料分析，对照《计价规范》"D.3 桥涵护岸工程"、"D.1 土石方工程"和"D.7 钢筋工程"清单项目设置规定。该涵洞工程分部分项工程量清单见表 5-12。

分部分项工程量清单　　　　表 5-12

工程名称：YYH 涵洞工程　　　　第 1 页 共 1 页

序号	项目编码	项目名称	计量单位	工程数量
1	040302001001	现浇混凝土基础（C20 混凝土,碎石最大 20mm）	m³	10.10
2	040304002001	浆砌块石（M10 水泥砂浆,40 号块石浆砌涵台,涵台内侧勾缝）	m³	30.13
3	040302003001	现浇混凝土涵台帽（C20 混凝土,碎石最大 20mm）	m³	4.19
4	040302005001	现浇混凝土支撑梁（C20 混凝土,碎石最大 20mm）	m³	0.40
5	040304002001	浆砌块石（M7.5 水泥砂浆,40 号块石河床铺砌,含 5cm 砂垫层）	m³	6.80
6	040701002001	非预应力钢筋（现浇部分 ϕ10mm 以内）	t	0.053
7	040701002002	非预应力钢筋（现浇部分 ϕ10mm 以外）	t	0.022
8	040701002003	非预应力钢筋（现浇部分 ϕ10mm 以外）	t	0.024
9	040101003001	挖基坑土方（一、二类土,挖深 1m）	m³	24.11
10	040103001001	基坑回填（原土回填,压实度 90%）	m³	1.04

（3）清单工程量计算（详见课题 4　桥涵护岸工程计量与计价综合示例）

2.4　工程量计算方法

就工程量而言，可分为清单工程量、定额工程量、施工工程量。其工程含义完全不同，区别在于计量的依据、规则、目的和计量单位的不同。但是，就计算的方法而言，是可以通用的，均是采用数学公式进行计算。

在以下的叙述中，需特别注意清单工程量、定额工程量由于计量规则、计量单位的不同,而造成的工程量计算结果的不同。

2.4.1 打桩工程量计算

桥梁工程的基础类型较多,其中打桩基础也是常见的一种类型。打桩工程有打圆木桩、打混凝土方桩、板桩、混凝土灌注桩、夯扩桩、挤密桩、钢筋混凝土管桩、钢管桩等,在实际工程中,桥梁采用钢筋混凝土方桩最为普遍。从打桩的现场条件划分有陆地上打桩、支架上打桩、船上打桩。从打桩的过程而言可分为打桩、接桩、送桩。

(1) 计算方法

1) 清单工程量

打桩工程的清单工程量,除钢筋混凝土板桩以平方米计算外,均以长度米计算,桩长度包括桩尖长度在内。如图 5-23 所示。但在计算长度时,必须依据具体工程的项目特征,分类计算汇总。以"钢筋混凝土方桩(管桩)"为例,需区别以下五点,分别计算。

a. 形式:是钢筋混凝土方桩或管桩;

b. 混凝土强度等级、石料最大粒径:桩身材料是否相同;

c. 断面:桩的断面尺寸是否一样;

d. 斜率:是垂直打桩,还是打斜桩,斜率不同也应分别计算;

e. 部位:是桥墩(有水)打桩,还是桥台(无水)打桩。

在区分上述五点的情况下,即可分类累计桩的长度,作为清单项目的工程量。

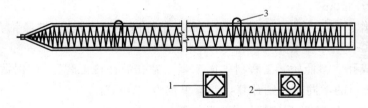

图 5-23 预制钢筋混凝土方桩
1—实心方桩;2—空心方桩;3—吊环

2) 定额工程量

在采用《全国统一市政工程预算定额》分析计算打桩工程综合单价时,还需分别计算接桩、送桩、凿除桩头的工程量,这部分的定额工程量计算,详见"单元1 课题2 定额应用"的有关内容。

(2) 注意事项

1) 本章工程量计算所列的各种桩均指桥梁基础的永久桩,是桥梁结构的一个组成部分,不是临时工具桩,应用《全国统一市政工程预算定额》时需注意与《通用项目》册的"打拨工具桩"相区别。

2) 打桩机械的安装、拆除按《全国统一市政工程预算定额》桥涵工程册第九章有关项目计算,可并入打桩清单项目内计算综合单价,不能列入措施项目。而打桩机械进出场费,可按机械台班费用定额计算,列入措施项目费计算。

3) 打桩工程的清单工程量计算中,未包括桩的钢筋制作安装内容。桩的钢筋制作安装应另列清单计算。

2.4.2 钻（冲）孔灌注桩工程量计算

(1) 计算方法

1) 清单工程量

机械成孔灌注桩的清单工程量是以长度（米）计，即按设计图所示的孔深计。但在计算长度时，必须依据具体工程的项目特征，分类计算汇总。

  a. 桩径：钻孔桩的设计桩径。

  b. 深度：钻孔桩的设计深度，即桩底标高与地面标高的差值。

  c. 岩土类别：不同孔位或同一孔位的地质土质发生变化时，均应分别计算清单工程量。

  d. 混凝土强度等级、石料最大粒径：桩身材料是否相同。

2) 定额工程量

根据"机械成孔灌注桩"的清单项目，结合具体工程实体，针对可组合（可能发生）的工程内容，分别计算其工程量。如采用《全国统一市政工程预算定额》分析计算"机械成孔灌注桩"的综合单价时，可组合的工程内容有：

  a. 工作平台搭设：根据施工方案，发生时计算。参照桥涵工程册"第九章 临时工程"，计量单位为"$100m^2$"。

  b. 成孔机械竖拆：该工程内容包括在钻、冲成孔定额内，不需单独计算。

  c. 护筒埋设：参照桥涵工程册"第二章 钻孔灌注桩工程"，根据护筒的埋设深度计算，计量单位为"10m"。

  d. 泥浆制作：参照桥涵工程册"第二章 钻孔灌注桩工程"，按照钻孔的体积计算，计量单位为"$10m^3$"。

  e. 钻、冲成孔：参照桥涵工程册"第二章 钻孔灌注桩工程"，根据钻、冲成孔桩的桩径、深度、土质的不同，分别计算，计量单位为"10m"。

  f. 余方弃置：根据施工方案，发生时计算。

  g. 灌注混凝土：参照桥涵工程册"第二章 钻孔灌注桩工程"，根据不同的成孔机械，按照设计的钻孔深度加一米计算体积，计量单位为"$10m^3$"。

  h. 凿除桩头：参照桥涵工程册"第九章 临时工程"，按照需凿除桩的体积计算，计量单位为"$10m^3$"。

  i. 废料弃置：根据施工方案发生时计算。

(2) 注意事项

1) 定额中不包括清除地下障碍物，若发生时按实际计算。

2) 本条中，不论清单工程量还是定额工程量，均未包括桩的钢筋制作安装内容。桩的钢筋制作安装应另列清单计算。

(3) 计算示例

【例 5-2】某钻孔桩施工灌注，采用正循环钻孔桩工艺，地面标高即为桩顶设计标高：35.60m。桩径设计为1.5m，地质条件上部为红黏土，下部要求入岩，

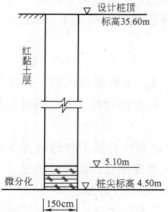

图 5-24 钻孔桩示意图

详见图 5-24。请计算该钻孔桩的清单工程量和定额工程量（机械钻孔、灌注混凝土工程量）。

【解】 根据题意

清单工程量有两个：

（1）机械成孔灌注桩（红黏土层）编码 040301007001

$$清单工程量 = 35.60 - 5.10 = 30.50 \text{m}$$

（2）机械成孔灌注桩（微风化层）编码 040301007002

$$清单工程量 = 5.10 - 4.50 = 0.60 \text{m}$$

定额工程量有三个：

（1）红黏土层机械钻孔工程量

$$35.60 - 5.10 = 3.05 \text{ (10m)}$$

（2）微风化层机械钻孔工程量

$$5.10 - 4.50 = 0.06 \text{ (10m)}$$

（3）灌注混凝土工程量

$$(35.60 - 4.50 + 1.00) \times (1.5/2)^2 \pi = 5.67 \text{ (10m}^3\text{)}$$

说明：本例中"机械钻孔工程量"分两层计算以及"灌注混凝土工程量"增加一米计算，根据的是《全国统一市政工程预算定额》的有关规定。当采用各省市（企业）定额时，应按照相应定额的规定计算。

2.4.3 砌筑工程量计算

桥梁工程中的砌筑工程主要有桥梁的下部结构墩台，拱桥的拱上建筑和下部结构。砌筑的材料有浆砌块石、料石、混凝土预制块以及干砌结构和砖砌体等项目。

（1）计算方法

1）清单工程量

砌筑工程的清单工程量，是以立方米为计量单位。根据图纸设计的工程结构，划分不同的部位，按不同的砌体材料，分别计算图纸工程数量。例如"浆砌块料"清单项目，就需要区分以下四点，分别计算。

a. 部位：区分是桥墩（台）砌体，还是拱上建筑砌体或挡土墙砌体。如图 5-25 所示。

b. 材料品种：区分块石、料石、混凝土预制块或砖。

c. 规格：块料的尺寸规格。

d. 砂浆强度等级：如 M5 或 M7.5 等。

2）定额工程量

根据"浆砌块料"的清单项目，结合具体工程砌体类型，考虑可组合（可能发生）的工程内容，分别计算其工程量。

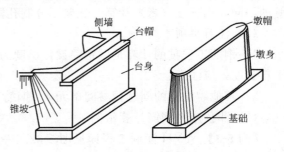

图 5-25 梁桥重力式墩台

a. 砌体的体积。
b. 勾缝的面积。
c. 抹面的面积。
d. 制作、安装泄水孔的长度。
e. 滤层的铺设数量。
f. 沉降缝的安装面积。

(2) 注意事项

如果采用《全国统一市政工程预算定额》计算分析清单项目的综合单价，需注意以下四点：

1) 砌筑项目适用于砌筑高度在 8cm 以内的桥涵砌筑工程。该章未列的砌筑项目，按第一册"通用项目"相应定额执行。

2) 砌筑子目未包括垫层、拱背和台背的填充项目，如发生上述项目，可套用有关子目。

3) 拱圈底模子目不包括拱盔和支架，发生时可按本册第九章相应定额执行。

4) 项目中调制砂浆，均按砂浆拌合机拌合，如采用人工拌制时，不予调整。

2.4.4 钢筋工程量计算

(1) 计算方法

1) 清单工程量

非预应力钢筋的清单工程量是以图示尺寸，计算钢筋的质量，单位以吨计。要点是计算钢筋的设计长度，计算时应区分钢筋的材质、部位、直径。计算方法见单元 4 钢筋工程量计算的有关内容。

预应力钢筋的清单工程量也是以图示尺寸，计算钢筋的质量，单位以吨计。要点也是计算钢筋的设计长度，不同的是，首先要划分先张法、后张法两个清单，然后再区分钢筋的材质、部位、直径分别计算。

2) 定额工程量

a. 非预应力钢筋分预制结构和现浇结构两类；区分不同钢种和规格：如 $\phi 10mm$ 以内、$\phi 10mm$ 以外分别计算汇总。

b. 预应力钢筋应区分先张法、后张法施工，后张法构件应按不同的锚具类型分别计算。

c. 先张法应计算张拉台座的制作、安装、拆除的工程量。

d. 后张法构件的孔道制作和压浆应分别计算，孔道制作安装按橡胶管、钢管、波纹管的不同，以长度（米）计算，压浆不分制孔器类别，以设计孔道体积计算。

(2) 注意事项

1) 钢筋工程量的计算是以钢筋设计长度为基础，钢筋的设计长度不同于钢筋的施工下料长度，应注意。

2) 其他需注意的问题请参阅单元 4 钢筋工程量计算的有关内容。

(3) 非预应力钢筋计算示例

【例 5-3】 YYH 涵洞工程详见图 5-32（一）、（二）、（三），标准跨径 $L_b = 2.5m$，上部结构采用预制，下部结构为现浇施工，请计算该涵洞的钢筋工程量。

【解】 (1) 分析。根据钢筋工程量计算规则,应区别现浇、预制不同钢种和规格,分别按设计长度乘以单位重量,以吨计算。

图 5-32（一）、（二）、（三）中涵洞工程上部结构的盖板为预制,下部结构涵台、台帽及支撑梁为现浇,故应将现浇和预制的钢筋工程量分别计算汇总。

又根据《桥涵工程》册第四章钢筋工程钢筋子目分别按 $\phi 10mm$ 以内,$\phi 10mm$ 以外,$\phi 10mm$ 以外螺纹钢筋,三种计列,因此按图计算时,应注意将三种类别分别统计计算。

综上所述,该例的钢筋工程量按钢筋编号采用列表计算较为清晰方便。

(2) 钢筋明细计算见表 5-13。

表 5-13

部位	钢筋编号		单根长度(cm)	根数	总长(m)	每米重(kg/m)	总重(t)
上部（盖板）	1	$\phi 12$	264	106	279.84	0.888	0.2485
	2	$\phi 12$	264	38	100.32	0.888	0.0891
	3	$\phi 6$	178	88	156.64	0.222	0.0348
	4	$\phi 6$	83	88	73.04	0.222	0.0162
	5	$\phi 6$	128	22	28.16	0.222	0.0063
	6	$\phi 6$	65	22	14.30	0.222	0.0032
下部台帽及支撑梁	10	$\phi 12$	202	12	24.24	0.888	0.0215
	11	$\phi 6$	98	24	23.52	0.222	0.0052
	7	$\phi 8$	960	8	76.80	0.396	0.0304
	8	$\phi 6$	101	76	76.76	0.222	0.0170
	9	$\phi 22$	40	20	8.00	2.98	0.0238

(3) 钢筋工程量汇总见表 5-14。

表 5-14

项目部位	钢筋种类	钢筋工程量(t)	项目部位	钢筋种类	钢筋工程量(t)
盖板	$\phi 10mm$ 以内圆钢筋	0.0605	支撑梁及台帽	$\phi 10mm$ 以内圆钢筋	0.053
	$\phi 10mm$ 以外螺纹钢筋	0.3376		$\phi 10mm$ 以外圆钢筋	0.022
				$\phi 10mm$ 以外螺纹钢筋	0.024

(4) 预应力钢筋计算示例。

预应力钢筋的工程量,当图纸有明确的设计时,按图纸计算。否则按施工技术规程或规范计算。

1) 先张法预应力钢筋下料长度 L,如图 5-26 所示。

$$L = L_0 / (1 + \delta_1 - \delta_2) + n_1 l_1 + l_2$$

式中 l_1——对焊接头的预留量,$l_1 = 1.5cm$;

l_2——镦粗头预留量,$l_2 = 2cm$;

n_1——对焊接头的数量;

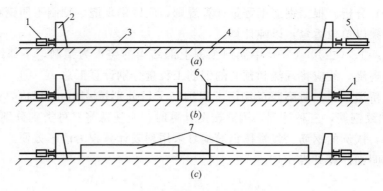

图 5-26 先张法的主要施工程序示意图
(a) 张拉钢筋；(b) 浇筑混凝土；(c) 放松或切断预应力筋
1—锚具；2—台座；3—预应力筋；4—台面；5—张拉千斤顶；6—模板；7—预应力混凝土构件

δ_1——钢筋冷拉时冷拉率（对 L 而言），$\delta_1=3\%$；
δ_2——钢筋弹性回缩率（对 L 而言），$\delta_2=0.3\%$；
L_0——台座内钢筋张拉的要求长度。

$$L_0 = l + l_3 + l_4$$

式中 l——长线台座的长度（包括模梁、定位板在内）；
l_3——夹具长度 $l_3=5\text{cm}$；
l_4——张拉机具所需长度（视具体情况而言）。
如穿心式 YC-20 型千斤顶 $L_4=58.7\text{cm}$。

【例 5-4】 台座长度 $l=77.50\text{cm}$，预应力采购的定长为 9m/根。一端采用墩头锚固 $l_2=2\text{cm}$，另一端用 YC-20 型千斤顶张拉法 $l_4=58.7\text{cm}$，夹具长度 $l_3=5\text{cm}$。请计算单根下料长度。

【解】 $L_0=l+l_3+l_4=77.50+0.05+0.587=78.137\text{m}$
需 8 个对焊接头（$n_1=8$）（因 77.50/9≈9 故 9-1=8 个）
所以下料长度 $L=78.137/(1+3\%-0.3\%)+8\times0.05+0.02=76.22\text{m}$

2）后张法
当采用锥形锚，三作用千斤顶，采用高强钢丝，下料长度 L 为：

a. 两端张拉 $L=l+2(l_1+l_2+8)$

式中 l——构件的孔道长度；
l_1——锚具厚度；
l_2——千斤顶卡紧所需长度，如 YZ85 型 $l_2=47\text{cm}$；
8cm——包括钢垫板及工作安全长度。

b. 一端张拉时 $L=l+2(l_1+8)+l_2$

2.4.5 现浇混凝土工程量计算
(1) 计算方法
1) 清单工程量
清单工程量的计算规则除"混凝土防撞护栏"按设计图示的尺寸以长度（米）计算、

"桥面铺装"按设计图示的尺寸以面积(平方米)计算外,其余各项均按设计图示尺寸以体积(立方米)计算。计算时一般需要区分现浇混凝土结构的部位、混凝土强度、碎石最大粒径分别计算。

2) 定额工程量

现浇混凝土工程量应分别按基础、承台、支承梁与横梁、墩身、台身、拱桥、箱梁、板、梁、板拱、挡墙、混凝土接头及灌缝、小型构件、桥面铺装的项目不同计算。

(2) 注意事项

如果采用《全国统一市政工程预算定额》计算分析清单项目的综合单价,需注意以下三点:

1) 在计算模板工程量时,不必计算底模工程量,因在《桥梁工程》册第四章的各类梁、板等模板子目中均已包括铺底模内容,但未包括支架部分,如发生时可套用《桥涵工程》册第九章有关项目。

2) 本册列有"桥面混凝土铺装"项目,但当采用沥青类铺装桥面时,800m^2以内的按《道路工程》册相应子目人工、机械乘以1.5的系数;超过800m^2时,直接套用《道路工程》册相应子目。

3) 桥涵各结构部分的混凝土浇筑工程量,均应分别计算浇筑工程量、混凝土的制作工程量及模板工程量。模板工程量归入措施项目。

2.4.6 预制混凝土工程量计算

(1) 计算方法

1) 清单工程量

清单工程量的计算,均按设计图示尺寸以体积(立方米)计算。计算时一般需要区别预制混凝土结构的部位、混凝土强度、碎石最大粒径、形状、预应力、非预应力等分别计算。

2) 定额工程量

桥梁工程预制工程量计算实际上包括混凝土浇筑、养生、构件的运输、构件安装、构件连接。以上内容应分别计算,归类执行相应的计算规则,并套用相应定额计算费用。

(2) 注意事项

如果采用《全国统一市政工程预算定额》计算分析清单项目的综合单价,需注意:

1) 预制构件混凝土的工程量,根据计算规则规定,应按图纸设计尺寸形状计算实体体积,均不扣除钢筋、铁件及预应力筋预留孔洞所占体积,但以下情况应注意。

a. 空心板、箱形梁的空心体积应扣除,同时空心板的堵头混凝土体积也不再计算。

b. 空心板当采用橡胶囊做内模时,按工程量计算规则增加混凝土用量。

2) 预制构件模板工程量中不包括地模、胎模工程量,该部分也未包括在预制构件定额内,而应根据施工方案设计的尺寸计算。当施工方案不明确时,可按规则确定的公式计算,套用临时工程定额,归入措施项目中计算。

(3) 计算示例

【例5-5】 YYH涵洞工程详见图5-32(一)、(二)、(三),请计算涵洞盖板的混凝土及模板的定额工程量。

【解】 从图5-32中可知,该钢筋混凝土预制板为实心矩形板,共有10块盖板,2块边板，8块中板。为使各块板间连接可靠，除有桥面连接钢筋外，板与板间设计为三角形缺口，用于接缝处混凝土浇筑。按照定额工程量计算规则，每块预制板应扣除缺口混凝土体，但锚栓孔的混凝土体积不扣除，8块中部块件尺寸相同，均为长2.48m，宽0.99m，厚0.16m。边块只是宽度不同，为0.74m。

(1) C25预制混凝土工程量

1块中部块件为：

$$[0.99\times0.16-(0.02+0.03/2\times0.06+0.03\times0.01/2)]\times2.48=0.385\text{m}^3$$

则8块中部块件为：

$$0.385\times8=3.08\text{m}^3$$

1块边部块件为：

$$[0.74\times0.16-(0.02+0.03/2\times0.06+0.03\times0.01/2)]\times2.48=0.290\text{m}^3$$

2块边部块件为：

$$0.290\times2=0.58\text{m}^3$$

于是，C25混凝土预制工程量为：

$$0.58+3.08=3.66\text{m}^3$$

(2) 模板工程量（侧模）

中部块件模板：

$$(2.48+0.99)\times2\times0.16\times8=8.88\text{m}^2$$

边部块件模板：

$$(2.48+0.74)\times2\times0.16\times2=2.06\text{m}^2$$

模板总工程量：

$$8.88+2.06=10.94\text{m}^2$$

2.4.7 其他（安装）工程量计算

(1) 清单工程量

其他工程的清单工程量的计算，相当于计算这些清单项目的制作、安装工程数量。具体来说，金属栏杆按设计图示尺寸以质量（吨）计算；橡胶支座、钢支座、盆式支座按设计图示数量以个计算；钢桥维修设备按设计图示数量以套计算；桥梁伸缩装置、桥面泄水管按设计图示的尺寸以长度（米）计算；油毛毡支座、隔声屏障、防水层按设计图示尺寸以面积 m^2 计算。

除上述清单的制作、安装工程数量外，混凝土预制构件的安装，已在"2.4.6 预制混凝土工程量计算"中计算考虑，此处不必再算。

(2) 定额工程量

定额工程量的计算，在采用《全国统一市政工程预算定额》计算分析清单项目的综合单价时，需注意它们的计量单位的不同。钢管栏杆以100m计、扶手制作安装以吨计；支座安装区分不同类型以吨、立方厘米、个或平方米计算；泄水孔安装以长度（米）计算；伸缩缝安装以长度（米）计算。

2.4.8 措施项目工程量计算

(1) 计算方法

桥梁施工中的措施项目工程类型较多，大致可分为基础施工的工作平台；上部结构现浇或砌筑的支架、拱盔；上部结构架设的吊装设备或挂篮；水上作业的船排以及胎模、地模及台座等。具体工程采用何种类型由施工组织设计确定。不同类型的措施项目工程，其计算方法也不同，除计算规则中规定的打桩、钻孔桩工作平台、支架、拱盔的工程量计算外，应按照定额的计量单位按实际计算。

1) 搭设木垛按空间体积以立方米计。
2) 桁架式支架及金属结构吊装设备按重量吨计。
3) 防撞墙悬挑支架按长度以米计。
4) 船排以组装、拆卸次数计。
5) 挂篮安装、拆卸以重量吨计，推移以吨·米计。
6) 先张法台座按座计。

（2）注意事项

1) 在同一工程施工中，可能既使用支架，又需要脚手架，应注意二者的不同。支架是为支持施工对象的实体结构需要而设，脚手架是为满足人员作业需要而设。相同的是二者均为措施项目范畴。

2) 注意拱盔、支架的区别。拱盔只出现在拱桥现浇或砌筑施工中使用，支架可以在梁桥或拱桥中使用，当在拱桥结构中使用时，它是设置在拱盔下面起支撑拱盔的作用。此时以拱桥的起拱线为界划分，应分别计算拱盔和拱架的工程量。

3) 桥涵拱盔支架均不包括底模及地基加固的工程量，应另计。

（3）计算示例。

【例 5-6】 某三孔简支预应力梁桥，标准跨径 40m，下部结构基础采用预制方桩。每座桥墩台均为 8 根桩，详细尺寸如图 5-27 所示。打桩施工时，拟搭设工作台，请计算其面积。

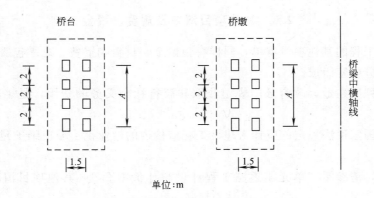

图 5-27 梁桥墩台半平面图

【解】 根据图 5-27 及题目要求，按桥梁打桩工作平台计算，公式为 $F = N_1 F_1 + N_2 F_2$
从图 5-27 中可知：

$$A = 6\text{m}$$
$$D = 1.5\text{m}$$
$$L = 40\text{m}$$
$$N_1 = 4$$

$$N_2=3$$
则 $F_1=(5.5+A+2.5)\times(6.5+D)=(5.5+6+2.5)\times(6.5+1.5)=112\text{m}^2$
$F_2=6.5\times[L-(6.5+D)]=6.5[40-(6.5+1.5)]=208\text{m}^2$
$F=N_1F_1+N_2F_2=4\times112+3\times208=1072\text{m}^2$

故该工作平台的面积为 1072m^2。

2.5 桥涵护岸工程措施项目清单编制

桥涵护岸工程的措施项目，是指为完成桥涵护岸工程项目施工，发生于该工程施工前和施工过程中技术、生活、安全等方面的非工程实体项目。一般可分为"通用项目"措施和"市政工程"常用项目措施，共计26项。

桥涵护岸工程措施项目的编制原则、编制依据、措施项目设置，请参阅"单元4 道路工程计量与计价中2.5 道路工程措施项目清单"相关内容。

桥涵护岸工程措施项目的设置，应根据拟建工程的具体情况，着重考虑以下几个方面：

（1）跨越河流的桥涵，根据桥涵的规模大小、通航要求，可考虑水上工作平台、便桥、大型吊装设备等。

（2）陆地立交桥涵，根据周围建筑物限制、已有道路分布状况，可考虑是否开挖支护、开通便道、指明加工（堆放）场地、原有管线保护等。

（3）根据开工路段是否需要维持正常的交通车辆通行，可考虑设置防护围（墙）栏等临时结构。

（4）根据桥涵上下部结构类型，可考虑特定的施工方法配套的措施项目等。

（5）响应招标文件的文明施工、安全施工、环境保护的措施项目等。

2.6 其他项目清单及规费、税金

桥涵护岸工程的其他项目清单，同样有预留金、材料购置费、总承包服务费、零星工作项目费四部分内容组成。

规费是工程所在地，政府部门规定收取和履行社会义务的费用，是工程造价的组成部分。

税金是指国家税法规定的应计入建设工程造价内的营业税、城市维护建设税及教育费附加。

以上内容，请参阅"单元4道路工程计量与计价中2.6 其他项目清单及规费、税金"相关内容。

课题3 桥涵护岸工程工程量清单计价

桥涵护岸工程工程量清单计价，就是响应招标文件的规定，计算完成工程量清单所列项目的全部费用，包括分部分项工程费，措施项目费和规费、税金。桥涵护岸工程工程量清单计价的总体顺序，如图5-28所示。本课题主要介绍分部分项工程量清单和措施项目清单的计价。

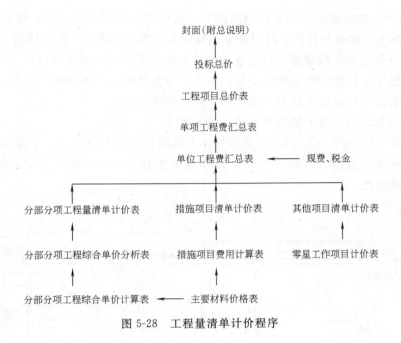

图 5-28 工程量清单计价程序

3.1 分部分项工程量清单计价

分部分项工程量清单计价就是根据招标文件提供的分部分项工程量清单，按照《计价规范》规定的统一计价格式，结合施工企业的具体情况，完成分部分项工程量清单计价表和分部分项工程量清单综合单价分析表的填写计算。这里的关键是桥涵分部分项工程的综合单价的分析计算。

3.1.1 综合单价的分析计算

综合单价的确定有多种方法，这里仅介绍采用《全国统一市政工程预算定额》分析计算的方法。

运用《全国统一市政工程预算定额》分析计算综合单价，实质上就是分解细化桥涵工程量清单每个分部分项工程应包含哪些具体的定额子目工作内容，并对应地套用定额分析计算，然后将各子目费用组合汇总，形成综合单价。这一过程，实际上是先分解细化，后组合汇总的过程。分解的目的是便于合理套用定额，组合的结果是形成综合单价。

（1）分部分项工程分解细化

针对招标方提供的工程量清单，进行分部分项工程的分解细化，就是要求明确地列出每个分部分项工程具体由哪些施工项目组成，而这些施工项目应该与定额的哪些子目相对应，才能够合理套用《全国统一市政工程预算定额》，进一步分析计算工程量清单综合单价。

1）认真阅读桥涵工程施工图，了解桥涵的总体布置，明确各部分的结构构造、尺寸、材料等，深入了解设计意图，必要时需到工程所在地现场了解情况，掌握水文、地质、交通等方面的详细资料。在对桥涵工程全面、详尽了解的基础上，认真核对招标方提供的工程量清单。如发现错、漏，应与招标方取得联系，及时更正或明确解决的办法。

2) 在确认工程量清单正确无误的前提下,就桥涵工程的土方工程、桩基、现浇混凝土、预制混凝土、砌筑及其他工程的各分部分项工程逐一考虑如下几个问题。

a. 每个分部分项工程量清单已包含了施工图中的哪些具体施工项目?

b. 施工图中未包含的施工项目应划归在哪个分部分项工程量清单中计算?

c. 工程量清单中的每个分部分项工程采用何种施工方案?

d. 每个具体的施工项目选择哪种施工方法?

例如:图 5-29 和图 5-30 所示的某梁桥,上部结构为预制空心板,下部结构为桩柱式盖梁。请对上部结构的 "040303002001 预制混凝土板(C30 非预应力空心板)"清单项目,进行分解细化。

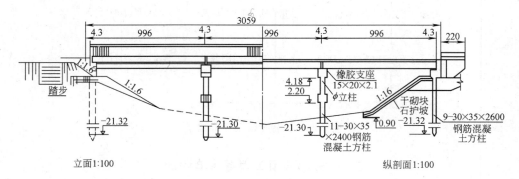

图 5-29 桥梁半立面图

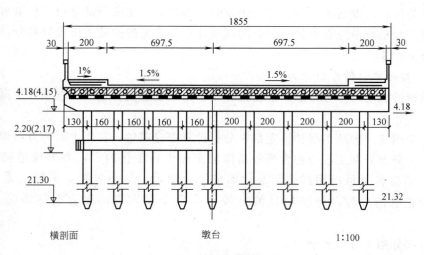

图 5-30 桥梁半横剖面图

根据《计价规范》,预制混凝土板(C30 非预应力空心板)清单的工程内容包括有:

(a) 空心板混凝土浇筑(预制);

(b) 养生;

(c) 空心板运输;

(d) 空心板安装;

(e) 构件连接(板间勾缝)。

混凝土预制板的一般施工过程如下:

模板制作安装
↓
钢筋制作安装
↓
混凝土浇筑
↓
混凝土养生
↓
构件堆放、运输
↓
构件安装、连接

结合施工工艺过程，参照《全国统一市政工程预算定额》桥梁工程册的定额内容，空心板预制的混凝土浇筑，已包括了混凝土的养生内容；预制板养护强度达到设计要求，即可运抵现场安装；安装就位的预制板，应按照设计图示的方法进行板间灌缝或勾缝，使安装的预制板成为整体。故分解细化为如下四项工程内容：

(a) 空心板预制；

(b) 空心板运输；

(c) 空心板安装；

(d) 板梁间的勾缝。

这一分析结果，必须根据施工图纸，结合施工工艺过程，参照《全国统一市政工程预算定额》桥梁工程册以及有关施工规范。

空心板运输，空心板安装及板梁间的勾缝，均涉及到施工方法的选择，需结合工程图纸和现场条件及施工企业的施工能力综合考虑。如，空心板安装采用扒杆还是导梁或是起重机，板梁间勾缝是采用何种脚手架，河流有水时如何处理等问题，都应该由施工组织设计来确定，这也是分析计算措施项目费用的需要。

需要特别指出的是：

(a) 空心板预制施工应包括钢筋制作安装，但"040303002001 预制混凝土板（C30非预应力空心板）"清单项目，不包括钢筋制作安装。板中钢筋制作安装应另外归入"040701002001 非预应力钢筋"清单项目。

(b) 对于模板制作安装，若施工企业自行预制空心板，则预制空心板的模板工程应另外列项，归入措施项目。若是直接采购预制的空心板，则不必考虑混凝土的制作和模板工程，这两项内容已包含在预制空心板购买单价之中。

(c) 桥梁工程中的混凝土预制构件安装，均包含在"040303 预制混凝土"清单项目内，在综合单价分析计算时，应将混凝土预制构件安装、连接考虑在内，不可遗漏。因此，在对桥涵工程编制招标文件时，不可出现"混凝土构件安装"的工程量清单项目。

(2) 套用定额

根据分解细化列出的具体施工项目，对照《全国统一市政工程预算定额》各章定额子目的工作内容，对应套用，确定定额子目编号。如 040303003001 预制混凝土板（C30 非预应力空心板）"这个清单项目。分解细化后的施工项目，其中之一为"预制 C30 非预应力空心板"，则对应的定额子目编号为"3—346"。

(3) 计算工程量

这里的工程量是指各分部分项工程分解细化列出的具体施工项目的工程量。对桥涵结构工程而言,该工程量的计算仍然以施工图纸为依据,并应遵守《全国统一市政工程预算定额》桥涵工程册第六章的"工程量计算规则";如该章说明中"预制空心构件按设计图尺寸扣除空心体积,以实体体积计算"的规定。对于桥涵土石方工程而言,应结合具体的施工方法,计算施工工程量。工程量的计算方法详见"单元3的2.4 土石方工程量计算的有关问题"的有关内容。

(4) 填表计算

填表计算就是依次填写分部分项工程清单综合单价计算表、分部分项工程量清单综合单价分析表、分部分项工程量清单计价表。具体要求详见"单元3的3.2 分部分项工程量清单综合单价计算填表说明"。

3.1.2 综合单价计算示例

【例5-7】 工程概况仍以例5-1YYH涵洞工程详见图5-32(一)、(二)、(三)提供的资料为条件,请对该涵洞工程的现浇混凝土基础和浆砌块石河床清单工程量进行综合单价计算。

【解】 (1) 分解细化,列出施工项目

根据上述两个清单的工程内容可知,现浇混凝土基础清单,应包括混凝土搅拌、运输、浇筑、振捣、抹平、养生、模板安拆的施工内容,其中模板安拆归入措施项目。对照《全国统一市政工程预算定额》(桥涵工程册)有关子目的工作内容,列出施工项目:混凝土基础浇筑(C20混凝土,碎石最大20mm);浆砌块石河床铺砌清单,应包括放样、选料、配拌砂浆、砌筑、养生的施工内容,结合图纸所示,还应包括5cm的砂垫层施工内容,对照《全国统一市政工程预算定额》(桥涵工程册)有关子目的工作内容,列出施工项目:浆砌块石河床护底和砂垫层。分部分项工程量清单见表5-15。

分部分项工程量清单 表5-15

工程名称:某涵洞工程　　　　　　　　　　　　　　　　　　　　第1页 共1页

序号	项目编码	项目名称	计量单位	工程数量
1	040302001001	现浇混凝土基础(C20混凝土,碎石最大20mm)	m³	10.10
2	040304002001	浆砌块石(M7.5水泥砂浆,40号块石河床铺砌,含5cm砂垫层)	m³	6.80

(2) 施工方案

由于该工程项目小,技术难度不大,考虑以人工施工为主。混凝土采用商品混凝土,170.64元/m³。

(3) 套用定额

根据《全国统一市政工程预算定额》以及确定的施工方法,套用相应子目。

(4) 计算工程量

混凝土浇筑:　　　$0.85 \times 0.6 \times (9.5 + 2 \times 0.2) \times 2 = 10.10 m^3$

浆砌块石:$9.5 \times 1.9 \times (0.4 - 0.05) - 0.2 \times 0.35 \times 1.9 \times 3 + 0.4 \times 0.65 \times 1.7 \times 2 = 6.80 m^3$

砂垫层:　　　　　$(9.5 - 0.4 \times 2) \times 1.9 \times 0.05 = 0.83 m^3$

(5) 填表计算见表5-16、表5-17。

分部分项工程量清单综合单价计算表　　　　　　　　　　　表 5-16

工程名称：YYH 涵洞工程　　　　　　　　　　　　　　　计量单位：m³
项目编码：040302001001　　　　　　　　　　　　　　　工程数量：10.10
项目名称：现浇混凝土基础（C20 混凝土，碎石最大 20mm）　综合单价：232.44 元

序号	定额编号	工程内容	单位	工程量	分项单价(元)					分项合价
					人工费	材料费	机械费	管理费	利润	
1	3—263 换	现浇混凝土基础	10m³	1.01	290.31	1747.63	199.4	29.03	58.06	2347.67
		合　价			293.21	1765.11	201.39	29.32	58.64	2347.67
		单　价			29.03	174.76	19.94	2.90	5.81	232.44

本表计算说明：

（1）套用定额子目"3—263"查的人工费＝290.31 元，材料费＝15.63 元，机械费＝199.4 元。其中定额子目中的材料费，只是混凝土现场施工的操作、养护费用，不包括拌制（制作）费用。故，该定额需要换算，写作"3—263 换"。

（2）从定额子目中可查的 10m³ 混凝土实体，需要拌制 10.15m³，则实际现浇 10m³ 混凝土基础的材料费＝15.63＋10.15×170.64＝1747.63 元。

分部分项工程清单综合单价计算表　　　　　　　　　　　表 5-17

工程名称：YYH 涵洞工程　　　　　　　　　　　　　　　计量单位：m³
项目编码：040304002002　　　　　　　　　　　　　　　工程数量：6.08
项目名称：浆砌块石（M10 水泥砂浆，40# 块石河床铺砌，含 5cm 砂垫层）　综合单价：130.84 元

序号	定额编号	工程内容	单位	工程量	分项单价(元)					分项合价
					人工费	材料费	机械费	管理费	利润	
1	1—697	浆砌块石河床护底	10m³	0.68	260.2	855.47	26.6	26.02	52.04	829.82
2	1—683	砂垫层(5cm)	10m³	0.083	95.27	597.99	0	9.53	19.05	59.91
		合价			184.84	631.35	18.09	18.48	36.97	889.74
		单价			27.18	92.85	2.66	2.72	5.44	130.84

3.2　措施项目费

桥涵工程的措施项目应根据拟建工程所处的地形、地质、现场环境等条件，结合具体的施工方法，由施工组织设计确定。采用工程量清单计价时，措施项目费的计算应响应招标文件的要求，同时也可以根据拟建工程确定的施工组织设计提出的具体措施补充计算。桥涵工程的措施项目费的计算原则、措施项目费的计算方法，请参阅单元 4 中 3.2 措施项目费。

3.2.1　措施项目费的计算内容

桥梁工程发生的措施项目内容较多，可从以下几方面考虑。

（1）用于桥涵工程整体的文明施工、安全施工、环境保护的措施项目。应按工程所在地当地有关部门的要求、规定计算。

（2）安全施工方面的措施。如，安全挡板、防护挡板等，可参照《全国统一市政工程预算定额》分析计算。

(3) 生产性临时设施。如，现场加工场地、工作棚、仓库等，可按相应的分部分项工程费乘费率计算。

(4) 组织性的措施项目。如，由于场地所限发生的二次搬运；使用大型机械设备的进出场及安拆；可参照《全国统一市政工程预算定额》分析计算。由于工期限制、气候影响发生的夜间施工、雨期施工、冬期施工措施项目费，可根据具体内容，通过分析人工、材料、机械的消耗量及相应的工效降低程度综合考虑计算。

(5) 工程结构技术措施。当在有水的河流施工时，应考虑围堰、筑岛、修筑便桥、修建水上工作平台等措施项目，可参照《全国统一市政工程预算定额》分析计算。当桥梁采用现浇施工时，上部结构的支架、脚手架、模板工程、泵送混凝土等均为不可缺少的措施项目，一般均可参照《全国统一市政工程预算定额》分析计算。当采用预制施工上部结构时，各类梁、板、拱、小型构件的运输、安装等措施项目也必然发生，同样可参照《全国统一市政工程预算定额》分析计算。

(6) 工程保护、保修、保险费用。应按工程所在地当地有关部门的要求、规定计算。

3.2.2 措施项目费计算示例

【例 5-8】 如图 5-29 和图 5-30 所示的上部结构为预制空心板，下部结构为桩柱式盖梁桥。施工期间河流有水，桥台开挖需要围堰，所有的混凝土施工均需要模板。这类的技术措施，可采用定额分析计算。其他措施项目费，采用当地规定的费率计算。

【解】

(1) 措施项目费用分析计算，见表 5-18。

措施项目费用计算表　　　　　　　　　　　　　　表 5-18

工程名称：××梁桥　　　　　　　　　　　　　　共1页 第1页

序号	定额编号	工程内容	单位	工程量	人工费	材料费	机械费	管理费	利润	分项合价
		围堰小计								19478.95
1	GD1—5—2	草袋围堰	100m³	2.1653	3125.26	4603.11	327.21	351.45	625.03	19478.95
		模板小计								72184.35
2	GD3—5—12	承台模板	10m²	4.37	38.20	255.35	51.70	15.34	7.64	1565.47
3	GD3—5—26	墩柱模板	10m²	3.69	103.00	145.56	138.47	41.19	20.60	1656.15
4	GD3—5—32	墩盖梁模板	10m²	7.58	80.00	93.59	125.83	35.11	16.00	2657.02
5	GD3—6—38	预制侧缘石模板	10m²	2.77	77.00	99.88	33.45	18.84	15.40	677.46
6	GD3—6—40	预制端墙、端柱模板	10m²	25.08	151.40	161.73	68.91	37.58	30.28	11283.49
7	GD3—6—2	预制方桩模板	10m²	66.54	40.80	71.63	50.71	15.61	8.16	12436.99
8	GD3—6—22	预制非预应力空心板模板	10m²	63.08	126.00	80.67	106.48	39.66	25.20	23844.87
9	GD3—6—38	预制人行道板模板	10m²	2.74	77.00	99.88	33.45	18.84	15.40	670.12
10	GD3—6—40	预制栏杆模板	10m²	16.94	151.40	161.73	68.91	37.58	30.28	7621.30
11	GD3—9—40	筑拆混凝土地模	100m²	6.00	604.40	2845.34	376.79	167.39	120.88	24688.80
		合　计								198243.92

(2) 措施项目清单费用计算，见表5-19。

措施项目清单计算表　　　　　　　　　　　　　　　　　　　表 5-19

工程名称：××梁桥　　　　　　　　　　　　　　　　　　　　共1页　第1页

序号	项 目 名 称	计算基础	费率(%)	金额(元)
1	环境保护	招标文件规定		18000.00
2	文明施工	分部分项工程费	0.30	13543.78
3	安全施工	招标文件规定		20000.00
4	临时设施	分部分项工程费	1.50	16931.74
5	预算包干费	分部分项工程费	2.00	13721.80
6	工程保险费	分部分项工程费	0.03	224.07
7	工程保修费	分部分项工程费	0.10	1184.03
8	夜间施工	参照定额分析计算		2255.25
9	混凝土、钢筋混凝土模板及支架	见措施项目费用计算表		72184.35
10	大型机械设备进出场及安拆	参照定额分析计算		7108.36
11	围堰	见措施项目费用计算表		19478.95
	合　　计			184632.33

3.3 其他项目费、规费及税金

工程量清单计价时，其他项目费、规费及税金的计算应按照招标文件的要求和《计价规范》4.0.6条、4.0.7条、4.0.8条的规定执行。具体内容请参阅"单元4的3.3 其他项目费、规费及税金"。

课题4　桥涵护岸工程计量与计价综合示例

4.1　分部分项工程量清单

4.1.1　工程概况及编制要求

【例 5-9】 某市拟建涵洞工程一座，施工图详见图 5-32YYH 涵洞工程（一）、（二）、（三）。该涵洞位置的土质为密实的黄土，无地下水；属季节性河流，施工期间河流无水；基坑开挖，多余的土方可就地弃置，其他施工因素均由施工单位自行考虑确定。

(1) 请编制该涵洞工程下部结构的工程量清单和土方工程工程量清单。

(2) 请分析计算该涵洞工程下部结构和土方工程的分部分项工程费。

4.1.2　工程量清单编制

(1) 清单工程量计算

1) 现浇混凝土基础（C20混凝土，碎石最大20mm）：

$$0.85 \times 0.6 \times (9.5 + 2 \times 0.2) \times 2 = 10.10 \text{m}^3$$

2) 浆砌块石（M10水泥砂浆，40号块石浆砌涵台，涵台内侧勾缝）：
$$0.65 \times 2.44 \times 9.5 \times 2 = 30.13 \text{m}^3$$

3) 现浇混凝土涵台帽（C20混凝土，碎石最大20mm）：
$$[(0.36+0.035) \times 0.35 + (0.20+0.035) \times 0.35] \times 9.5 \times 2 = 4.19 \text{m}^3$$

4) 现浇混凝土支撑梁（C20混凝土，碎石最大20mm）：
$$0.2 \times 0.35 \times 1.9 \times 3 = 0.40 \text{m}^3$$

5) 浆砌块石（M10水泥砂浆，40号块石河床铺砌，含5cm砂垫层）：
$$9.5 \times 1.9 \times (0.4-0.05) - 0.2 \times 0.35 \times 1.9 \times 3 + 0.4 \times 0.65 \times 1.7 \times 2 = 6.80 \text{m}^3$$

6) 钢筋工程

a. 钢筋明细计算见表5-20。

钢筋明细计算表　　　　　　　　　　　　　　　表5-20

部位	钢筋编号	单根长度 cm	根数	总长 m	每米重（kg/m）	总重（t）
支撑梁	10	$\phi12$	202	12	24.24	0.888	0.0215
支撑梁	11	$\phi6$	98	24	23.52	0.222	0.0052
台帽	7	$\phi8$	960	8	76.80	0.396	0.0304
台帽	8	$\phi6$	101	76	76.76	0.222	0.0170
台帽	9	$\phi22$	40	20	8.00	2.98	0.0238

b. 钢筋工程量汇总见表5-21。

钢筋工程量汇总表　　　　　　　　　　　　　　表5-21

部位 \ 项目	钢筋种类	钢筋工程量（t）
支撑梁及台帽	$\phi10$以内圆钢筋	0.053
支撑梁及台帽	$\phi10$以外圆钢筋	0.022
支撑梁及台帽	$\phi10$以外螺纹钢筋	0.024

7) 土方工程

a. 挖基坑土方（一、二类土，挖深1m）

涵台基坑：$(9.5+0.2 \times 2) \times 0.85 \times 1.00 \times 2 = 16.83 \text{m}^3$

铺砌基坑：$9.5 \times (1.9-0.1 \times 2) \times 1.00 - (9.5-0.4 \times 2) \times (1.9-0.1 \times 2) \times 0.6$
　　　　　$= 7.28 \text{m}^3$

合计：$16.83 + 7.28 = 24.11 \text{m}^3$

b. 基坑回填（原土回填，压实度95%）

基础所占体积：10.10m^3

铺砌所占体积：6.80m^3

台身所占体积：$9.5 \times 0.65 \times 0.4 \times 2 = 4.94 \text{m}^3$

砂垫层所占体积：$1.9 \times 0.05 \times (9.5-0.4 \times 2) = 0.83 \text{m}^3$

支撑梁所占体积：$0.2 \times 0.35 \times 1.9 \times 3 = 0.40 \text{m}^3$

合计：10.10＋6.80＋4.94＋0.83＋0.40＝23.07m³
回填土方＝挖方量－结构所占体积
　　　　＝24.11－23.07＝1.04m³

（2）分部分项工程量清单编制

分部分项工程量清单编制见表5-22。

分部分项工程量清单　　　　　　　　　　　　　　　　表5-22

工程名称：YYH涵洞工程　　　　　　　　　　　　第1页　共1页

序号	项目编码	项 目 名 称	计量单位	工程数量
1	040302001001	现浇混凝土基础（C20混凝土,碎石最大20mm）	m³	10.10
2	040304002001	浆砌块石（M10水泥砂浆,40号块石浆砌涵台,涵台内侧勾缝）	m³	30.13
3	040302003001	现浇混凝土涵台帽（C20混凝土,碎石最大20mm）	m³	4.19
4	040302005001	现浇混凝土支撑梁（C20混凝土,碎石最大20mm）	m³	0.40
5	040304002002	浆砌块石（M10水泥砂浆,40号块石河床铺砌,含5cm砂垫层）	m³	6.80
6	040701002001	非预应力钢筋（现浇部分φ10mm以内）	t	0.053
7	040701002002	非预应力钢筋（现浇部分φ10mm以外）	t	0.022
8	040701002003	非预应力钢筋（现浇部分φ10mm以外螺纹筋）	t	0.024
9	040101003001	挖基坑土方（一、二类土,挖深1m）	m³	24.11
10	040103001001	基坑回填（原土回填,压实度90％）	m³	1.04

（3）主要材料表

主要材料见表5-23。

主要材料表　　　　　　　　　　　　　　　　表5-23

工程名称：YYH涵洞工程　　　　　　　　　　　　第1页　共1页

序　号	材料编码	材料名称	规格、型号等特殊要求	单位	单价（元）
1	010001	圆钢筋	φ10mm以内	t	
2	010002	圆钢筋	φ10mm以外	t	
3	010005	螺纹钢筋	φ25mm以内	t	
4	307002	C20混凝土	碎石最大20mm	m³	

4.2　分部分项工程量清单计价

由于该工程项目较小，技术难度不大，考虑以人工施工为主。分部分项工程综合单价计算，以《全国统一市政工程预算定额》为基础，有关费用取值为：管理费按人工费10％计，利润按人工费20％计；C20 混凝土单价 170.64 元/m³。钢筋单价见"4.2.3 主要材料价格表"。

4.2.1 施工项目工程量计算

该涵洞土方工程包括涵台基坑挖土方、河床铺砌和截水墙基坑挖土方、基坑回填土方三部分。根据现场调查，基坑土质直立性好，可选择人工垂直开挖，不需要放坡。为了既保证施工支模方便，又能尽量减少施工土方量，仅在基坑四周外侧加宽 35cm 作为支撑模板工作宽度；内侧不加宽，以直立的基坑壁作为内侧模板，如图 5-31 所示。

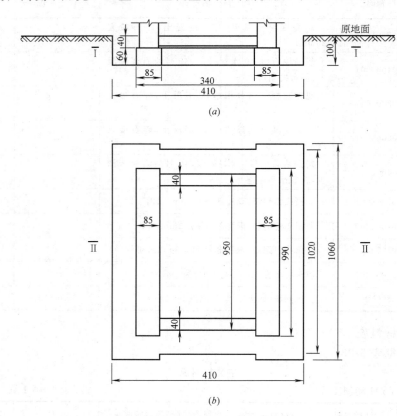

图 5-31 基坑开挖施工示意图（单位：cm）
(a) Ⅱ—Ⅱ 剖面图；(b) Ⅰ—Ⅰ 剖面图

(1) 涵台基坑挖土方量
$$10.60 \times (0.85 + 0.35) \times 1.00 \times 2 = 25.44 \text{m}^3$$

(2) 铺砌和截水墙基坑挖土方量
$$10.20 \times (1.90 - 0.10 \times 2) \times 1.00 - (9.50 - 0.40 \times 2) \times (1.90 - 0.10 \times 2) \times 0.60 = 8.47 \text{m}^3$$
合计：$25.44 + 8.47 = 33.91 \text{m}^3$

(3) 基坑回填土方量
$$33.91 - 23.07 = 10.84 \text{m}^3$$

4.2.2 分部分项工程费计算

分部分项工程费计算见表 5-24～表 5-34。

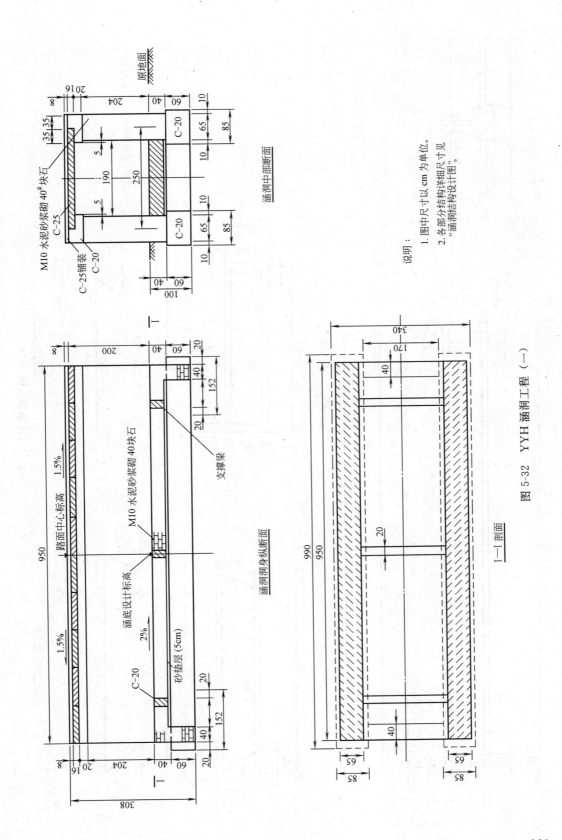

图 5-32 YYH 涵洞工程（一）

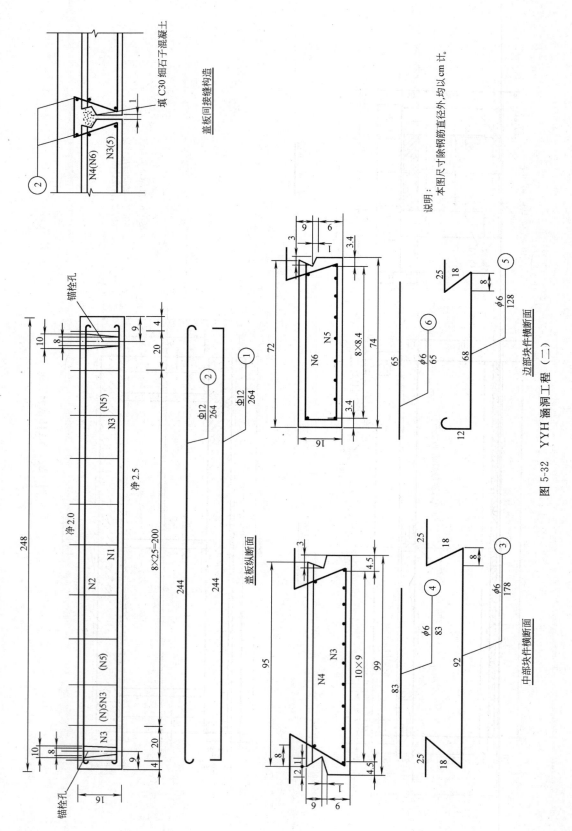

图 5-32 YYH 涵洞工程（二）

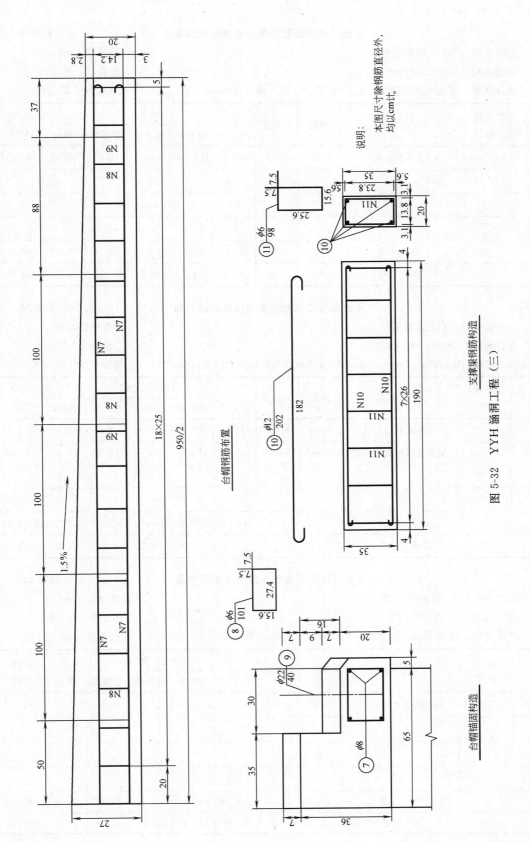

图 5-32 YYH涵洞工程（三）

分部分项工程量清单综合单价计算表

表 5-24

工程名称：YYH 涵洞工程　　　　　　　　　　　　　　　　　计量单位：m³
项目编码：040302001001　　　　　　　　　　　　　　　　　工程数量：10.10
项目名称：现浇混凝土基础（C20 混凝土，碎石最大 20mm）　综合单价：232.44 元

序号	定额编号	工程内容	单位	工程量	分项单价(元)					分项合价
					人工费	材料费	机械费	管理费	利润	
1	3—263 换	现浇混凝土基础	10m³	1.01	290.31	1747.63	199.4	29.03	58.06	2347.67
		合　价			293.21	1765.11	201.39	29.32	58.64	2347.67
		单　价			29.03	174.76	19.94	2.90	5.81	232.44

分部分项工程量清单综合单价计算表

表 5-25

工程名称：YYH 涵洞工程　　　　　　　　　　　　　　　　　　　　　计量单位：m³
项目编码：040304002001　　　　　　　　　　　　　　　　　　　　　工程数量：30.13
项目名称：浆砌块石（M10 水泥砂浆，40# 块石浆砌涵台，涵台内侧勾缝）　综合单价：169.34 元

序号	定额编号	工程内容	单位	工程量	分项单价(元)					分项合价
					人工费	材料费	机械费	管理费	利润	
1	3—212	浆砌块石涵台身	10m³	3.013	448.28	850.81	205.24	44.83	89.66	4937.76
2	1—714	涵台身内侧面勾平缝	100m³	0.464	142.01	170.06	0	14.20	28.40	164.57
		合　价			1416.56	2642.40	618.39	141.66	283.32	5102.33
		单　价			47.01	87.70	20.52	4.70	9.40	169.34

分部分项工程量清单综合单价计算表

表 5-26

工程名称：YYH 涵洞工程　　　　　　　　　　　　　　　　　　计量单位：m³
项目编码：040302003001　　　　　　　　　　　　　　　　　　工程数量：4.19
项目名称：现浇混凝土涵台帽（C20 混凝土，碎石最大 20mm）　综合单价：247.24 元

序号	定额编号	工程内容	单位	工程量	分项单价(元)					分项合价
					人工费	材料费	机械费	管理费	利润	
1	3—284 换	现浇混凝土涵台帽	10m³	0.419	357.5	1756.69	251	35.75	71.50	1035.95
		合　价			149.79	736.05	105.17	14.98	29.96	1035.95
		单　价			35.75	175.67	25.10	3.58	7.15	247.24

分部分项工程量清单综合单价计算表　　　　　　　　　　　　　　表 5-27

工程名称：YYH 涵洞工程　　　　　　　　　　　　　　　计量单位：m³
项目编码：040302005001　　　　　　　　　　　　　　　工程数量：0.4
项目名称：现浇混凝土支撑梁（C20 混凝土，碎石最大 20mm）　综合单价：234.73 元

序号	定额编号	工程内容	单位	工程量	分项单价（元）					分项合价
					人工费	材料费	机械费	管理费	利润	
1	3—268 换	现浇混凝土支撑梁	10m³	0.04	320.2	1789.1	141.9	32.02	64.04	93.89
		合　　　价			12.81	71.56	5.68	1.28	2.56	93.89
		单　　　价			32.02	178.91	14.19	3.20	6.40	234.73

分部分项工程量清单综合单价计算表　　　　　　　　　　　　　　表 5-28

工程名称：YYH 涵洞工程　　　　　　　　　　　　　　　计量单位：m³
项目编码：040304002002　　　　　　　　　　　　　　　工程数量：6.08
项目名称：浆砌块石（M10 水泥砂浆，40# 块石河床铺砌，含 5cm 砂垫层）　综合单价：130.84 元

序号	定额编号	工程内容	单位	工程量	分项单价（元）					分项合价
					人工费	材料费	机械费	管理费	利润	
1	1—697	浆砌块石河床护底	10m³	0.68	260.2	855.47	26.6	26.02	52.04	829.82
2	1—683	砂垫层(5cm)	10m³	0.083	95.27	597.99	0	9.53	19.05	59.91
		合　　　价			184.84	631.35	18.09	18.48	36.97	889.74
		单　　　价			27.18	92.85	2.66	2.72	5.44	130.84

分部分项工程量清单综合单价计算表　　　　　　　　　　　　　　表 5-29

工程名称：YYH 涵洞工程　　　　　　　　　　　　　　　计量单位：t
项目编码：040701002001　　　　　　　　　　　　　　　工程数量：0.053
项目名称：非预应力钢筋（现浇部分 ϕ10 以内）　　　　综合单价：3367.05 元

序号	定额编号	工程内容	单位	工程量	分项单价（元）					分项合价
					人工费	材料费	机械费	管理费	利润	
1	3—235 换	非预应力钢筋制安 ϕ10 内	t	0.053	374.35	2840.29	40.1	37.44	74.87	178.45
		合　　　价			19.84	150.54	2.13	1.98	3.97	178.45
		单　　　价			374.35	2840.29	40.10	37.44	74.87	3367.05

分部分项工程量清单综合单价计算表

表 5-30

工程名称：YYH 涵洞工程　　　　　　　　　　　　　　　计量单位：t
项目编码：040701002002　　　　　　　　　　　　　　　工程数量：0.022
项目名称：非预应力钢筋（现浇部分 φ10mm 以外）　　　综合单价：3199.89 元

序号	定额编号	工程内容	单位	工程量	分项单价(元)					分项合价
					人工费	材料费	机械费	管理费	利润	
1	3—236 换	非预应力钢筋制安 φ10mm 外	t	0.022	182.23	2893.33	69.66	18.22	36.45	70.40
		合　　价			4.01	63.65	1.53	0.40	0.80	70.40
		单　　价			182.23	2893.33	69.66	18.22	36.45	3199.89

分部分项工程量清单综合单价计算表

表 5-31

工程名称：YYH 涵洞工程　　　　　　　　　　　　　　　　计量单位：t
项目编码：040701002003　　　　　　　　　　　　　　　　工程数量：0.024
项目名称：非预应力钢筋（现浇部分 φ10mm 外螺纹）　　　综合单价：3293.29 元

序号	定额编号	工程内容	单位	工程量	分项单价(元)					分项合价
					人工费	材料费	机械费	管理费	利润	
1	3—236 换	非预应力钢筋制安 φ10mm 外螺纹	t	0.024	182.23	2986.73	69.66	18.22	36.45	79.04
		合　　价			4.37	71.68	1.67	0.44	0.87	79.04
		单　　价			182.23	2986.73	69.66	18.22	36.45	3293.29

分部分项工程量清单综合单价计算表

表 5-32

工程名称：YYH 涵洞工程　　　　　　　　　　　　　　　计量单位：m³
项目编码：040101003001　　　　　　　　　　　　　　　工程数量：23.12
项目名称：挖基坑土方（一、二类土，挖深 1m）　　　　综合单价：16.01 元

序号	定额编号	工程内容	单位	工程量	分项单价(元)					分项合价
					人工费	材料费	机械费	管理费	利润	
1	1—16	人工挖基坑土方(1m)	100m³	0.3391	839.93	0	0	83.99	167.99	370.27
		合　　价			284.82	0.00	0.00	28.48	56.97	370.27
		单　　价			12.32	0.00	0.00	1.23	2.46	16.01

分部分项工程量清单综合单价计算表　　　　　　　　　　　　　　表 5-33

工程名称：YYH 涵洞工程　　　　　　　　　　　　　　　　　　计量单位：m³
项目编码：040103001001　　　　　　　　　　　　　　　　　　工程数量：1.04
项目名称：基坑回填（原土回填，压实度 90%）　　　　　　　　综合单价：120.89 元

序号	定额编号	工程内容	单位	工程量	分项单价（元）					分项合价
					人工费	材料费	机械费	管理费	利润	
1	1—56	人工基坑回填夯实	100m³	0.1084	891.61	0.7	0	89.16	178.32	125.72
		合　　价			96.65	0.08	0.00	9.66	19.33	125.72
		单　　价			92.93	0.07	0.00	9.29	18.59	120.89

分部分项工程量清单计价表　　　　　　　　　　　　　　　　　表 5-34

工程名称：YYH 涵洞工程　　　　　　　　　　　　　　　　　　第 1 页　共 1 页

序号	项目编码	项目名称	计量单位	工程数量	金额（元）	
					综合单价	合价
	0401	土石方工程				
1	040101003001	挖基坑土方（一、二类土，挖深 1m）	m³	24.11	16.01	386.00
2	040103001001	基坑回填（原土回填，压实度 90%）	m³	1.04	120.89	125.73
	040302	现浇混凝土				
1	040302001001	现浇混凝土基础（C20 混凝土，碎石最大 20mm）	m³	10.10	232.44	2347.64
2	040302003001	现浇混凝土涵台帽（C20 混凝土，碎石最大 20mm）	m³	4.19	247.24	1035.94
3	040302005001	现浇混凝土支撑梁（C20 混凝土，碎石最大 20mm）	m³	0.40	234.73	93.89
	040304	砌筑工程				
1	040304002001	浆砌块石（M10 水泥砂浆，40 号块石浆砌涵台，涵台内侧勾缝）	m³	30.13	169.34	5102.21
2	040304002002	浆砌块石（M10 水泥砂浆，40 号块石河床铺砌，含 5cm 砂垫层）	m³	6.80	130.84	889.71
	040701	钢筋工程				
1	040701002001	非预应力钢筋（现浇部分 ϕ10mm 以内）	t	0.053	3367.05	178.45
2	040701002002	非预应力钢筋（现浇部分 ϕ10mm 以外）	t	0.022	3199.89	70.40
3	040701002003	非预应力钢筋（现浇部分 ϕ10mm 以外螺纹筋）	t	0.024	3293.29	79.04
		合　　计				10309.01

4.2.3 主要材料价格表

主要材料价格见表 5-35。

主要材料价格表　　　　　　　　表 5-35

工程名称：YYH 涵洞工程　　　　　　　　　第 1 页　共 1 页

序号	材料编码	材料名称	规格、型号等特殊要求	单位	单价(元)
1	010001	圆钢筋	φ10 以内	t	2784.60
2	010002	圆钢筋	φ10 以外	t	2782.05
3	010005	螺纹钢筋	φ25 以内	t	2871.86
4	307002	C20 混凝土	碎石最大 20mm	m³	170.64

思考题与习题

一、简答题

1. 桥梁按结构受力特点分为哪几类？各类有何特点？
2. 桥梁结构的基本组成有哪几部分？
3. 桥梁的主要术语有哪几个？各自的含义是什么？
4. 桥梁的大、中、小桥及涵洞是如何划分的？
5. 普通钢筋混凝土梁的现浇施工过程一般程序是怎样的？
6. 后张法预应力 T 梁的施工过程主要有哪些施工工艺？这些施工工艺与全国统一市政工程预算定额的子目有何对应关系？
7. 装配式简支梁桥上部结构安装施工的方法要点是什么？
8. 缆索吊装施工（无支架施工）的主要工序有哪些？
9. 桥涵护岸工程设计图一般有哪些图纸组成？
10. 桥涵护岸工程进行分部分项工程量清单编制时，清单项目特征、工程内容的规定对项目编码和项目名称有何影响？
11. 在《计价规范》桥涵护岸工程中设置的 040302003 和 040302006 两个清单项目应如何区分使用？

二、计算题

某市郊区某涵洞工程如图 5-33 所示，该涵洞位置的土质为密实的黄土（二类土），不考虑地下水，施工期间地表河流无水，基坑开挖多余的土方可就地弃置。请认真阅读图纸，完成下列内容。

（1）编制该涵洞工程的分部分项工程量清单（包括土方工程，其中上部盖板的预制不需列出清单，图纸中其他未示出的工程内容也不必考虑）。

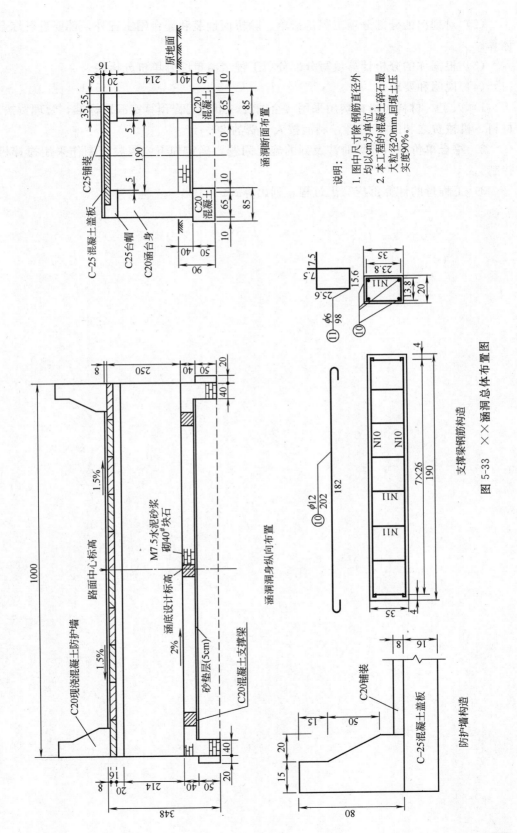

图 5-33 ××涵洞总体布置图

（2）对列出的分部分项工程量清单，除桥面铺装和涵台帽工程外，都要进行综合单价计算。

（3）根据你的分析计算填写分部分项工程量清单综合单价分析表。

（4）说明和要求：

1）人工、材料、机械费用采用《全国统一市政工程预算定额》标准，管理费按人工、材料、机械费之和的10%计，利润按人工费的20%计。

2）综合单价分析计算时涉及到的施工问题，确定如下：混凝土制作采用搅拌机现场拌制。

3）工程量的计算都应写出过程，列出算式。

单元 6　隧道工程计量与计价

课题 1　隧道工程专业知识

1.1　隧道工程概述

1970 年 OECD（世界经济合作与发展组织）隧道会议从技术方面将隧道定义为：以任何方式修建，最终使用于地表面以下的条形建筑物，其空洞内部净空断面在 $2m^2$ 以上者均为隧道。从这个定义出发，隧道包括的范围很大。从不同角度区分，可得出不同的隧道分类方法。如按地层分，可分为岩石隧道（软岩、硬岩）、土质隧道；按所处位置分，可分为山岭隧道、城市隧道、水底隧道；按施工方法分，可分为矿山法、明挖法、盾构法、沉埋法、掘进机法等；按埋置深度分，可分为浅埋和深埋隧道；按断面形式分，可分为圆形、马蹄形、矩形隧道等；按国际隧道协会（1TA）定义的断面数值划分标准分，可分为特大断面（$100m^2$ 以上）、大断面（$50\sim100m^2$）、中等断面（$10\sim50m^2$）、小断面（$3\sim10m^2$）、极小断面（$3m^2$ 以下）；按车道数分，可分为单车道、双车道、多车道。一般认为按用途分类比较明确，如图 6-1 所示。简述如下：

1.1.1　隧道分类

（1）交通隧道

交通隧道是应用最广泛的一种隧道，其作用是提供交通运输和人行的通道，以满足交通线路畅通的要求，一般包括有以下几种。

1）公路隧道——专供汽车运输行驶的通道。

2）铁路隧道——专供火车运输行驶的通道。

3）水底隧道——修建于江、河、湖、海、洋下的隧道，供汽车和火车运输行驶的通道。

4）地下铁道——修建于城市地层中，为解决城市交通问题的火车运输的通道。

5）航运隧道——专供轮船运输行驶而修建的通道。

6）人行隧道——专供行人通过的通道。

（2）水工隧道

水工隧道是水利工程和水力发电枢纽的一个重要组成部分。水工隧道包括以下几种。

1）引水隧道——是将水引入水电站的发电机组或为水资源的调动而修建的孔道。

2）尾水隧道——用将水电站发电机组排出的废水送出去而修建的隧道。

3）导流隧道或泄洪隧道——是为水利工程中疏导水流并补充溢洪道流量超限后的泄洪而修建的隧道。

4）排沙隧道——它是用来冲刷水库中淤积的泥沙而修建的隧道。

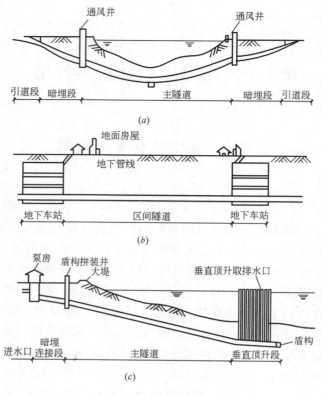

图 6-1 隧道示意图
(a) 越江隧道；(b) 地铁；(c) 水工隧道

(3) 市政隧道

在城市的建设和规划中，充分利用地下空间，将各种不同市政设施安置在地下而修建的地下孔道，称为市政隧道。市政隧道与城市中人们的生活、工作和生产关系十分密切，对保障城市的正常运转起着重要的作用。其类型主要有以下几种。

1) 给水隧道——为城市自来水管网铺设系统修建的隧道。

2) 污水隧道——为城市污水排送系统修建的隧道。

3) 管路隧道——为城市能源供给（煤气、暖气、热水等）系统修建的隧道。

4) 线路隧道——为电力电缆和通讯电缆系统修建的隧道。

在现代化的城市中，将以上4种具有共性的市政隧道，按城市的布局和规划，建成一个共用隧道，称为"共同管沟"。共同管沟是现代城市基础设施科学管理和规划的标志，也是合理利用城市地下空间的科学手段，是城市市政隧道规划与修建发展的方向。

5) 人防隧道——是为战时的防空目的而修建的防空避难隧道。

(4) 矿山隧道

在矿山开采中，为了能从山体以外通向矿床和将开采到的矿石运输出来，是通过修建隧道来实现的，其作用主要是为采矿服务的，主要有运输巷道、给水隧道、通风隧道等。

1.1.2 隧道工程图纸内容和组成

隧道勘测设计的成果是相应的设计文件，应按交通部颁发的《公路基本建设工程设计文件编制办法》和《公路隧道勘测规程》的要求进行。定测结束后应提交以下图纸资料。

(1) 隧道平面图：显示地质平面、隧道平面位置及路线里程和进出口位置等。设 U 形回车场、错车道、爬坡车道时，应显示其位置和长度。

(2) 隧道纵断面图：显示隧道地质概况、衬砌类型（有加宽或设 U 形回车场时，应显示加宽值及加宽段长度）、埋深、路面中心设计标高，有高路肩时显示路肩标高、设计坡度、地面标高、里程桩等。

(3) 隧道进口（出口）纵横断面图：显示设置洞门处的地形、地质情况、边仰坡开挖坡度及高度等。

(4) 隧道进口（出口）平面图：显示洞门附近的地形、洞顶排水系统（有平导时，与平导的相互关系等）、洞门广场的减光设计等。

(5) 隧道进口（出口）洞门图：显示洞门的构造、类型及具体尺寸，采用建筑材料、施工注意事项、工程数量等。有遮光棚等构造物时，应显示其与洞身连接关系及完整的遮光棚构造设计图。

(6) 隧道衬砌设计图：显示衬砌类型、构造和具体尺寸、采用的建筑材料、施工注意事项、工程数量等。设回车场、错车道、爬坡车道时应单独设计。

(7) 辅助坑道结构设计图。

(8) 运营通风系统的结构设计图。

(9) 运营照明系统的结构设计图。

(10) 监控与管理系统的结构设计图。

(11) 附属建筑物的结构设计图。

在整个施工图设计文件中应有隧道设计说明书。对隧道概况（路线、工程地质、水文地质、气象、环境等）、设计意图及原则、施工方法及注意事项等作概括说明。

1.2　隧道结构构造

道路隧道结构构造由主体构造物和附属构造物两大类组成。主体构造物是为了保持岩体的稳定和行车安全而修建的人工永久建筑物，通常指洞身衬砌和洞门构造物。洞身衬砌的平、纵、横断面的形状由道路隧道的几何设计确定，衬砌断面的轴线形状和厚度由衬砌计算决定。在山体坡面有发生崩塌和落石可能时，往往需要接长洞身或修筑明洞。洞门的构造型式由多方面的因素决定，如岩体的稳定性、通风方式、照明状况、地形地貌以及环境条件等。附属构造物是主体构造物以外的其他建筑物，是为了运营管理、维修养护、给水排水、供蓄发电、通风、照明、通讯、安全等而修建的构造物。

1.2.1　衬砌结构的类型

山岭隧道的衬砌结构形式，主要是根据隧道所处的地质地形条件，考虑其结构受力的合理性、施工方法和施工技术水平等因素来确定的。随着人们对隧道工程实践经验的积累，对围岩压力和衬砌结构所起作用的认识的发展，结构形式发生了很大变化，出现各种适应不同的地质条件的结构类型，大致有下列几类。

(1) 直墙式衬砌

直墙式衬砌形式通常用于岩石地层垂直围岩压力为主要计算荷载且水平围岩压力很小的情况。一般适用于Ⅴ、Ⅳ类围岩，有时也可用于Ⅲ类围岩。对于道路隧道，直墙式衬砌结构的拱部，可以采用割圆拱、坦三心圆拱或尖三心圆拱。三心圆拱指拱轴线由三段圆弧组成，其轴线形状比较平坦（$r_1>r_2$）时称为坦三心圆拱，形状较尖（$r_2<r_1$）时称为尖三心圆拱，若 $r_1=r_2=r$ 时即为割圆拱，如图 6-2 所示。

如果是围岩完整性比较好的Ⅴ-Ⅵ类围岩，边墙可以采用连拱或柱，称为连拱边墙或柱式边墙，如图 6-3 所示。

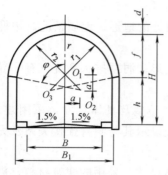

图 6-2 直墙式衬砌

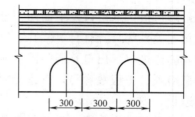

图 6-3 连拱边墙或柱式边墙

为了节省圬工，也可以采用大拱脚薄边墙衬砌，如图 6-4 所示。如果具备喷混凝土条件时，边墙可以用喷混凝土代替。该法是个有局限性的方法，最大的问题是大拱脚支座施工困难，在非均质岩层中很难用钻爆法做出整齐稳定的支座。因此，在这种较好围岩中，不如优先考虑喷锚支护。

（2）曲墙式衬砌

通常在Ⅲ类以下围岩中，水平压力较大，为了抵抗较大的水平压力把边墙也做成曲线形状。当地基条件较差时，为防止衬砌沉陷，抵御底鼓压力，使衬砌形成环封闭结构，可以设置仰拱，如图 6-5 所示。

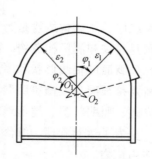

图 6-4 大拱脚薄边墙衬砌

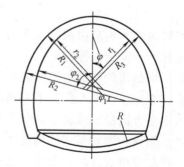

图 6-5 曲墙式衬砌

（3）喷混凝土衬砌、喷锚衬砌及复合式衬砌

为了使喷混凝土结构的受力状态趋于合理化，要求用光面爆破开挖，使洞室周边平顺光滑，成型准确，减少超欠挖。然后在适当的时间喷混凝土，即为喷混凝土衬砌。根据实际情况，需要安装锚杆的则先装设锚杆，再喷混凝土，即为喷锚衬砌。如果以喷混凝土、锚杆或钢拱支架的一种或几种组合作为初次支护对围岩进行加固，维护围岩稳定防止有害松动。待初次支护的变形基本稳定后，进行现浇混凝土二次衬砌，即为复合式衬砌。为使衬砌的防水性能可靠，保持无渗漏水，采用塑料板作复合式衬砌中间防水层是比较适宜

的，如图 6-6 所示。

(4) 偏压衬砌

当山体地面坡陡于 1:2.5，线路外侧山体覆盖较薄，或由于地质构造造成的偏压，衬砌为承受这种不对称围岩压力而采用，如图 6-7 所示。

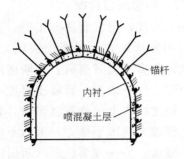

图 6-6 喷锚衬砌及复合式衬砌

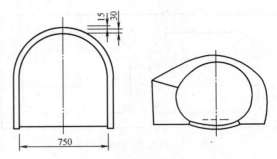

图 6-7 偏压衬砌示意图

(5) 喇叭口隧道衬砌

在山区双线隧道，有时为绕过困难地形或避开复杂地质地段，减少工程量，可将一条双幅公路隧道分建为二个单线隧道或二条单线并建为一条双幅的情况（或车站隧道中的过渡线部分），衬砌产生了一个过渡区段，这部分隧道衬砌的断面及线间距均有变化，相应成了一个喇叭形，称为喇叭口隧道衬砌，如图 6-8 所示。

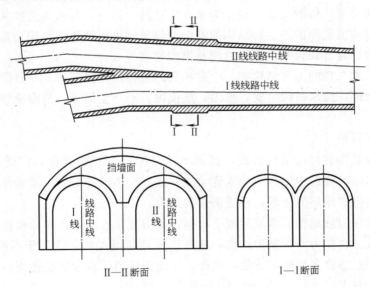

图 6-8 喇叭口隧道衬砌示意图

(6) 圆形断面隧道

为了抵御膨胀性围岩压力，山岭隧道也可以采用圆形或近似圆形断面，因为需要较大的衬砌厚度，所以多半在施工时进行二次衬砌。对于水底隧道，由于水压力较大，采用矿山法施工时，也多采用二次衬砌，或者采用铸铁制的方形节段。水底隧道广泛使用盾构法施工，其断面为全圆形。通常用预制的方形节段在现场拼装。此时，在顶棚以上的空间和路面板以下的空间可以用作通风管道，车行道两侧的空间可以设置人行道或自行车道，有剩余空间时还可以设置电缆管道等。水底隧道的另一种施工方法是沉管法,有单管和双管之分,其断面可以是圆形,也可以是矩形。

岩石隧道掘进机是开挖岩石隧道的一种机械化切削机械,其开挖断面通常为圆形,开挖后可以用喷混凝土衬砌、喷锚衬砌或拼装预制构件衬砌等多种形式。

(7) 矩形断面衬砌

如上所述,用沉管法施工时,其断面可以用矩形形式。用明挖法施工时,尤其在修筑多车道隧道时,其断面广泛采用矩形。这种情况,回填土厚度一般较小,加之在软土中修筑隧道时,软土不能抵御较大的水平推力,因而不应修筑拱形隧道。另一方面,矩形断面的利用率也较高,如图 6-9 所示。城市中的过街人行地道,通常都在软土中通过,其断面也是以矩形为基础组成的。

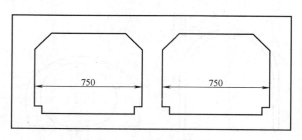

图 6-9 矩形隧道断面衬砌

1.2.2 支护结构

在隧道及地下工程中,支护结构通常分为初期支护(一次支护)和永久支护(二次支护、二次衬砌)。一次支护是为了保证施工的安全、加固岩体和阻止围岩的变形、坍塌而设置的临时支护措施,常用支护形式有木支撑、型钢支撑、格栅支撑、锚喷支护等,其中型钢支撑、格栅支撑、锚喷支护一般作为永久支护的一部分,与永久支护共同工作。二次支护是为了保证隧道使用的净空和结构的安全而设置的永久性衬砌结构。常用的永久衬砌形式有整体衬砌、复合式衬砌、拼装衬砌及锚喷衬砌等 4 种。

隧道衬砌是永久性的重要结构物,应有相当的可靠性和保证率,一旦受到破坏,运营中很难恢复。因此,要求衬砌密实,抗渗,抗侵蚀,不产生病害,衬砌能够长期、安全地使用。

(1) 整体式衬砌

整体式衬砌是传统衬砌结构形式,在新奥法(NATM)闻世前,广泛地应用于隧道工程中,目前在山岭隧道中还有不少工程实例。该方法不考虑围岩的承载作用,主要通过衬砌的结构刚度抵御地层的变形,承受围岩的压力。

整体式衬砌采用就地整体模筑混凝土衬砌,其方法是在隧道内树立模板、拱架,然后浇灌混凝土而成。它作为一种支护结构,从外部支撑隧道围岩,适用于不同的地质条件,易于按需成形,且适合多种施工方法,因此,在我国隧道工程中广泛使用。

(2) 复合式衬砌

复合式衬砌是目前隧道工程常采用的衬砌形式。其设计、施工工艺过程与其相应的衬砌及围岩受力状态均较合理;其质量可靠,能够达到较高的防水要求;也便于采用锚喷、钢支撑等工艺。它既能够充分发挥锚喷支护的优点,又能发挥二次衬砌永久支护的可靠作用。复合式衬砌是由初期支护和二次支护组成的。初期支护是限制围岩在施工期间的变形,达到围岩的暂时稳定;二次支护则是提供结构的安全储备或承受后期围岩压力。因此,初期支护应按主要承载结构设计;二次支护在Ⅳ类及以上围岩时按安全储备设计,在Ⅲ类及以下围岩时按承载(后期围压)结构设计,并均应满足构造要求。

在确定开挖尺寸时,应预留必要的初期支护变形量,以保证初期支护稳定后,二次衬砌的必要厚度。当围岩呈"塑性"时,变形量是比较大的。由于预先设定的变形量与初期支护稳定后的实际变形量往往有差距,故应经常量测校正,使延续各衬砌段预留变形量更符合围岩及支护变形实际。

(3) 喷锚衬砌

锚喷支护作为隧道的永久衬砌,一般考虑是在Ⅳ类及以上围岩中采用。在Ⅲ类及以下围岩中,采用锚喷支护经验不足,可靠性差。按目前的施工水平,可将锚喷支护作为初期支护配合第二次模注混凝土衬砌,形成复合衬砌。当围岩良好、完整、稳定的地段,如Ⅴ类及以上,只需采用喷射混凝土衬砌即可,此时喷射混凝土的作用为:局部稳定围岩表层少数已松动的岩块;保护和加固围岩表面,防止风化;与围岩形成表面较平整的整体支承结构,确保营运安全。

在层状围岩中,其结构面或层状可能引起不稳定,开挖后表面张裂、岩层沿层面滑移或受挠折断,可能引起坍塌。块状围岩受软弱结构面交叉切割,可能形成不稳定的危石。应加入锚杆支护,通过联结作用、组合原理保护和稳定围岩,并通过喷射混凝土表面封闭和支护的配合,使围岩和锚杆喷射混凝土形成一个稳定的承载结构。锚杆与层面垂直,就能够充分发挥锚杆的锚固作用,有效地增加层面或结构面间压应力和抗滑动摩阻力。锚杆应与稳定围岩联结,与没有松动的较完整的稳定的围岩体相联结,锚杆应有足够锚固长度,伸入松动围岩以外或伸入承载环以内一定深度。

锚喷衬砌的内轮廓线,宜采用曲墙式的断面形式,是为了使开挖时外轮廓线圆顺,尽可能减少围岩中的应力集中,减小围岩内缘的拉应力,尽可能消除围岩对支护的集中荷载,使支护只承受较均匀的形变压力,使喷层支护都处在受压状态而不产生弯矩。锚喷衬砌外轮廓线除考虑锚喷变形量外宜再预留 20cm。其理由是:锚喷支护作为永久衬砌,目前设计和施工经验都不足,需要完善的地方还很多,尤其是公路部门,这样的施工实例还不多。锚喷支护作为柔性支护结构,厚度较薄,变形量较大,预留变形量能保证以后有可能进行补强和达到应有的补强厚度而留有余地。另外,还应估计到若喷锚衬砌改变为复合衬砌时,能保证复合衬砌的二次衬砌最小厚度 20cm。

采用锚喷衬砌后,内表面是不太平整顺直,美观性差,影响司机在行车中视觉感观。在高等级道路或城镇及附近的隧道,应根据需要考虑内装,以消除上述缺点外,也便于照明、通风的安装,提高洞内照明、防水、通风、视线诱导,减少噪声等的效果。

1.2.3 洞门

洞门是隧道两端的外露部分,也是联系洞内衬砌与洞口外路堑的支护结构,其作用是保证洞口边坡的安全和仰坡的稳定,引离地表流水,减少洞口土石方开挖量。洞门也是标志隧道的建筑物,因此,洞门应与隧道规模、使用特性以及周围建筑物、地形条件等要相协调。

(1) 端墙式洞门

端墙式洞门适用于岩质稳定的Ⅳ类以上围岩和地形开阔的地区,是最常使用的洞门形式,如图 6-10 所示。

(2) 翼墙式洞门

翼墙式洞门适用于地质较差的Ⅲ类以下围岩,以及需要开挖路堑的地方。翼墙式洞门

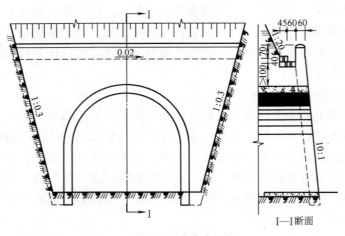

图 6-10 端墙式洞门

由端墙及翼墙组成。翼墙是为了增加端墙的稳定性而设置的，同时对路堑边坡也起支撑作用。其顶面通常与仰坡坡面一致，顶面上一般均设置水沟，将端墙背面排水沟汇集的地表水排至路堑边沟内，如图 6-11 所示。

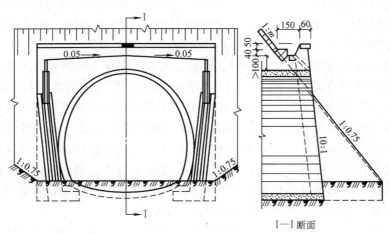

图 6-11 翼墙式洞门

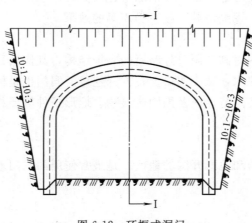

图 6-12 环框式洞门

（3）环框式洞门

当洞口岩层坚硬、整体性好、节理不发育、且不易风化、路堑开挖后仰坡极为稳定，并且没有较大的排水要求时采用。环框与洞口衬砌用混凝土整体灌筑，如图 6-12 所示。

（4）遮光棚式洞门

当洞外需要设置遮光棚时，其入口通常外伸很远。遮光构造物有开放式和封闭式之分，前者遮光板之间是透空的，后者则用透光材料将前者透空部分封闭。但由于透光材料上面容易沾染尘垢油污，养护困难，因此很少使用后者。形状上又有喇叭式与棚式之分。

除上述基本形式外,还有一些变化形式,如柱式洞门,在端墙上增加对称的两个立柱,不但雄伟壮观,而且对端墙局部加强,增加洞门的稳定性。此种形式一般适用于城镇、乡村、风景区附近的隧道。

1.3 隧道工程施工

1.3.1 概述

隧道施工过程通常包括:在地层中挖出土石,形成符合设计轮廓尺寸的坑道;进行必要的初期支护和砌筑最后的永久衬砌,以控制坑道围岩变形,保证隧道长期地安全使用。在进行隧道施工时,必须充分考虑隧道工程的特点,才能在保证隧道安全的条件下,快速、优质、低价地建成隧道建筑物。

以往人们都认为在地层中开挖坑道必然要引起围岩坍塌掉落,开挖的断面越大,坍塌的范围也越大。因此,传统的隧道结构设计方法将围岩看成是必然要松弛塌落而成为作用于支护结构上的荷载。传统的隧道施工方法是将隧道断面分成为若干小块进行开挖,随挖随用钢材或木材支撑,然后,从上到下,或从下到上砌筑刚性衬砌。这也是和当时的机械设备、建筑材料、技术水平相一致的。

近十几年来,岩石锚杆、喷射混凝土的机械和岩石力学方面的进展,人们对开挖隧道过程中所出现的围岩变形、松弛、崩塌等现象有了深入的认识,为提出新的、经济的隧道施工方法创造了条件。1963年,由奥地利学者 L. 腊布兹维奇教授命名为"新奥地利隧道施工法(NewAustria Tunnelling Method)",简称"新奥法(NATM)"正式出台。它是以控制爆破或机械开挖为主要掘进手段,以锚杆、喷射混凝土为主要支护方法,理论、量测和经验相结合的一种施工方法。同时,又是一系列指导隧道设计和施工的原则。新奥法的基本原则可扼要的概括为:"少扰动、早喷锚、勤量测、紧封闭"。

1.3.2 隧道施工方法

一个多世纪以来,世界各国的隧道工作者在实践中已经创造出能够适应各种围岩的多种隧道施工方法。习惯上将它们分成为:矿山法、掘进机法、沉管法、顶进法、明挖法等。

矿山法因最早应用于矿石开采而得名,它包括上面已经提到的传统方法和新奥法。由于在这种方法中,多数情况下都需要采用钻眼爆破进行开挖,故又称为钻爆法。有时候为了强调新奥法与传统矿山法的区别,而将新奥法从矿山法中分出,另立系统。

掘进机法包括隧道掘进机(Tunnel Boring Machine,简写为 TBM)法和盾构掘进机法。前者应用于岩石地层,后者则主要应用于土质围岩,尤其适用于软土、流砂、淤泥等特殊地层。

沉管法等方法,则是用来修建水底隧道、地下铁道、城市市政隧道等,以及埋深很浅的山岭隧道。

新奥法施工,按其开挖断面的大小及位置,基本上又可分为:全断面法、台阶法、分部开挖法三大类及若干变化方案。

(1) 全断面法

按照隧道设计轮廓线一次爆破成型的施工方法叫全断面法,它的施工顺序是:

1）用钻孔台车钻眼，然后装药，连接导火线；
2）退出钻孔台车，引爆炸药，开挖出整个隧道断面；
3）排除危石，安设拱部锚杆和喷第一层混凝土；
4）用装渣机将石渣装入出渣车，运出洞外；
5）安设边墙锚杆和喷混凝土；
6）必要时可喷拱部第二层混凝土和隧道底部混凝土；
7）开始下一轮循环；
8）在初期支护变形稳定后，或按施工组织中规定日期灌注内层衬砌。

全断面法适用于Ⅳ～Ⅵ类岩质较完整的硬岩中。必须具备大型施工机械。隧道长度或施工区段长度不宜太短，否则采用大型机械化施工的经济性差。根据经验，这个长度不应小于1km。根据围岩稳定程度亦可以不设锚杆或设短锚杆。也可先出渣，然后再施作初期支护，但一般仍先施作拱部初期支护，以防止应力集中而造成的围岩松动剥落。

采用全断面法应注意下列问题：摸清开挖面前方的地质情况，随时准备好应急措施（包括改变施工方法等），以确保施工安全；各种施工机械设备务求配套，以充分发挥机械设备的效率；加强各项辅助作业，尤其加强施工通风，保证工作面有足够新鲜空气；加强对施工人员的技术培训，实践证明，施工人员对新奥法基本原理的了解程度和技术熟练状况，直接关系到施工的效果。

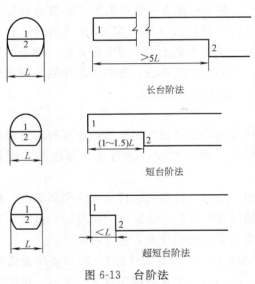

图6-13 台阶法

（2）台阶法

台阶法中包括长台阶法、短台阶法和超短台阶法等三种，其划分一般是根据台阶长度来决定的，如图6-13所示。至于施工中究竟应采用何种台阶法，要根据两个条件来决定：初期支护形成闭合断面的时间要求，围岩越差，闭合时间要求越短；上断面施工所用的开挖、支护、出渣等机械设备对施工场地大小的要求。

在软弱围岩中应以前一条件为主，兼顾后者，确保施工安全。在围岩条件较好时，主要考虑是如何更好的发挥机械效率，保证施工的经济性，故只要考虑后一条件。

1）长台阶法

这种方法是将断面分成上半断面和下半断面两部分进行开挖，上下断面相距较远，一般上台阶超前50m以上或大于5倍洞跨。施工时上下都可配属同类机械进行平行作业，当机械不足时也可用一套机械设备交替作业，即在上半断面开挖一个进尺，然后再在下断面开挖一个进尺。当隧道长度较短时，亦可先将上半断面全部挖通后，再进行下半断面施工，即为半断面法。长台阶法的纵向工序布置和机械配置如图6-14所示。

相对于全断面法来说，长台阶法一次开挖的断面和高度都比较小，只需配备中型钻孔台车即可施工，而且对维持开挖面的稳定也十分有利。所以，它的适用范围较全断面法广

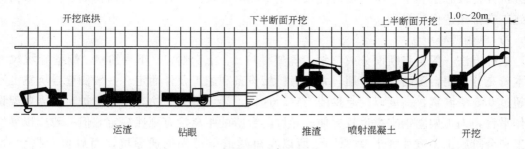

图 6-14 长台阶法

泛,凡是在全断面法中开挖面不能自稳,但围岩坚硬不用底拱封闭断面的情况,都可采用长台阶法。

2) 短台阶法

这种方法也是分成上下两个断面进行开挖,只是两个断面相距较近,一般上台阶长度小于 5 倍但大于 1~1.5 倍洞跨,上下断面采用平行作业。短台阶法的作业顺序和长台阶相同。由于短台阶法可缩短支护结构闭合的时间,改善初期支护的受力条件,有利于控制隧道收敛速度和量值,所以适用范围很广,Ⅱ-Ⅵ类围岩都能采用,尤其适用于Ⅱ、Ⅲ类围岩,是新奥法施工中主要采用的方法之一。

3) 超短台阶法

这种方法也是分成上下两部分,但上台阶仅超前 3~5m,只能采用交替作业。超短台阶法施工作业顺序为用一台停在台阶下的长臂挖掘机或单臂掘进机开挖上半断面至一个进尺,安设拱部锚杆、钢筋网或钢支撑,喷拱部混凝土。用同一台机械开挖下半断面至一个进尺,安设边墙锚杆、钢筋网或接长钢支撑,喷边墙混凝土(必要时加喷拱部混凝土)。开挖水沟,安设底部钢支撑,喷底拱混凝土,灌注内层衬砌。如无大型机械,也可采用小型机具交替地在上下部进行开挖,由于上半断面施工作业场地狭小,常常需要配置移动式施工台架,以解决上半断面施工机具的布置问题。

(3) 分部开挖法

分部开挖法可分为三种变化方案:台阶分部开挖法、单侧壁导坑法、双侧壁导坑法,如图 6-15 所示。

1) 台阶分部开挖法

又称环形开挖留核心土法,一般将断面分成为环形拱部(图中的 1、2、3)、上部核心土 4、下部台阶 5 等三部分。根据断面的大小,环形拱部又可分成几块交替开挖。环形开挖进尺为 0.5~1.0m,不宜过长。上部核心土和下台阶的距离,一般为 1 倍洞跨。

台阶分部开挖法的施工作业顺序为:用人工或单臂掘进机开挖环形拱部→架立钢支撑→喷混凝土。在拱部初期支护保护下,用挖掘机或单臂

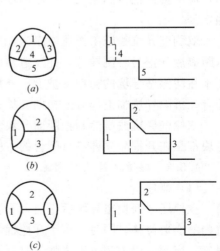

图 6-15 分部开挖法
(a) 台阶分步开挖法;(b) 单侧壁导坑法;
(c) 双侧壁导坑法

掘进机开挖核心土和下台阶，随时接长钢支撑和喷混凝土、封底。根据初期支护变形情况或施工安排建造内层衬砌。

2) 单侧壁导坑法

这种方法一般是将断面分成三块：侧壁导坑1、上台阶2、下台阶3。侧壁导坑尺寸应本着充分利用台阶的支撑作用，并考虑机械设备和施工条件而定。一般侧壁导坑宽度不宜超过0.5倍洞宽，高度以到起拱线为宜，这样，导坑可分二次开挖和支护，不需要架设工作平台，人工架立钢支撑也较方便。导坑与台阶的距离没有硬性规定，但一般应以导坑施工和台阶施工不发生干扰为原则，所以在短隧道中可先挖通导坑，而后再开挖台阶。上、下台阶的距离则视围岩情况参照短台阶法或超短台阶法拟订。单侧壁导坑法的施工作业顺序为：

a. 开挖侧壁导坑，并进行初期支护（锚杆加钢筋网，或锚杆加钢支撑，或钢支撑，或喷射混凝土），应尽快使导坑的初期支护闭合；

b. 开挖上台阶，进行拱部初期支护，使其一侧支承在导坑的初期支护上，另一侧支承在下台阶上；

c. 开挖下台阶，进行另一侧边墙的初期支护，并尽快建造底部初期支护，使全断面闭合；

d. 拆除导坑临空部分的初期支护；

e. 建造内层衬砌。

单侧壁导坑法是将断面横向分成三块或四块，每步开挖的宽度较小，而且封闭型的导坑初期支护承载能力大，所以，单侧壁导坑法适用于断面跨度大，地表沉陷难于控制的软弱松散围岩中。

3) 双侧壁导坑法（又称眼镜工法）

这种方法一般是将断面分成四块：左、右侧壁导坑1、上部核心土2、下台阶3。导坑尺寸拟订的原则同前，但宽度不宜超过断面最大跨度的1/3。左、右侧导坑错开的距离，应根据开挖一侧导坑所引起的围岩应力重分布的影响不致波及另一侧已成导坑的原则确定。

双侧壁导坑法施工作业顺序为：开挖一侧导坑，并及时地将其初期支护闭合；相隔适当距离后开挖另一侧导坑，并建造初期支护；开挖上部核心土，建造拱部初期支护，拱脚支承在两侧壁导坑的初期支护上；开挖下台阶，建造底部的初期支护，使初期支护全断面闭合。拆除导坑临空部分的初期支护；建造内层衬砌。

双侧壁导坑法虽然开挖断面分块多，扰动大，初期支护全断面闭合的时间长，但每个分块都是在开挖后立即各自闭合的，所以在施工中间变形几乎不发展。

1.3.3 隧道支撑及衬砌施工

(1) 概述

在地层中开挖出导坑后，出现了岩壁临空面，改变了围岩的应力状态，产生了趋向隧道内的变形位移。同时，由于开挖扰动以及随时间推移的变形量的增长，又降低了围岩的强度。当围岩应力超过围岩强度时，围岩的变形发展过大，从而造成失稳；其表现通常为围岩向洞内的挤入、张裂，沿结构面滑动，甚至最后发生坍塌。

围岩的变形是个动态过程。对于坚硬稳固的围岩，开挖成洞后其强度足以承受重分布后的应力，因而不致失稳。但对于破碎、软弱围岩，开挖后随着暴露时间的增加，变形随着发展，就会造成失稳。尤其是在隧道拱部、洞口、交岔洞、以及围岩呈大面积平板状且结构面发达的部位，更易失稳。

因此，为了有效地约束和控制围岩的变形，增强围岩的稳定性，防止塌方，保证施工和运营作业的安全，必须及时、可靠地进行临时支护和永久支护。临时支护的种类很多，按材料的不同和支护原理的不同可分为：木支撑、钢支撑、钢木混合支撑、钢筋混凝土支撑、锚杆支护、喷射混凝土支护、锚喷联合支护等。永久支护一般是采用混凝土衬砌。

各种临时支护的合理选用与围岩的稳固程度有关。一般说来，Ⅵ类围岩不需临时支护；Ⅴ类围岩采用锚杆支护；Ⅳ～Ⅲ类围岩采用喷射混凝土支护、锚杆喷混凝土联合支护、锚杆钢筋网喷混凝土联合支护；Ⅱ类围岩采用喷射混凝土、钢支撑联合支护或其他支撑支护；Ⅰ类围岩采用木、钢、钢木混合支撑或钢筋混凝土支撑。对于Ⅳ类及Ⅳ类以上围岩，可以先挖后支，支护距开挖面距离一般不宜大于 5～10m；Ⅲ～Ⅱ类围岩随挖随支，支护需紧跟工作面；Ⅱ～Ⅰ类围岩先支后挖。如条件合适，应尽量将临时支护与永久支护结合采用。

(2) 钢木支撑

1) 钢支撑

钢支撑具有承载力大，经久耐用，倒用次数多，占用空间小，节约木材等优点；但一次投资费用高，比木支撑重，装拆不便。一般适于在围岩压力较大的隧道施工中使用。

钢支撑一般采用 10～20 号工字钢、槽钢、8～28kg/m 的钢轨等制成，其形式有钢框架、钢拱架、全断面钢拱架、无腿钢拱支撑等。钢框架一般为直梁式 (图 6-16)，当围岩压力较大时可采用曲梁式，多用于导坑支护。钢拱架适用于先拱后墙法施工的隧道。全断面钢拱架 (图 6-17) 适用于全断面开挖后需支护的隧道。无腿钢拱支撑适用于全断面开挖后拱部稳定性较差而侧壁较稳定的情况。

图 6-16 直梁式

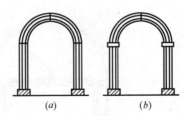

图 6-17 钢拱架
(a) 无托梁；(b) 有托梁

2) 木支撑

木支撑是传统的支撑方式，它具有易加工、质量轻、拆装运输方便等优点。其形式主要有框架或半框架式支撑、拱形支撑、无腿支撑等。可用于导坑、拱部扩大、挖底、马口、下导坑漏斗棚架以及洞口等部位的支撑，各部位的支撑均各有其特点，但又大同小异，比较复杂的是拱部扩大支撑。

木支撑一般使用的圆木、梁、柱等主要杆件的梢径不应小于 20cm，纵撑等杆件应不小于 15cm，木板厚度不小于 5cm。木材应使用坚固、有弹性、无显著节疤、无破裂多节的松木和杉木，脆性木材不宜使用。

(3) 锚喷支护

锚喷支护是目前通常采用的一种围岩支护手段。采用锚喷支护可以充分发挥围岩的自承能力，并有效地利用洞内的净空，既提高了作业的安全性，又提高了作业效率；它能适应软弱岩层和膨胀性岩层中隧道的开挖；它能用于整治坍方和隧道衬砌的裂损。

锚喷支护包括锚杆支护、喷射混凝土支护、喷射混凝土与锚杆联合支护、喷射混凝土与钢筋网联合支护、喷射混凝土与锚杆及钢筋网联合支护、喷钢纤维混凝土支护、喷钢纤维混凝土与锚杆联合支护，以及上述几种类型加设型钢（或钢拱架）而成的联合支护。前五种为常用的基本类型，后两类较少使用。

(4) 模筑混凝土衬砌

公路隧道作为地下结构物，除了应满足公路运输在使用上的要求外，还必须具有耐久性。一般除了地质坚硬、不易风化的Ⅵ类围岩外，都应施作混凝土衬砌。所以，模筑整体混凝土衬砌在传统上就是持久保证隧道功能的重要结构。

对于采用喷锚支护技术施工的隧道，一般为了饰面或增加安全度的需要，也需施作喷锚支护（称作一次衬砌），且在围岩变形基本稳定之后，现场浇筑整体混凝土衬砌（称作二次衬砌）。二次衬砌除了起饰面和增加安全度的作用外，实际上也承受了在其施工后发生的外部水压，软弱围岩的蠕变压力，膨胀性地压，或者浅埋隧道受到的附加荷载等。因此，模筑混凝土衬砌仍然是公路隧道的重要支护形式。

衬砌施工顺序，一般有先墙后拱，或先拱后墙两种方式；在全断面开挖时，则应尽量使用金属模板台车灌注混凝土整体衬砌。

先墙后拱法施工，应按线路中线确定边墙模板的设计位置。然后搭设工作平台灌注边墙混凝土（图6-18）。整个支架模板系统必须牢靠，以免灌注混凝土时发生变形、移动和倾倒，特别应防止支架模板系统向隧道内凸出而使衬砌侵入限界。灌注前应清除边墙基底的虚渣和污物，排净积水。

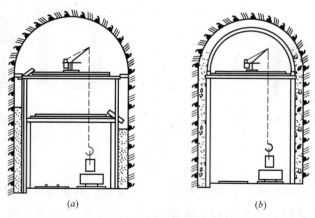

图6-18 模筑混凝土衬砌的施工

先拱后墙法施工时，要注意墙顶与拱脚间的接口封填。如边墙用塑性混凝土灌注时，应在接近拱脚处留7～10cm缺口，待24h后，使先灌的边墙充分收缩，经过施工间歇处理，再以较干的混凝土紧密填实。如边墙用干硬性混凝土灌注时，墙顶封口可连续完成。

1.4 盾构施工简介

1.4.1 概要

盾构机械的种类较多，分类的方法也不尽相同，一般来说有削土加压式盾构、加泥式盾构、中心螺旋钻型土压式盾构、土压平衡型加水式盾构、高浓度泥水加压式盾构。这里仅就削土加压式盾构作一介绍。

削土加压式盾构由于制造厂家不同，还有削土密封式、土压式、土压平衡型土压式、密闭型机械挖掘式、密闭加压式和压力保持式等名称。

削土加压式盾构是构成土压系列基本形式的机种，主要适用于土粒内部摩擦角小而富有流动特性的黏性土地层。这种盾构是利用了切削刀盘的搅拌作用和螺旋输送机的旋转运动对切削土的扰乱而使之在原来地层的基础上进一步增强流动性这一原理来保证切削土的流动性能的，它可在切削密封舱内和螺旋输送机内充满土体直到大致相当于静止土压的状态为止，由此来达到开挖面的稳定。盾构可保持上述状态，一边从螺旋输送机出土口排出土砂，一边向前推进。为此，需要进行排土管理，调整排土量，使之同挖土量之间能始终保持平衡。由螺旋输送机出土口排出的土砂一般使用隧道出土车运出。流程如图 6-19 所示。

若采用削土加压式盾构在砂质土地层中施工，仅依靠切削作业难以保证土的流动性。另外，如果在切削密封舱内切削土充得过满，土在舱内就会压实而固结，将不能继续挖掘和出土。因此，在将这种盾构使用于砂质土地层施工时，要在密封舱内注入添加材料来改善排出土的流动性。同时，还要设置水密性排土机构。

1.4.2 机械结构

此类型式的盾构一般是装有面板的封闭型盾构，其机械构造如图 6-20 所示。基本结

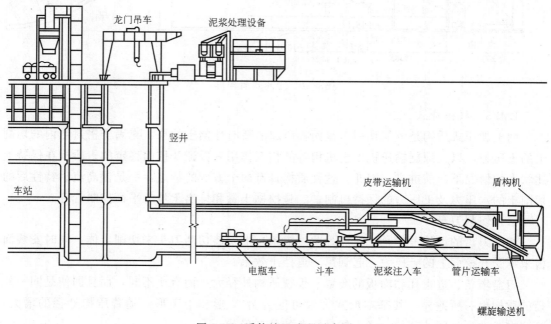

图 6-19 盾构施工流程示意图

构由以下几部分组成。

(1) 切削土体的切削刀盘；
(2) 对土体天然面起到第一道挡土作用的面板；
(3) 进入并充满切削土的密封舱；
(4) 以满载状态将切削土运送到盾构后方的螺旋输送机；
(5) 调节出土量的排土机构；
(6) 压力管理用的土压力检测装置；
(7) 盾尾密封；
(8) 盾构千斤顶。

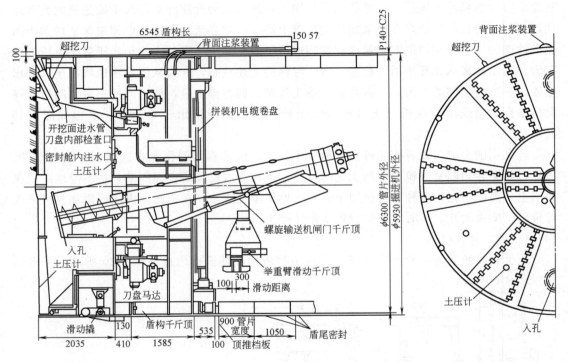

图 6-20 土压式盾构机

1.4.3 机械特点

削土加压式盾构是依靠切削刀盘面板所起的暂时性挡土效果、充满于密封舱内的切削土的土压力，以及螺旋输送机出土机构等的相互作用来保证开挖面稳定的。盾构在保持上述状态的情况下向前推进，因此，这种盾构具有两个方面的特点：一是提高流动特性后的切削土的水压力及土压力的保持机制；二是挖掘土量和排出土量的平衡控制管理。

(1) 切削刀盘

切削刀盘的设计考虑是：在加劲肋（辐条）上安装切削刀头来切削土体，同时安装面板来承受开挖面上的土压力，起到第一道挡土效果。

刀盘辐条、进土孔和面板的布置不仅视盾构外径大小而有所不同，而且即使是同一外径的盾构也有所差异。其基本形式大致可区分为 Y 形和十字形。随着盾构外径的增大，可演变成在最外围的部位上增设辅助辐条的复杂形状。

切削刀盘一般采用周围支承方式。在形状设计上要注意使切削土能顺利地流向螺旋输送机，同时在密封舱内也要避免切削土在外圈部位压实固结。

（2）排土机构

削土加压式盾构为了保持切削密封舱内的切削土的土压力，在螺旋输送机的后部设有排土机构。这种排土机构根据其机械控制的特点可分为以下四种方式。

1）螺旋输送机加滑动闸门方式

这种方式是在螺旋输送机的出土口设置滑动式闸门来控制切削土的排放，是一种最简单的排土机构。这种机构可以使切削刀盘、密封舱和螺旋输送机内填满的切削土从滑动闸门连续排出。同时，密封舱内切削土的压力可通过调整切削土量和排出土量来保持。

另一方面，排出土量的调整可以通过控制螺旋输送机的转速来解决。至于在盾构停止掘进时，则可关闭滑动闸门来防止切削土的泄出。

2）螺旋输送机加排土口加压装置方式

这种方式在螺旋输送机的排土口上设置一种锥形阀（排土口加压装置）来经常进行加压。排土口加压装置的种类有以下几种。

a. 在螺旋输送机排土口附近撤除一部分螺旋翼片以形成一个静止空间，再设置一道可以调节上述静止空间长度的伸缩隔板，并在其后方端部安装锥形阀。这一方式能够通过调整锥形阀的压紧力来阻挡填满了静止空间的切削土的泄出，所以密封舱内的切削土的土压能够得到保持（锥形阀方式）。排出土量则是根据土质条件，通过螺旋输送机的转速控制，或通过锥形阀的开度调整，或两者并用来控制的。至于在盾构停止掘进时，可将锥形阀全部关闭，以防止切削土的泄出。

b. 在螺旋输送机的排土口设置铰链式闸门，通过调整这一闸门的压紧力，可以阻挡螺旋输送机内的切削土的泄出，因此可以保持密封舱内的切削土的土压（铰链式闸门方式）。

3）螺旋输送机加莫诺泵方式

这种方式是在螺旋输送机的排土口附近成分支状安装莫诺泵（容积泵），然后通过莫诺泵保持压力，将切削土充满切削密封舱和螺旋输送机后进行排土。因此在成液状的松软土体的情况下，从莫诺泵向隧道后方也可以采用管道方式输送。同时，如果在隧道内适当设置莫诺泵，从开挖面到地面上的出土漏斗为止用管道输送也是可能的。另外，排出土量可以通过控制莫诺泵的转速来调整。

4）螺旋输送机加旋转式排土机方式

这种方式是在螺旋输送机的排土口上安装旋转式排土机（也可称为旋转式漏斗和旋转式阀门）。旋转式排土机是用许多翼片将入口和出口分隔开来的装置，而且是一种具有将开挖面和外界大气隔断的水密性机构的设备。因此，它可以一边保持密封舱内切削土的土压力，一边将切削土连续地排向外界（隧道内）。此外，旋转式排土机还可以用于局部气压盾构的排土机构或泥水加压盾构的砾石连续取出装置等。

螺旋输送机和滑动闸门组合使用的机构在排土过程中开挖面与隧道内是连通的。与此相比，这种旋转排土方式由于在机械结构上始终是隔断的，即使在排土过程中开挖面与隧道内也不存在连通问题，所以这是一种具有水密性的机构。另外，关于排土量也可以通过控制旋转式排土机的转速来调整。

1.4.4 施工管理

削土加压式盾构的施工管理是通过排土机构的机械控制方式进行的。这种排土机构可以调整排土量使之与挖掘土量保持平衡,以避免地面沉降或对附近构造物造成影响。施工管理的方法主要有以下几种。

(1) 先将盾构的推进速度设为一定值,然后根据容积计算来控制螺旋输送机的转速。这种方法是在松软黏性土中使用的比较单纯的基本形式。与此同时,作为管理数据,还要使用切削扭矩和盾构的推力值等。

(2) 先设定盾构的推进速度为一定值,再根据切削密封舱内所设的土压计的数值和切削扭矩的数值来调整螺旋输送机的转速和旋转式排土机的转速。

(3) 上述方法为调整发生土压和切削扭矩的值而改变了排土量,与此相对也有调整盾构推进速度来改变吸入土量的。这种方法作为在施工土质方面选定大致一定的条件之前的试行性方法,一般都是在使用的。

课题2 隧道工程工程量清单编制

隧道工程分部分项工程量清单,应根据《计价规范》附录"D.4 隧道工程"设置的统一项目编码,项目名称,计量单位和工程量计算规则进行编制。隧道工程包括岩石隧道、软土层隧道、沉管隧道三大部分,《计价规范》将隧道工程共划分设置了8节82个清单项目。

2.1 隧道工程量清单项目设置

2.1.1 隧道岩石开挖,共4个清单项目,用于岩石隧道的开挖。工程量清单项目设置及工程量计算规则,应按《计价规范》中表 D.4.1 的规定执行,见表 6-1。

隧道岩石开挖(编码:040401)　　　　　表 6-1

项目编码	项目名称	项目特征	计量单位	工程量计算规则	工程内容
040401001	平洞开挖	1. 岩石类别 2. 开挖断面 3. 爆破要求	m³	按设计图示结构断面尺寸乘以长度以体积计算	1. 爆破或机械开挖 2. 临时支护 3. 施工排水 4. 弃碴运输 5. 弃碴外运
040401002	斜洞开挖				1. 爆破或机械开挖 2. 临时支护 3. 施工排水 4. 洞内石方运输 5. 弃碴外运
040401003	竖井开挖				1. 爆破或机械开挖 2. 施工排水 3. 弃碴运输 4. 弃碴外运
040401004	地沟开挖	1. 断面尺寸 2. 岩石类别 3. 爆破要求			1. 爆破或机械开挖 2. 弃碴运输 3. 施工排水 4. 弃碴外运

2.1.2 岩石隧道衬砌，共15个清单项目。用于岩石隧道的衬砌。工程量清单项目设置及工程量计算规则，应按《计价规范》中表 D.4.2 的规定执行，见表 6-2。

岩石隧道衬砌（编码：040402） 表 6-2

项目编码	项目名称	项目特征	计量单位	工程量计算规则	工程内容
040402001	混凝土拱部衬砌	1. 断面尺寸 2. 混凝土强度等级、石料最大粒径	m³	按设计图示尺寸以体积计算	1. 混凝土浇筑 2. 养生
040402002	混凝土边墙衬砌				
040402003	混凝土竖井衬砌				
040402004	混凝土沟道				
040402005	拱部喷射混凝土	1. 厚度 2. 混凝土强度等级、石料最大粒径	m²	按设计图示尺寸以面积计算	1. 清洗岩石 2. 喷射混凝土
040402006	边墙喷射混凝土				
040402007	拱圈砌筑	1. 断面尺寸 2. 材料品种 3. 规格 4. 砂浆强度等级	m³	按设计图示尺寸以体积计算	1. 砌筑 2. 勾缝 3. 抹灰
040402008	边墙砌筑	1. 厚度 2. 材料品种 3. 规格 4. 砂浆强度等级			
040402009	砌筑沟道	1. 断面尺寸 2. 材料品种 3. 规格 4. 砂浆强度等级			
0404020010	洞门砌筑	1. 形状 2. 材料 3. 规格 4. 砂浆强度等级			
0404020011	锚杆	1. 直径 2. 长度 3. 类型	t	按设计图示尺寸以质量计算	1. 钻孔 2. 锚杆制作、安装 3. 压浆
0404020012	充填压浆	1. 部位 2. 浆液成分强度		按设计图示尺寸以体积计算	1. 打孔、安管 2. 压浆
0404020013	浆砌块石	1. 部位 2. 材料 3. 规格 4. 砂浆强度等级	m³	按设计图示回填尺寸以体积计算	1. 调制砂浆 2. 砌筑 3. 勾缝
0404020014	干砌块石				1. 砌筑 2. 勾缝
0404020015	柔性防水层	1. 材料 2. 规格	m²	按设计图示尺寸以体积计算	防水层铺设

2.1.3 盾构掘进，共9个清单项目。用于软土地层采用盾构法掘进的隧道。工程量清单项目设置及工程量计算规则，应按表 D.4.3 的规定执行，见表 6-3。

盾构掘进（编码：040403） 表 6-3

项目编码	项目名称	项目特征	计量单位	工程量计算规则	工程内容
040403001	盾构吊装、吊拆	1. 直径 2. 规格、型号	台次	按设计图示数量计算	1. 整体吊装 2. 分体吊装 3. 车架安装
040403002	隧道盾构掘进	1. 直径 2. 规格 3. 形式	m	按设计图示掘进长度计算	1. 负环段掘进 2. 出洞段掘进 3. 进洞段掘进 4. 正常段掘进 5. 负环管片拆除 6. 隧道内管线路拆除 7. 土方外运
040403003	衬砌压浆	1. 材料品种 2. 配合比 3. 砂浆强度等级 4. 石料最大粒径	m³	按管片外径和盾构壳体外径所形成的充填体积计算	1. 同步压浆 2. 分块压浆
040403004	预制钢筋混凝土管片	1. 直径 2. 厚度 3. 宽度 4. 混凝土强度等级、石料最大粒径	m³	按设计图示尺寸以体积计算	1. 钢筋混同管片制作 2. 管片成环试拼（每100环试拼一组） 3. 管片安装 4. 管片场内外运输
040403005	钢管片	材质	t	按设计图示以质量计算	1. 钢管片制作 2. 钢管片安装 3. 管片场内外运输
040403006	钢混凝土复合管片	1. 材质 2. 混凝土强度等级、石料最大粒径	m³	按设计图示尺寸以体积计算	1. 复合管片钢壳制作 2. 复合管片混凝土浇筑 3. 养生 4. 复合管片安装 5. 管片场内外运输
040403007	管片设置密封条	1. 直径 2. 材料 3. 规格	环	按设计图示以数量计算	密封条安装
040403008	隧道洞口柔性接缝环	1. 材料 2. 规格	m	按设计图示以隧道管片外径周长计算	1. 拆临时防水环板 2. 安装、拆除临时止水带 3. 拆除洞口环管片 4. 安装光环板 5. 柔性接缝环 6. 洞口混凝土环圈
040403009	管片嵌缝	1. 直径 2. 材料 3. 规格	环	按设计图示数量计算	1. 管片嵌缝 2. 管片手孔封堵

2.1.4 管节顶升、旁通道，共 8 个清单项目。用于采用顶升法掘竖井和主隧道之间连通的旁通道。工程量清单项目设置及工程量计算规则，应按《计价规范》中表 D.4.4 的规定执行，见表 6-4。

管节顶升、旁通道（编码：040404） 表 6-4

项目编码	项目名称	项目特征	计量单位	工程量计算规则	工程内容
040404001	管节垂直顶升	1. 断面 2. 强度 3. 材质	m	按设计图示以顶升长度计算	1. 钢壳制作 2. 混凝土浇筑 3. 管节试拼装 4. 管节顶升
040404002	安装止水框、连系梁	材质	t	按设计图示尺寸以质量计算	1. 止水框制作、安装 2. 连系梁制作、安装
040404003	阴极保护装置	1. 型号 2. 规格	组	按设计图示数量计算	1. 恒电位仪安装 2. 阳极安装 3. 阴极安装 4. 参变电极安装 5. 电缆敷设 6. 接线盒安装
040404004	安装取排水头	1. 部位（水中、陆上） 2. 尺寸	个		1. 顶升口揭顶盖 2. 取排水头部安装
040404005	隧道内旁通道开挖	土壤类别	m³	按设计图示尺寸以体积计算	1. 地基加固 2. 管片拆除 3. 支护 4. 土方暗挖 5. 土方运输
040404006	旁通道结构混凝土	1. 断面 2. 混凝土强度等级、石料最大粒径			1. 混凝土浇筑 2. 洞门接口防水
040404007	隧道内集水井	1. 部位 2. 材料 3. 形式	座	按设计图示数量计算	1. 拆除管片建集水井 2. 不拆管片建集水井
040404008	防爆门	1. 形式 2. 断面	扇		1. 防爆门制作 2. 防爆门安装

2.1.5 隧道沉井，共 6 个清单项目。主要用于盾构机吊入，吊出口和沉管隧道两岸连接部分。工程量清单项目设置及工程量计算规则，应按《计价规范》中表 D.4.5 的规定执行，见表 6-5。

2.1.6 地下连续墙，共 4 个清单项目。主要是用于深基坑开挖的施工围护，一般都有设计图和要求，多用于地铁车站和大型高层建筑物地下室施工的围护。工程量清单项目设置及工程量计算规则，应按《计价规范》中表 D.4.6 的规定执行，见表 6-6。

隧道沉井（编码：040405）　　　　　　　　　　　　　　　　　表 6-5

项目编码	项目名称	项目特征	计量单位	工程量计算规则	工程内容
040405001	沉井井壁混凝土	1. 形状 2. 混凝土强度等级、石料最大粒径	m³	按设计尺寸以井筒混凝土体积计算	1. 沉井砂垫层 2. 刃脚混凝土垫层 3. 混凝土浇筑 4. 养生
040405002	沉井下沉	深度		按设计图示井壁外围面积乘以下沉深度以体积计算	1. 排水挖土下沉 2. 不排水下沉 3. 土方场外运输
040405003	沉井混凝土封底	混凝土强度等级、石料最大粒径		按设计图示尺寸以体积计算	1. 混凝土干封底 2. 混凝土水下封底 3. 混凝土浇筑 4. 养生
040405004	沉井混凝土底板				
040405005	沉井填心	材料品种			1. 排水沉井填心 2. 不排水沉井填心
040405006	钢封门	1. 材质 2. 尺寸	t	按设计图尺寸以质量计算	1. 钢封门安装 2. 钢封门拆除

地下连续墙（编码：040406）　　　　　　　　　　　　　　　　表 6-6

项目编码	项目名称	项目特征	计量单位	工程量计算规则	工程内容
040406001	地下连续墙	1. 深度 2. 宽度 3. 混凝土强度等级、石料最大粒径	m³	按设计图示长度乘以宽度乘以深度以体积计算	1. 导墙制作、拆除 2. 挖土成槽 3. 锁口管吊拔 4. 混凝土浇筑 5. 养生 6. 土石方场外运输
040406002	深层搅拌桩成墙	1. 深度 2. 孔径 3. 水泥掺量 4. 型钢材质 5. 型钢规格		按设计图示尺寸以体积计算	1. 深层搅拌桩空搅 2. 深层搅拌桩二喷四搅 3. 型钢制作 4. 插拔型钢
040406003	桩顶混凝土圈梁	混凝土强度等级、石料最大粒径			1. 混凝土浇筑 2. 养生 3. 圈梁拆除
040406004	基坑挖土	1. 土质 2. 深度 3. 宽度		按设计图示地下连续墙或围护的面积乘以基坑的深度以体积计算	1. 基坑挖土 2. 基坑排水

2.1.7　混凝土结构，共14个清单项目。用于城市道路隧道内的混凝土结构。工程量清单项目设置及工程量计算规则，应按《计价规范》中表 D.4.7 的规定执行，见表6-7。

2.1.8　沉管隧道，共22个清单项目。适用于沉管法建造隧道工程。

混凝土结构（编码：040407） 表 6-7

项目编码	项目名称	项目特征	计量单位	工程量计算规则	工程内容
040407001	混凝土地梁	1. 垫层厚度、材料品种、强度 2. 混凝土强度等级、石料最大粒径	m³	按设计图示尺寸以体积计算	1. 垫层铺设 2. 混凝土浇筑 3. 养生
040407002	钢筋混凝土底板				
040407003	钢筋混凝土墙	混凝土强度等级、石料最大粒径			
040407004	混凝土衬墙				
040407005	混凝土柱				
040407006	混凝土梁	1. 部位 2. 混凝土强度等级、石料最大粒径			1. 混凝土浇筑 2. 养生
040407007	混凝土平台、顶板	1. 混凝土强度等级 2. 石料最大粒径			
040407008	隧道内衬弓形底板				
040407009	隧道内衬侧墙				
0404070010	隧道内衬顶板	1. 形式 2. 规格	m²	按设计图示尺寸以面积计算	1. 龙骨制作、安装 2. 顶板安装
0404070011	隧道内支承墙	1. 强度 2. 石料最大粒径	m³	按设计图示尺寸以体积计算	1. 混凝土浇筑 2. 养生
0404070012	隧道内混凝土路面	1. 厚度 2. 强度等级 3. 石料最大粒径	m²	按设计图示尺寸以面积计算	
0404070013	圆隧道内架空路面				
0404070014	隧道内附属结构混凝土	1. 不同项目名称，如楼梯、电缆构、车道侧石等 2. 混凝土强度等级、石料最大粒径	m³	按设计图示尺寸以体积计算	

2.1.9 有关问题的说明

（1）岩石隧道开挖分为平洞、斜洞、竖井和地沟开挖。平洞指隧道轴线与水平线之间的夹角在5°以内的；斜洞指隧道轴线与水平线之间的夹角在5°～30°之间；竖井指隧道轴线与水平线垂直的；地沟指隧道内地沟的开挖部分。隧道开挖的工程内容包括：开挖、临时支护、施工排水、弃渣的洞内运输外运弃置等全部内容。清单工程量按设计图示尺寸以体积计算，超挖部分由投标者自行考虑在综合单价内。是采用光面爆破还是一般爆破，除招标文件另有规定外，均由投标者自行决定。

（2）岩石隧道衬砌包括混凝土衬砌和块料衬砌，按拱部、边墙、竖井、沟道分别列项。清单工程量按设计图示尺寸计算，如设计要求超挖回填部分要以与衬砌同质混凝土来回填的,则这部分回填量由投标者在综合单价中考虑。如起挖回填设计用浆砌块石和干砌块石回填的,则按设计要求另列清单项目,其清单工程量按设计的回填量以体积计算。

(3) 隧道沉井的井壁清单工程量按设计尺寸以体积计算。工程内容包括制作沉井的砂垫层、刃脚混凝土垫层、刃脚混凝土浇筑、井壁混凝土浇筑、框架混凝土浇筑、养护等全部内容。

(4) 地下连续墙的清单工程量按设计的长度乘宽度乘深度以体积计算。工程内容包括导墙制作拆除、挖方成槽、锁口管吊拔、混凝土浇筑、养生、土石方场外运输等全部内容。

(5) 沉管隧道是新增加的项目,其实体部分包括沉管的预制,河床基槽开挖、航道疏浚、浮运、沉管、沉管连接、压石稳管等均设立了相应的清单项目。但预制沉管的预制场地这次没有列清单项目,沉管预制场地一般有用干坞(相当于船厂的船坞)或船台来作为预制场地,这是属于施工手段和方法部分,这部分可列为措施项目。

2.2 隧道工程工程量清单编制

隧道工程工程量清单的编制的关键是正确地列项编码。工程量清单列项编码方法步骤参见"课题 2 道路工程量清单编制"有关内容。下面就隧道工程工程量清单编制时,列项编码的主要问题通过图例予以说明。(以下几个示例,仅列出施工流程图中清单项目的基本名称。清单项目的具体名称及工程数量需根据施工图纸确定。)

【例 6-1】 某隧道沉井施工流程如图 6-21 所示,请根据隧道沉井施工流程图编制工程量清单项目。

【解】 该隧道沉井的项目名称及项目编码如图 6-21 所示。虚线框内为该清单项目包括的主要施工项目。分部分项工程量清单见表 6-8。

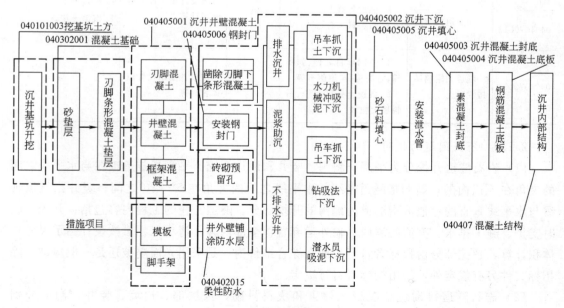

图 6-21 隧道沉井施工流程图

分部分项工程量清单　　　　　　　　　　表 6-8

工程名称：××隧道沉井工程　　　　　　　　　　　　第 1 页　共 1 页

序号	项目编码	项目名称	计量单位	工程数量	序号	项目编码	项目名称	计量单位	工程数量
1	040101003	挖基坑土方	m³		6	040405002	沉井下沉	m³	
2	040302001	混凝土基础	m³		7	040405005	沉井填心	m³	
3	040405001	沉井井壁混凝土	m³		8	040405003	沉井混凝土封底	m³	
4	040405006	钢封门	t		9	040405004	沉井混凝土底板	m³	
5	040402015	柔性防水层	m²		10	040407	混凝土结构		

【例 6-2】　某地下连续墙施工流程如图 6-22 所示，请根据地下连续墙施工流程图编制工程量清单项目。

【解】　该地下连续墙的项目名称及项目编码如图 6-22 所示。虚线框内为该清单项目包括的主要施工项目。分部分项工程量清单见表 6-9。

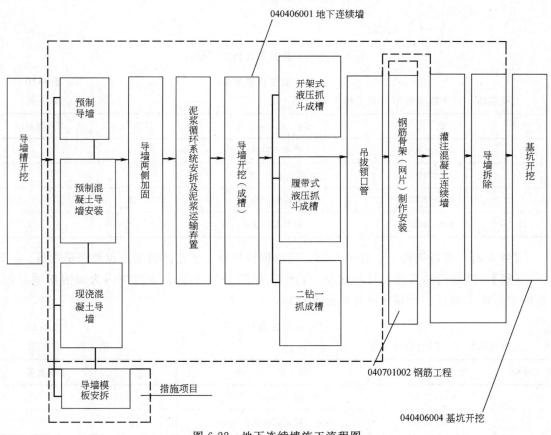

图 6-22　地下连续墙施工流程图

分部分项工程量清单　　　　　　　　　　表 6-9

工程名称：××隧道地下连续墙工程　　　　　　　　　　第 1 页　共 1 页

序号	项目编码	项目名称	计量单位	工程数量	序号	项目编码	项目名称	计量单位	工程数量
1	040406001	地下连续墙	m³		3	040406004	基坑开挖	m³	
2	040701002	钢筋工程	t						

【例 6-3】 某管节垂直顶升施工流程如图 6-23 所示，请根据管节垂直顶升施工流程图编制工程量清单项目。

【解】 该管节垂直顶升的项目名称及项目编码如图 6-23 所示。虚线框内为该清单项目包括的主要施工项目。分部分项工程量清单见表 6-10。

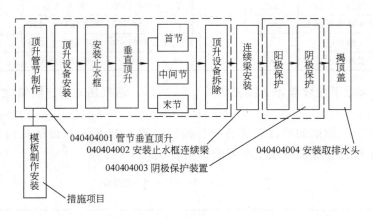

图 6-23 管节垂直顶升施工流程图

分部分项工程量清单　　　　　　　　　　　　　　表 6-10

工程名称：××隧道管节顶升工程　　　　　　　　　　　第 1 页 共 1 页

序号	项目编码	项目名称	计量单位	工程数量
1	040404001	管节垂直顶升	m	
2	040404002	安装止水框、连续梁	t	
3	040404003	阴极保护装置	组	
4	040404004	安装取排水头	个	

【例 6-4】 某盾构施工示意图 6-24，请根据盾构施工示意图编制工程量清单项目。

【解】 该盾构施工的项目名称及项目编码如图 6-24 所示。虚线框内为该清单项目包括的主要施工项目。分部分项清单见表 6-11。

分部分项工程量清单　　　　　　　　　　　　　　表 6-11

工程名称：××隧道盾构工程　　　　　　　　　　　第 1 页 共 1 页

序号	项目编码	项目名称	计量单位	工程数量
1	040403004	预制钢筋混凝土管片	m³	
2	040403002	隧道盾构掘进	m	
3	040403001	盾构吊装、吊拆	台次	
4	040403003	衬砌压浆	m³	
5	040403008	隧道洞口柔性接缝环	m	
6	040403007	管片设置密封条	环	
7	040407004	混凝土衬墙	m³	

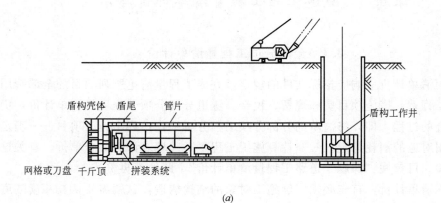

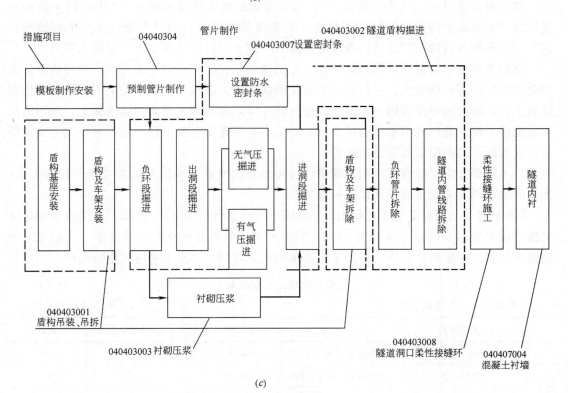

图 6-24 盾构施工示意图

(a) 掘进施工；(b) 施工阶段划分；(c) 施工流程图

课题 3　隧道工程工程量清单计价与示例

3.1　分部分项工程量清单计价

隧道工程清单计价应响应招标文件的规定，完成工程量清单所列项目的全部费用，包括分部分项工程费，措施项目费和规费、税金。隧道分部分项工程项目清单计价，仍然是一个分解组合的过程，即，将清单的分部分项工程分解细化，列出施工项目——确定施工方法——套用对应的消耗量定额——计算施工工程量——填表计算综合单价。有关这一过程的方法步骤，可参阅"课题3 道路工程量清单计价"，此处不再赘述。

隧道工程清单计价，首先必须明确施工对象的结构构造，这就需要认真阅读隧道平面图、隧道纵断面图、隧道衬砌设计图、隧道衬砌设计图辅助坑道结构设计图、附属建筑物的结构设计图等，以达到明确隧道总体尺寸形状，地质条件，衬砌类型，衬砌的具体结构、尺寸、采用的材料及施工注意事项。在此基础上考虑项目清单分解细化。

如洞内混凝土衬砌清单项目，需要考虑是否发生"平洞混凝土及钢筋混凝土衬砌"、"斜井混凝土及钢筋混凝土衬砌"、"混凝土制作"、"洞内材料运输"等施工项目。

若是"浆砌块石"清单项目，则应考虑"拱背砌筑"、"墙背砌筑"等施工项目。这类问题，通过工程施工图的查阅均可明确。

如若清单项目为"隧道盾构掘进"，则应考虑的施工项目可能有："干式出土盾构掘进"或"水力出土盾构掘进"、"刀盘式土压平衡盾构掘进"或"刀盘式泥水平衡盾构掘进"、"负环管片拆除"、"隧道内管线路拆除"、"挖土机自卸汽车运土"等施工项目。

隧道工程项目清单的计价与具体施工方法密切相关。不同的施工方法，项目清单分解细化的施工内容区别较大。主洞的施工有全断面开挖、盾构掘进等。若采用全断面开挖掘进施工，出渣运输考虑采用汽车运输或是轻轨斗车运输。若采用盾构掘进施工，选用的机型为土压平衡掘进机或泥水平衡掘进机。施工中是否需要工作平台，是否需要大型支撑等等。这些问题均需施工组织设计确定。

以上简要介绍了隧道工程项目清单计价需具备的专业方面的知识和考虑问题的方法，下面通过举例说明项目清单计价的一般方法。

【例 6-5】 某围岩隧道工程如图 6-6 喷锚衬砌与复合衬砌（a）所示，提供的分部分项工程量清单见表 6-12。主洞高 $H=4m$，洞内采用喷射混凝土支护，拱部围岩采用 $\phi22$ 钢筋锚杆加固。根据所给条件，列出工程清单的施工项目，并给出相应的定额编号。

分部分项工程量清单　　　　表 6-12

工程名称：××隧道工程　　　　第1页　共1页

序号	项目编码	项　目　名　称	计量单位	工程数量
1	040402005001	拱部喷射混凝土(厚度 30cm，混凝土 C20)	m²	550
2	040402006001	边墙喷射混凝土(厚度 30cm，混凝土 C20)	m²	650
3	040402011001	砂浆锚杆($\phi22$ 钢筋)	t	0.453
4	040701002001	钢筋制作安装($\phi10$)	t	2.136

【解】 (1) 根据该隧道工程图示及通常的施工方法，该隧道工程的施工项目组合见表6-13。

表 6-13

项目编码	项目名称	计量单位	施 工 项 目	定额编号
040402005001 或 040402006001	拱部喷射混凝土 或 边墙喷射混凝土	m²	混凝土制作(搅拌站)	
			拱部喷射混凝土支护(厚度30cm,混凝土C20)	(4—156)+(4—157)×5
			洞内材料运输(轨道平车运输300m)	(4—164)+(4—165)×2
			边墙喷射混凝土支护(厚度30cm,混凝土C20)	(4—160)+(4—161)×5
040402011001	砂浆锚杆	t	砂浆锚杆	4—162
040701002001	钢筋制作安装(φ10)	t	一般钢筋制作安装(φ10)	4—166

(2) 本例说明:
1) 本例按常规施工考虑。
2) 本例中应考虑的喷射平台、轨道铺拆等，归入措施项目费。

3.2 综合示例

××市YYH隧道长150m,洞口桩号为K3+300～K3+450,其中K3+320～K3+370段岩石为普坚石,此段隧道的设计断面如图6-25所示,设计开挖断面积为66.67m²,拱部衬砌断面积为10.17m²。边墙厚为600mm,混凝土强度等级为C20,边墙断面积为3.638m²。设计要求主洞超挖部分必须用与衬砌同强度等级混凝土充填,招标文件要求开挖出的废渣运至距洞口900m处弃置场弃置(两洞口外900m处均有弃置场地)。施工临时设施布置如图6-26所示。请根据上述条件编制隧道K3+320～K3+370段的隧道开挖和衬砌工程量清单,并计算分部分项工程量清单综合单价和措施项目费。

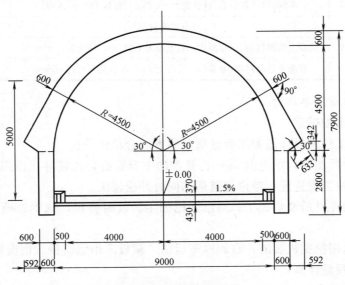

图 6-25 隧道衬砌设计图

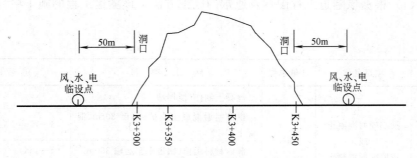

图 6-26 隧道施工临时设施布置示意图

3.2.1 分部分项工程量清单编制

（1）审读图纸，列项编码

根据图示结合题目要求，可列出项目清单有：平洞开挖（普坚石，设计断面 66.67m²），混凝土拱部衬砌（拱顶厚60cm混凝土C20），混凝土边墙衬砌（厚60cm混凝土C20）。

（2）计算清单工程量

1）平洞开挖清单工程量计算：66.67×50＝3333.5m³

2）衬砌清单工程量计算

拱部：10.17×50＝508.50m³

边墙：3.36×50＝168.00m³

（3）工程量清单编制，见表6-14。

分部分项工程量清单　　　　　　　　　　　表 6-14

工程名称：××市 YYH 隧道 3+320～3+370 段，隧道开挖及衬砌　　第1页　共1页

序号	项目编码	项 目 名 称	计量单位	工程数量
	040401	隧道岩石开挖		
1	040401001001	平洞开挖（普坚石，设计断面66.67m²，外运1000m以内）	m³	3333.50
	040402	岩石隧道衬砌		
2	040402001001	混凝土拱部衬砌（拱顶厚60cm，混凝土C20，碎石最大粒径40mm）	m³	508.5
3	040402002001	混凝土边墙衬砌（厚60cm，混凝土C20，碎石最大粒径40mm）	m³	168.00

3.2.2 工程量清单计价

（1）施工方案的确定

现根据招标文件及设计图和工程量清单表做综合单价分析。

1）从工程地质图和以前进洞20m已开挖的主洞看石岩比较好，拟用光面爆破，全断面开挖。为了加快工程进度，考虑隧道两端同时开挖施工。

2）衬砌采用先拱后墙法施工，对已开挖的主洞及时衬砌，减少岩面暴露时间，以利安全。

3）出渣运输用挖掘机装渣，自卸汽车运输。模板采用钢模板、钢模架。

（2）施工工程量计算：

1）主洞开挖量计算。设计开挖断面积为66.67m²，超挖断面积为3.26m²，施工开挖

量为：(66.67+3.26)×50=3496.5m³

2) 拱部混凝土量计算。拱部设计衬砌断面为 10.17m²，超挖充填混凝土断面积为 2.58m²，拱部施工衬砌量为：(10.17+2.58)×50=637.50m³

3) 边墙衬砌量计算。边墙设计断面积为 3.36m²，超挖充填断面积为 0.68m²，边墙施工衬砌量为：(3.36+0.68)×50=202.0m³

4) 衬砌模板面积计算。

拱部模板面积：14.13×50=706.5m²

边墙模板面积：2.8×2×50=280.0m²

5) 水、电、风临时线路（考虑全隧道）数量。拟在两端洞口 50m 处设变压器、高位水池、空压气站。

a. 粘胶帆布风管 Φ500 数量：(150÷2−30)×2=90m

b. 水管用 Φ50 钢管数量：(150÷2+50)×2=250m

c. 高压风管 Φ150 钢管数量：(150÷2+50)×2=250m

d. 洞内照明线路为两边设置数量：150×2=300m

e. 动力线路：(150÷2+50)×2=250m

(3) 套用综合定额分析计算综合单价。

1) C20 混凝土到工地现场的材料单价为每立方米 170.64 元。

2) 管理费按人工费 10% 计取、利润按人工费 20% 计取。

3) 按照《全国统一市政工程预算定额》隧道工程册分析计算人工、材料、机械台班单价。分部分项工程量清单综合单价计算见表 6-15～表 6-17。

分部分项工程量清单综合单价计算表　　　　　　　　　　　　表 6-15

工程名称：××市 YYH 隧道 3+320～3+370 段　　　　　计量单位：m³
项目编码：040401001001　　　　　　　　　　　　　　　工程数量：3333.50
项目名称：平洞开挖（普坚石设计断面 66.67m²，光面爆破）　综合单价：60.65 元

序号	定额编号	工程内容	单位	工程量	分项单价(元)					分项合价
					人工费	材料费	机械费	管理费	利润	
1	4—20	平洞全断面开挖（普坚石，设计断面积为 66.67m²）用光面爆破	100m³	34.97	999.69	669.96	1974.31	99.97	199.94	137917.13
2	4—54	平洞出渣（机械装自卸汽车运输，运距 1000m 以内）	100m³	34.97	25.17	0	1804.55	2.52	5.03	64249.33
		合　　价			35839.35	23428.50	132146.73	3584.08	7167.80	202166.47
		单　　价			10.75	7.03	39.64	1.08	2.15	60.65

分部分项工程量清单综合单价计算表

表 6-16

工程名称：××市 YYH 隧道 3+320~3+370 段　　　　计量单位：m³
项目编码：040402001001　　　　　　　　　　　　　　工程数量：508.50
项目名称：混凝土拱部衬砌（拱顶厚 60cm，C20 混凝土）　综合单价：351.20 元

序号	定额编号	工程内容	单位	工程量	分项单价（元）					分项合价
					人工费	材料费	机械费	管理费	利润	
1	4—91	平洞拱部混凝土衬砌（拱顶厚 60cm，C20 混凝土）	10m³	63.75	709.15	1742.39	137.06	70.92	141.83	178586.06
		合　价			45208.31	111077.36	8737.58	4521.15	9041.66	178586.06
		单　价			88.91	218.44	17.18	8.89	17.78	

分部分项工程量清单综合单价计算表

表 6-17

工程名称：××市 YYH 隧道 3+320~3+370 段　　　　计量单位：m³
项目编码：040402002001　　　　　　　　　　　　　　工程数量：168.00
项目名称：混凝土边墙衬砌（厚 60cm，C20 混凝土）　　综合单价：305.89 元

序号	定额编号	工程内容	单位	工程量	分项单价（元）					分项合价
					人工费	材料费	机械费	管理费	利润	
1	4—109	平洞边墙衬砌（厚 60cm，C20 混凝土）	10m³	20.20	535.91	1741.18	106.14	53.59	107.18	51388.80
		合　价			10825.38	35171.84	2144.03	1082.52	2165.04	51388.80
		单　价			64.44	209.36	12.76	6.44	12.89	

3.2.3 措施项目费计算

措施项目费计算见表 6-18。

措施项目费计算表　　　　　　　　　　　　　　　　　　表 6-18

工程名称：××市 YYH 隧道工程　　　　　　　　　　　　第 1 页 共 1 页

序号	定额编号	措施项目名称	单位	工程量	分项单价(元)					分项合价
					人工费	材料费	机械费	管理费	利润	
		临时供水,照明,动力线路,通风管,高压风管,摊销								
1	4—60	洞内通风管安拆年摊销(Φ500胶布轻便软管一年以内)	100m	0.90	1887.48	558.43	0	188.75	377.50	2710.94
2	4—70	洞内通水管道安拆年摊销(镀锌钢管 Φ50 一年以内)	100m	2.50	1462.12	526.21	28.84	146.21	292.42	6139.50
3	4—76	洞内高压风管道安拆年摊销(钢管 Φ150 一年以内)	100m	2.50	1923.21	1914.50	919.69	192.32	384.64	13335.90
4	4—78	洞内照明电路架设、拆除年摊销	100m	3.00	1568.41	4763.78	0	156.84	313.68	20408.13
5	4—80	洞内动力电路架设、拆除年摊销	100m	2.50	1633.79	4091.58	0	163.38	326.76	15538.78
		衬砌模(3+320~3+370段)								
6	4—93	拱部衬砌模板(钢模板)	10m²	70.65	255.71	211.97	62.68	25.57	51.14	42889.50
7	4—111	边墙衬砌模板(钢模板)	10m²	28.00	197.06	127.34	27.63	19.71	38.20	11478.32
		合　计								112501.07

思考题与习题

1. 市政隧道分为哪几类？
2. 隧道结构的衬砌一般有哪几种类型？
3. 隧道结构的施工方法有哪几种？
4. 削土加压式盾构施工流程是怎样的？
5. 《计价规范》中，对隧道混凝土衬砌设置了哪几个清单项目？分别应如何区别使用？
6. 了解隧道沉井施工工艺过程与《计价规范》中分部分项工程量清单的对应关系。
7. 了解盾构施工工艺过程与《计价规范》中分部分项工程量清单的对应关系。

单元 7 市政管网工程计量与计价

《计价规范》列出的"市政管网工程"包含的内容较广，包括有城镇的排水管道（渠）、给水管道、燃气管道以及热力管道及其附属构筑物和设备的安装工程，以及城镇自来水厂和污水处理厂的各种处理构筑物和专业设备的安装。本单元只介绍排水管道及其附属构筑物工程的计价，即通常所说的排水工程计价。

课题 1 排水工程专业知识

1.1 城市排水系统

城市排水可分为三类，即生活污水、工业废水和降水径流。城市污水是指排入城市排水管道的生活污水和工业废水的总和。将城市污水、降水有组织地进行收集、处理和排放的工程设施称为排水系统。图 7-1 为一简单分流制排水系统示意图。

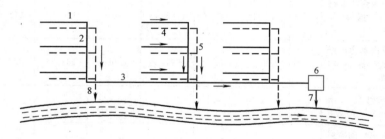

图 7-1 城市排水系统（分流制）示意图
1—污水支管；2—污水干管；3—污水主干管；4—雨水支管；
5—雨水干管；6—污水处理厂；7—污水出口；8—雨水出口

1.1.1 排水管道系统的组成

在排水系统中，除污水处理厂以外，其余均属排水管道系统，它是由一系列管道和附属构筑物组成。

（1）污水支管，其作用是承受来自庭院污水管道系统的污水或工厂企业集中排除的污水。其流程为建筑物内的污水→出户管→庭院支管→庭院干管→城市污水支管。

（2）干管，汇集污水支管流来的污水。

（3）主干管，其作用是汇集各污水干管流来的污水，并送至污水处理厂。

（4）雨水支管，其作用是汇集来自雨水口的雨水并输送至雨水干管。

（5）雨水干管，其作用是汇集来自雨水支管的雨水并就近排入水体。

（6）管道附属构筑物，排水管道系统上的附属构筑物较多，主要包括：检查井、雨水口、出水口、溢流井、跌水井、防潮门等。

排水管道通常采用重力流输水，管道需有一定坡度，因此常造成管道的埋深逐步加大，管道埋深过大时将导致管道工程费用大幅增加。为了避免这种情况，在排水管道系统中，往往需要把低处的污水向上提升，这就需要设置泵站。排水管道系统中的泵站有中途泵站和终点泵站两类，泵站后污水如需要压力输水时，则设置压力管道。

1.1.2 城市排水体制

城市污水和降水的汇集排除方式，称为排水体制，按汇集方式可分为合流制和分流制两种基本形式。

合流制排水系统是指将城市污水和降水采用一个管渠系统汇集输送的称为合流制排水系统，根据污水、废水、降水汇集后的处置方式不同，合流制系统又分为直流式合流制和截流式合流制。将城市污水和降水混合在一起称为混合污水。直流式是将未经处理的混合污水用统一的管渠系统分若干排水口就近直接排入水体，我国许多城市旧城区的排水方式大多是这种系统，由于这种系统易造成水体污染，故新建城区的排水系统已不采用这种体制。截流式排水系统在晴天时将管中汇集的城市污水全部输送到污水处理厂；雨天时当混合污水超过一定数量时，其超出部分通过溢流井泄入水体，部分混合污水仍然送入污水处理厂经处理后排入水体。这种体制目前应用比较广泛，如图 7-2 所示。

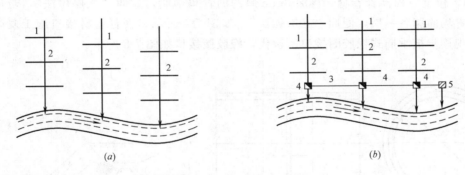

图 7-2 合流制排水系统示意图
(a) 直流式排水系统；(b) 截流式排水系统
1—合流支管；2—合流干管；3—截流主干管；4—溢流井；5—污水处理厂

当生活污水、工业废水、降水径流用两个或两个以上的排水管渠系统汇集和输送时，称为分流制排水系统，其中汇集生活污水和工业废水中生产污水的系统称为污水排水系统；汇集和排泄降水径流和不需要处理的工业废水的系统称为雨水排除系统；只排除工业废水的称工业废水排除系统。

1.2 排水管道施工

1.2.1 钢筋混凝土管

（1）水泥制品排水管道

水泥制品的排水管道分混凝土管、轻型钢筋混凝土管、重型钢筋混凝土管 3 种。管口形状通常有承插式、企口式和平口式，如图 7-3 所示。混凝土管的最大管径一般为 450mm，长多为 1m，适用于管径较小的无压管。轻型钢筋混凝土管、重型钢筋混凝土管长度多为 2m，由于管壁厚度不同，承受的荷载也有很大差异。

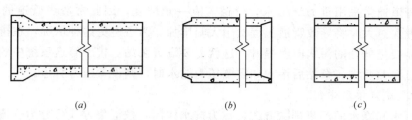

图 7-3　混凝土管和钢筋混凝土管
(a) 承插式；(b) 企口式；(c) 平口式

(2) 排水管道接口

排水管道的不透水性和耐久性，在很大程度上取决于敷设管道时接口的质量。管道接口应有足够的强度、不透水性。根据接口的弹性，接口一般分为柔性、刚性、半柔半刚性3种形式。

1) 柔性接口

柔性接口允许管道接口有一定的弯曲和变形，常用的柔性接口有石棉沥青卷材和橡胶圈接口。石棉沥青卷材为工业成品，在现场将接口处管壁涂冷底子油一层，刷沥青玛琋脂厚3mm，包上石棉沥青卷材，再涂3mm厚的沥青玛琋脂，这叫"三层做法"，若再加卷材和沥青玛琋脂各一层，便叫"五层做法"，如图7-4所示。沥青卷材接口施工复杂，造价高，现逐步被承插式橡胶圈接口所替代，橡胶圈接口如图7-5所示。

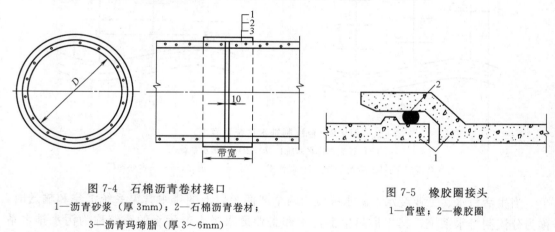

图 7-4　石棉沥青卷材接口
1—沥青砂浆（厚3mm）；2—石棉沥青卷材；
3—沥青玛琋脂（厚3～6mm）

图 7-5　橡胶圈接头
1—管壁；2—橡胶圈

2) 刚性接口

刚性接口不允许管道接口有轴向变形，抗震性差。常用的管道刚性接口有水泥砂浆抹带接口、钢丝网水泥砂浆抹带接口，这两种接口适用于水泥制品管道。水泥砂浆抹带接口是在管道的接口处用1∶2.5～3的水泥砂浆抹成截面为半圆形或梯形的砂浆带，带宽120～150mm。这种接口质脆、强度低，为了增加接口强度，在砂浆带内放入一层20号10×10钢丝网，即成为钢丝网水泥砂浆抹带接口，适用于小口径的平口或企口管道，如图7-6～图7-8。承插式钢筋混凝土管一般为刚性接口，接口填料为水泥砂浆，适用于小口径雨水管道，如图7-9所示。

3) 半刚半柔接口

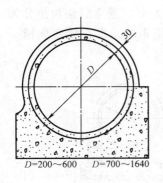 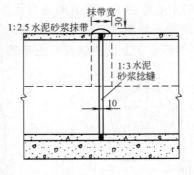 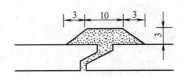

图 7-6 圆弧形水泥砂浆抹带接口（单位：mm）　　图 7-7 梯形水泥砂浆抹带接口（单位：cm）

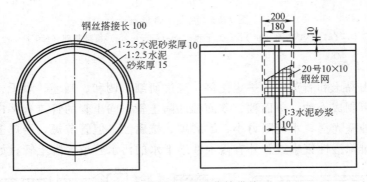

图 7-8 钢丝网水泥砂浆抹带接口

半刚半柔性接口使用条件介于上述两种接口之间，其接口形式为预制套环石棉水泥接口，这种接口强度高，严密性好，适用于大、中型的平口管道，如图 7-10 所示。

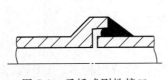 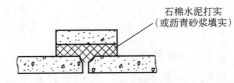

图 7-9 承插式刚性接口　　　　图 7-10 预制套环石棉水泥（沥青砂）接口

（3）排水管道基础

排水管道的基础分为地基、基础和管座 3 部分，如图 7-11 所示。排水管道的基础通常有砂土基础和混凝土带形基础。

1）砂土基础

砂土基础包括弧形素土基础和砂垫层基础，适用于管径小于 600mm 的水泥制品和陶土管道。当无地下水时，采用弧形素土基础；当为岩石或多石土壤地段时，采用砂垫层基础，砂垫层厚度为 10~15cm。

2）混凝土带形基础

绝大部分的排水管道基础为混凝土带形基础，混凝土的强度等级一般为 C8~C10。管道设置基础和管座的目的，

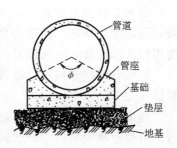

图 7-11 管道基础断面

是保护管道不致被压坏。管座包的中心角越大，管道的受力状态越好。通常管座包角分为90°、135°、180°和360°（全包）四种，如图7-12所示。当有地下水时，常在槽底先铺一层10～15cm的卵石或碎石垫层，然后才在上面浇筑混凝土基础。

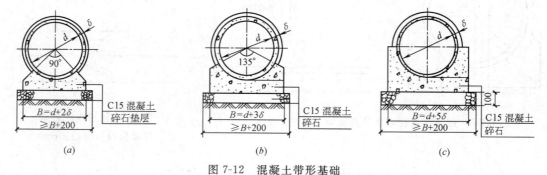

图7-12 混凝土带形基础
(a) Ⅰ型基础（90°）；(b) Ⅱ型基础（135°）；(c) Ⅲ型基础（180°）

1.2.2 陶土管

陶土管是由黏土和石英砂按一定比例，经过研细、调和、制坯、烘干、焙烧等过程制成。根据需要可制成无釉、单面釉、双面釉的陶土管。陶土管的管口有平口式和承插式两种。陶土管内外壁光滑、水流阻力小、耐磨损、抗腐蚀。但管节短，接口多，安装施工麻烦。它适用于排除酸性废水或管外有侵蚀性地下水的污水管道，陶土管材如图7-13所示。

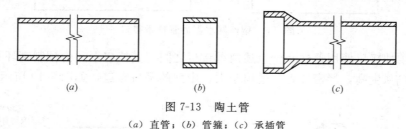

图7-13 陶土管
(a) 直管；(b) 管箍；(c) 承插管

1.2.3 塑料管

近年来，塑料管已广泛用于排水管道，特别是UPVC管应用较多。UPVC双壁波纹管是以聚氯乙烯树脂为主要原料，经挤出成型的内壁光滑、外壁为梯形波纹状肋、内壁和外壁波纹之间为中空的异型管壁管材。管材重量轻，搬运、安装方便。双壁波纹管采用橡胶圈承插式连接，施工质量易保证，由于是柔性接口，可抗不均匀沉降。一般情况下不需做混凝土基础，管节长，接头少，施工速度快，如图7-14所示。

在大口径排水管道中，已开始应用玻璃钢夹砂管。玻璃钢夹砂管具有重量轻、强度高、耐腐蚀、耐压、使用寿命长、流量大、能耗小，管节长（可达12m），接头少的特点，使用橡胶圈连接，一插即可，快速可靠，综合成本低。

塑料管焊接连接按焊接方法分为热风焊接和热熔压焊接（又称对焊和接触焊接），按焊口形式分又承插口焊接、套管焊接、对接焊接，焊接适用于高、低压塑料管连接。

热风焊接是用过滤后的无油、无水压缩空气，经塑料焊枪中的加热器加热到一定温度后，由焊枪喷嘴喷出，使塑料焊条和焊件加热呈熔融状态而连接在一起。塑料焊枪一般选用电热焊枪。焊枪喷嘴直径接近焊条直径，塑料焊条的化学成分与焊件成分应一致，特别是主要成分必须相同。

热熔压焊接是利用电加热元件所产生的高温,加热焊件的焊接面,直至熔稀翻浆,然后抽去加热元件迅速压合,冷却后即可牢固连接。热熔压焊接有对接和承插焊接两种形式。承插口焊接连接采用的电加热元件是承插模具,管子对焊采用的电加热元件是电加热盘,如图 7-15 所示。

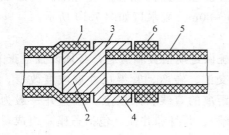

图 7-14 塑料管承插对接焊
1—承口;2—芯棒;3—加热元件;4—套管;
5—平口管端;6—夹环(限位用)

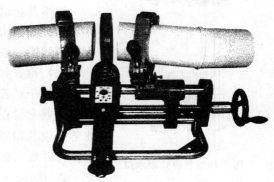

图 7-15 塑料管热熔对焊

塑料管粘接连接常用于承插口粘接,接口强度较高。首先,需将管子一端扩张成承口,然后将管子粘接口污物去掉,用砂纸打磨粗糙,均匀的将粘合剂涂刷到粘合面上,将插口插入承口内即可,承插口之间应结合紧密,间隙不得大于 0.3mm。

1.2.4 大型排水管渠

钢筋混凝土排水管道的预制管径一般为 2m 左右,管径过大时,由于管道运输的限制,通常就在现场建造大型排水管渠。管渠的断面形状有圆形、矩形、半椭圆形等,通常用砖、石、混凝土块、钢筋混凝土块、现浇钢筋混凝土结构等建造。大型管渠的形状如图 7-16～图 7-18 所示。

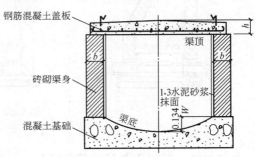

图 7-16 矩形大型渠道

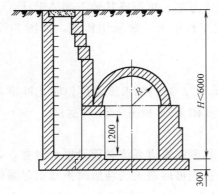

图 7-17 石砌拱形渠道

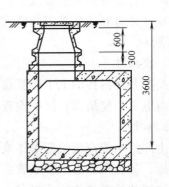

图 7-18 矩形钢筋混凝土渠道

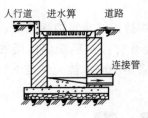

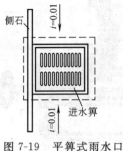

图 7-19 平箅式雨水口

1.3 排水构筑物施工

排水管渠系统上的构筑物包括雨水口、溢流井、检查井、跌水井、水封井、冲洗井、防潮门、出水口等。

(1) 雨水口

地面及街道路面上的雨水，通过雨水口经过连接管流入排水管道。雨水口一般设在道路两侧和广场等地。街道上雨水口的间距一般为 30~80m。雨水口如图 7-19 所示。

(2) 检查井

为便于对管渠系统做定期检查和清通，必须设置检查井。检查井通常设在管渠交汇、转弯、管渠尺寸或坡度改变、跌水等处以及相隔一定距离的直线管渠段上。检查井一般为圆形，由井底（包括基础）、井身和井盖（包括盖座）组成，如图 7-20 所示。检查井可分为不下人的浅井和需要下人的深井。

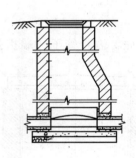 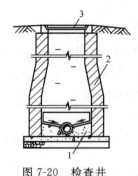 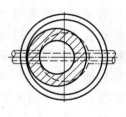

图 7-20 检查井
1—井底；2—井身；3—井盖

井底材料一般采用低强度等级混凝土，基础采用碎石、卵石、碎砖夯实或低强度等级混凝土。为使水流流过检查井时阻力较小，井底宜设半圆形或弧形流槽，流槽高按设计要求，沟肩宽度一般不应小于 20cm，以便养护人员下井时立足。

井身材料可采用砖、石、混凝土或钢筋混凝土，我国目前大多采用砖砌，以水泥砂浆抹面。在大直径管道的连接或交汇处，检查井可做成方形、矩形或其他不同的形状。

检查井井盖和盖座采用铸铁或钢筋混凝土，在车行道上一般采用铸铁，如图 7-21 和图 7-22 所示。

(3) 跌水井

当检查井内衔接的上下游管底标高落差大于 1m 时，为消减水流速度，防止冲刷，在检查井内应有消能措施，这种检查井称为跌水井，如图 7-23 和图 7-24 所示。

(4) 水封井

当生产污水能产生引起爆炸或火灾的气体时，其废水管道系统必须设置水封井，以便隔绝易爆、易燃气体进入排水管渠，使排水管渠在进入可能遇火的场所时不致引起爆炸或火灾，这样的检查井称为水封井。

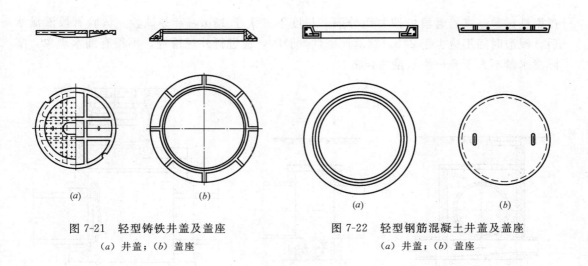

图 7-21 轻型铸铁井盖及盖座　　　　图 7-22 轻型钢筋混凝土井盖及盖座
（a）井盖；（b）盖座　　　　　　　　（a）井盖；（b）盖座

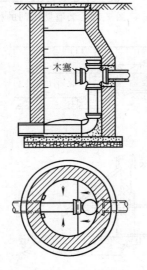
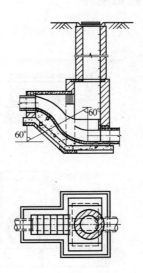

图 7-23 竖管式跌水井　　　　　　　图 7-24 溢流堰式跌水井

（5）溢流井

在截流式合流制排水系统中，为了避免晴天时的污水和初期降水的混合水对水体造成污染，在合流制管渠的下游设置截流管和溢流井，如图 7-25 所示。

（6）防潮门

临海城市的排水管渠为防止涨潮时潮水倒灌，在排水管渠出水口上游的适当位置设置装有防潮门（或平板闸门）的检查井，如图 7-26 所示。

（7）出水口

排水管渠的出水口一般设在岸边，出水口与水体岸边连接处一般做成护坡或挡土墙，以保护河岸及固定出水管渠与出水口。如果排水管渠出口的高程与受纳水体的水面高差很大时，应考虑设置单级或多级阶梯跌水，出水口的形式如图 7-27 和图 7-28 所示。

（8）排水管道严密性试验

污水、雨污水合流及湿陷性土、膨胀土地区的雨水管道，回填土前应采用闭水法进行严密性试验。试验管段应按井距分隔，长度不宜大于1km，带井试验。试验管段灌满水后，浸泡时间不应少于24h。管道严密性试验时，应进行外观检查，不得有漏水现象，实际渗水量不大于允许渗水量为合格。

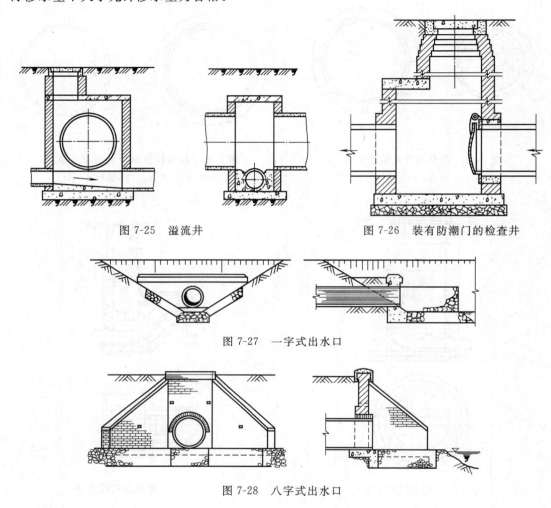

图 7-25　溢流井　　　　　　　　图 7-26　装有防潮门的检查井

图 7-27　一字式出水口

图 7-28　八字式出水口

课题 2　排水工程工程量清单编制

2.1　排水工程清单项目设置

2.1.1　管道铺设的工程量清单项目设置及工程量计算规则，应按《计价规范》中表D.5.1的规定执行，见表7-1。

2.1.2　井类及出水口的工程量清单项目设置及工程量计算规则，应按《计价规范》中表D.5.2的规定执行，见表7-2。

2.1.3　注意事项

（1）管道铺设编制清单项目，应根据设计图纸，明确描述各清单项目的特征内容。

1）管道种类，如给水、排水、燃气管道等。

管道铺设（编码：040501）　　　　　　表 7-1

项目编码	项目名称	项目特征	计量单位	工程量计算规则	工程内容
040501001	陶土管铺设	1. 管材规格 2. 埋设深度 3. 垫层厚度、材料品种、强度 4. 基础断面形式、混凝土强度等级、石料最大粒径	m	按设计图示中心线长度以延长米计算，不扣除井所占的长度	1. 垫层铺筑 2. 混凝土基础浇筑 3. 管道防腐 4. 管道铺设 5. 管道接口 6. 混凝土管座浇筑 7 预制管枕安装 8. 井壁(墙)凿洞 9. 检测及试验
040501002	混凝土管道铺设	1. 管有筋无筋 2. 规格 3. 埋设深度 4. 接口形式 5. 垫层厚度、材料品种、强度 6. 基础断面形式、混凝土强度等级、石料最大粒径		按设计图示管道中心线长度以延长米计算，不扣除中间井及管件、阀门所占的长度	1. 垫层铺筑 2. 混凝土基础浇筑 3. 管道防腐 4. 管道铺设 5. 管道接口 6. 混凝土管座浇筑 7. 预制管枕安装 8. 井壁(墙)凿洞 9. 检测及试验 10. 冲洗消毒或吹扫
040501003	铸铁管铺设	1. 管材材质 2. 管材规格 3. 埋设深度 4. 接口形式 5. 防腐、保温要求 6. 垫层厚度、材料品种、强度 7. 基础断面形式、混凝土强度等级、石料最大粒径		按设计图示管道中心线长度以延长米计算，不扣除井、管件、阀门所占的长度	1. 垫层铺筑 2. 混凝土基础浇筑 3. 管道防腐 4. 管道铺设 5. 管道接口 6. 混凝土管座浇筑 7. 井壁(墙)凿洞 8. 检测及试验 9. 冲洗消毒或吹扫
040501004	塑料管道铺设	1. 管道材料名称 2. 管材规格 3. 埋设深度 4. 接口形式 5. 垫层厚度、材料品种、强度 6. 基础断面形式、混凝土强度等级、石料最大粒径 7. 探测线要求		按设计图示管道中心线长度以延长米计算（支管长度从主管中心到支管末端交接处的中心），不扣除管件、阀门、法兰井所占的长度。新旧管连接时。计算到碰头的阀门中心	1. 垫层铺筑 2. 混凝土基础浇筑 3. 管道防腐 4. 管道铺设 5. 探测线敷设 6. 管道接口 7. 混凝土管座浇筑 8. 井壁(墙)凿洞 9. 检测及试验 10. 消毒冲洗及吹扫

井类、设备基础及出水口（编码：040502） 表7-2

项目编码	项目名称	项目特征	计量单位	工程量计算规则	工程内容
040502001	砌筑检查井	1. 材料 2. 井深、尺寸 3. 定型井名称、定型图号、尺寸及井深 4. 垫层、基础：厚度、材料品种、强度	座	按设计图示数量计算	1. 垫层铺筑 2. 混凝土浇筑 3. 养生 4. 砌筑 5. 爬梯制作、安装 6. 勾缝 7. 抹面 8. 防腐 9. 盖板、过梁制作、安装 10. 井盖、井座制作、安装
040502002	混凝土检查井	1. 井深、尺寸 2. 混凝土强度等级、石料最大粒径 3. 垫层厚度、材料品种、强度			1. 垫层铺筑 2. 混凝土浇筑 3. 养生 4. 爬梯制作、安装 5. 盖板、过梁制作、安装 6. 防腐涂刷 7. 井盖、井座制作、安装
040502003	雨水进水井	1. 混凝土强度等级、石料最大粒径 2. 雨水井型号 3. 井深 4. 垫层厚度、材料品种、强度 5. 定型井名称、图号、尺寸及井深			1. 垫层铺筑 2. 混凝土浇筑 3. 养生 4. 砌筑 5. 勾缝 6. 抹面 7. 预制构件制作、安装 8. 井箅安装
040502004	其他砌筑井	1. 阀门井 2. 水表井 3. 消火栓井 4. 排泥湿井 5. 井的尺寸、深度 6. 井身材料 7. 垫层、基础：厚度、材料品种、强度 8. 定型井名称、图号、尺寸及井深			1. 垫层铺筑 2. 混凝土浇筑 3. 养生 4. 砌支墩 5. 砌筑井身 6. 爬梯制作、安装 7. 盖板、过梁制作、安装 8. 勾缝（抹面） 9. 井盖及井座制作、安装
040502005	出水口	1. 出水口材料 2. 出水口形式 3. 出水口尺寸 4. 出水口深度 5. 出水口砌体强度 6. 混凝土强度等级、石料最大粒径 7. 砂浆配合比 8. 垫层厚度、材料品种、强度	处	按设计图示数量计算	1. 垫层铺筑 2. 混凝土浇筑 3. 养生 4. 砌筑 5. 勾缝 6. 抹面

2) 材质，钢管应描述是直缝卷焊钢管还是螺旋缝卷焊钢管；镀锌钢管应说明是普通镀锌钢管还是加厚镀锌钢管；铸铁管应说明是普通铸铁管还是球墨铸铁管，并明确压力等级。混凝土管应明确是有筋管还是无筋管，以及是轻型管还是重型管。

3) 接口形式，如混凝土管应明确是抹带接口、承插接口还是套环接口及其接口材料。

4) 管道基础，应明确混凝土的强度等级、骨料最大粒径要求、管座包角等。

5) 垫层，应明确其材料品种、厚度、宽度等。

6) 管道防腐和保温。应明确除锈等级、防腐材料等；保温应明确保温层的结构、材料种类及厚度要求。

7) 管道安装的检验试验要求、试压、冲洗消毒及吹扫等要求。

(2) 井类工程编制清单项目，应根据设计图纸，明确描述各清单项目的特征内容。

1) 井的名称，如跌水井、水封井、砂井、检查井等，井的规格（如直径、深度等），所采用的标准图号；

2) 材料，如砖砌、石砌及相应的材料等级；

3) 井的抹面要求；

4) 井盖井座，应明确材质（如钢筋混凝土、铸铁）、种类（如轻型、重型）等；

5) 垫层、基础，应明确材质、厚度及混凝土的强度。

2.2 清单项目工程量计算

(1) 陶土管铺设，按设计图示管道中心线长度以延长米计算，不扣除井所占的长度。

(2) 混凝土管道铺设，按设计图示管道中心线长度以延长米计算，不扣除中间井及管件、阀门所占的长度。

(3) 镀锌钢管、铸铁管、钢管、塑料管铺设、管道架空跨越和管道沉管跨越、套管内铺设管道，按设计图示管道中心线长度以延长米计算（支管长度从主管中心到支管末端交接处的中心），不扣除管件、阀门、法兰所占的长度。新旧管连接时，计算到碰头的阀门中心处。

(4) 砌筑渠道和混凝土渠道，按设计图示尺寸以长度计算。

(5) 各种砌筑检查井、混凝土检查井、雨水进水井、其他砌筑井的工程量按设计图示数量计算。

(6) 管道工程土石方清单工程量计算

1) 管沟土石方的清单工程量，按原地面线以下构筑物最大水平投影面积乘以挖土深度以体积计算。管道结构物以外的挖土方，清单计价时在综合单价中考虑，如图7-29所示。

图 7-29 清单土方计算方法示意图

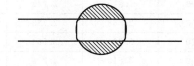

图 7-30 井位挖方示意图

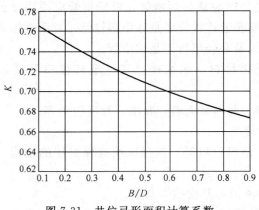

图 7-31 井位弓形面积计算系数

2) 管沟土石方清单工程量的管沟计算长度按管网铺设的管道中心线的长度（不扣除井室所占长度）计算，管网中的各种井室的井位部分的清单土方量必须扣除与管沟重叠部分的土方量，如图 7-30 所示，只计算阴影部分的土方量。

图中阴影部分所占的体积按下式计算：

$$V = KH(D-B) \times \sqrt{D^2 - B^2} \quad (7-1)$$

式中 V——井位增加的土方量（m^3）；

H——基坑深度（m）；

D——井室土方量的计算直径，常按井基础的直径计（m）；

B——沟槽土方量的计算宽度（m），常为结构最大宽度；

K——井室弓形面积计算调整系数，根据 B/D 的值，按图 7-31 查取。

3) 管沟土石方的回填清单工程量，按挖方清单项目工程量减去基础、构筑物埋入体积加原地面至设计要求标高间的体积计算。管道的基础、构筑物埋入体积可根据设计图示尺寸计算，也可根据管径和接口形式，参考表 7-3 计算。

排水管道所占回填土方量（管体与基础之和）单位：m^3/m　　表 7-3

管径 D (mm)	抹带接口,混凝土基础			套环（承插）接口,混凝土基础		
	90°	135°	180°	90°	135°	180°
150	0.058	0.074	0.083	0.062	0.075	0.085
200	0.086	0.104	0.117	0.089	0.107	0.119
250	0.116	0.137	0.152	0.120	0.141	0.154
300	0.151	0.179	0.201	0.159	0.182	0.203
350	0.190	0.221	0.246	0.194	0.224	0.248
400	0.238	0.276	0.302	0.251	0.279	0.305
450	0.285	0.330	0.361	0.297	0.340	0.371
500	0.349	0.408	0.445	0.363	0.418	0.455
600	0.481	0.564	0.616	0.514	0.580	0.633
700	0.657	0.767	0.837	0.694	0.785	0.846
800	0.849	1.000	1.091	0.884	1.012	1.100
900	1.082	1.273	1.383	1.126	1.292	1.388
1000	1.324	1.561	1.705	1.376	1.543	1.678
1100	1.600	1.886	2.050	1.645	1.873	1.528
1200	1.912	2.243	2.488	1.936	2.212	2.394
1350	2.368	2.783	3.015	2.464	2.806	3.042
1500	3.006	3.564	3.868	3.103	3.516	3.798
1650	3.610	4.279	4.644	3.673	4.202	4.540
1800	4.329	5.110	5.569	4.365	5.020	5.452
2000	5.388	6.378	6.949	5.415	6.279	6.817

【例7-1】 某 $D400\text{mm}$ 的钢筋混凝土排水管道,$180°$混凝土基础,选用 $\phi 1000\text{mm}$ 的检查井,管沟深度 1.8m。由设计得知,该管道基础的宽度为 0.63m,$\phi 1000\text{mm}$ 检查井基础直径为 1.58m,试计算井位土方量。

【解】 由题意,$B=0.63\text{m}$,$D=1.58\text{m}$,$H=1.8\text{m}$,

得 $B/D=0.63/1.58=0.4$

由图 7-31 曲线,查得 $K=0.721$,故该井位增加的土方量为:

$$V = 0.721 \times 1.8 \times (1.58-0.63) \times \sqrt{1.58^2 - 0.63^2}$$
$$= 1.79 \text{m}^3$$

课题3 排水工程工程量清单计价

3.1 分部分项工程量清单计价

分部分项工程清单计价就是根据招标文件提供的"分部分项工程量清单",按照《计价规范》规定的统一计价格式,结合施工企业的具体情况,完成"分部分项工程量清单计价表"和"分部分项工程量清单综合单价分析表"的填写计算。这里的关键是分部分项工程的综合单价的确定。

当采用《全国统一市政工程预算定额》进行单价分析时,可参表 7-4 和表 7-5 的工程量清单计价指引,选择可组合的工程内容,套用相应的定额子目,分析计算综合单价。

管道铺设工程量清单计价指引 表 7-4

项目编码	项目名称	项目特征	计量单位	工程内容	工程内容	对应的定额子目
040501002	混凝土管道铺设	1. 管有无钢筋 2. 管材规格 3. 埋设深度 4. 接口形式 5. 垫层厚度、材料品种、强度 6. 基础断面形式、混凝土强度、石料最大粒径	m	1. 垫层铺筑 2. 混凝土基础浇筑 3. 管道防腐 4. 管道铺设 5. 管道接口 6. 混凝土管座浇筑 7. 预制管枕安装 8. 井壁凿洞 9. 检测及试验 10. 冲洗消毒或吹扫	1. 垫层铺筑	6—594~6—606
					2. 定型混凝土管道基础浇筑	6—1~6—51
					3. 非定型混凝土管道基础浇筑	6—607~6—617
					4. 管道铺设	6—52~6—105
					5. 管道接口	6—115~6—285
					6. 井壁凿洞	6—580~6—583
					7. 混凝土管截断	6—677~6—689
					8. 管道闭水试验	6—286~6—297
					9. 管道冲洗消毒	
					10. 其他	

砌筑检查井工程量清单计价指引 表 7-5

项目编码	项目名称	项目特征	计量单位	工程内容	可组合的主要内容	对应的定额子目
040504001	砌筑检查井	1. 材料 2. 井深、尺寸	座	1. 垫层铺筑 2. 混凝土浇筑	1. 垫层铺筑	6—562~6—565
					2. 混凝土浇筑	

续表

项目编码	项目名称	项目特征	计量单位	工程内容	可组合的主要内容	对应的定额子目
040504001	砌筑检查井	3.定型井的名称、图号、尺寸及井深 4.垫层、基础、厚度、材料品种、强度	座	3.养生 4.砌筑 5.爬梯制作、安装 6.勾缝 7.抹面 8.防腐 9.盖板、过梁制作、安装 10.井盖井座制作、安装	3.定型井	6—400～6—429 6—446～6—531
					4.非定型井	6—566～6—583
					5.爬梯制作、安装	4—540
					6.勾缝	6—572、6—576
					7.抹面	6—573～6—575 6—577～6—579
					8.防腐	
					9.盖板制作、安装	6—658～6—660 6—668～6—674
					10.过梁制作、安装	6—656～6—657 6—675～6—676
					11.井盖、井座制作、安装	6—584～6—593
					其他	

3.2 排水工程清单计价综合示例

【例7-2】 YYH新建道路排水工程，工程范围为K2+200～K2+320标段，工程内容为排水工程主干管道及①～④四座检查井施工。主干管道为钢筋混凝土管 $D=500mm$，采用1:2水泥砂浆抹带接口，180°混凝土管座，管基下铺设30cm砂砾石垫层。排水检查井为 $\phi1250mm$ 圆形砖砌污水检查井（标准图S231）。井内外均采用1:2水泥砂浆抹灰。排水工程平面布置及管道基础形式详见图7-33 YYH新建道路排水工程。请编制该工程K2+200～K2+320标段内主干管道和检查井工程量清单并进行清单计价（不考虑支管及雨水口工程）。

3.2.1 工程量清单编制

（1）清单工程量计算

根据图7-33 YYH新建道路排水工程，对照"计价规范"D.6市政管网工程有关工程量计算规则计算如下：

1) 钢筋混凝土主干管道铺设：$40 \times 3 = 120m$

2) 污水检查井：4座

3) 挖沟槽土方（3m内）：

a. 挖管沟土方计算见表7-6。

b. 井处增加的土方量计算

$\phi1250mm$ 检查井，基础直径1.830m，共4座。

根据公式（7-1），井增加土方量为

$$V = KH(D-B) \times \sqrt{D^2 - B^2}$$

本例中：$H=2.97$m

$D=1.83$m

$B=0.8$m

则 $B/D=0.8/1.83=0.44$

查图 7-31，得 $K=0.715$

故 4 座检查井增加的土方量为

$$V=[(0.175\times2.97)\times(1.83-0.8)\times\sqrt{1.83^2-0.8^2}]\times4=14.40\text{m}^3$$

挖沟槽总土方量 $=285.12+14.40=299.52$ m³

挖管沟清单土方量计算表　　　　　　　　　　　表 7-6

管沟段	管径 mm	管沟长度 m	管基宽度 m	原地面标高（平均）m	井底标高（平均）m	基础加深 m	管沟挖深 m	土方量计算	土方量 m³
1～2		40	0.8	7.16	4.49			40×0.8×2.97	95.04
2～3	500	40	0.8	7.04	4.37	0.30	2.97	40×0.8×2.97	95.04
3～4		40	0.8	6.92	4.25			40×0.8×2.97	95.04
合　计									285.12

注：原地面标高同各井顶面标高，管道基底标高同各井基底标高。

c. 管沟回填土方量计算

本例按回填至原地面考虑计算

管道及管座基础所占体积，查表 7-3 得：$0.445\text{m}^3/\text{m}$

即：$0.445\times120=53.4\text{m}^3$

砂砾垫层所占体积：$120\times0.8\times0.15=14.40\text{m}^3$

则管沟回填土方量 $=299.52-53.4-14.40=231.72\text{m}^3$

（2）编制分部分项工程量清单

分部分项工程量清单见表 7-7。

分部分项工程量清单　　　　　　　　　　　表 7-7

工程名称：YYH 新建道路排水工程　　　　　　　　　第 1 页　共 1 页

序号	项目编码	项目名称	计量单位	工程数量
1	040501002001	钢筋混凝土排水管道铺设	m	120
2	040504001001	砌筑圆形污水检查井	座	4
3	040101002001	挖沟槽土方	m³	299.52
4	040103001001	土方回填	m³	231.72

（3）编制主要材料表

主要材料表见表 7-8。

3.2.2　工程量清单计价

本工程选用《全国统一市政工程预算定额》进行综合单价分析，人工费统一取综合人工单价 22.47 元/工日，管理费按人工费的 10% 计取，利润按人工费的 20% 计取。

主要材料表　　　　　　　　　　　　　　　　表 7-8

工程名称：YYH 新建道路排水工程　　　　　　　第 1 页　共 1 页

序号	材料编码	材料名称	规格、型号等特殊要求	单位	单价(元)
1	150153	钢筋混凝土管	$\phi500mm$	m	
2		C15 混凝土	碎石最大 20mm	m^3	
3	230368	铸铁井盖、井座		套	
4	050184	灰砂砖		千块	
5	030098	木支撑		m^3	
6		C10 混凝土		m^3	

（1）施工方案

沟槽采用人工开挖，按 1：0.33 两侧放坡，沟槽底工作面每侧加宽 0.4m，则沟槽底开挖宽度为 1.6m，如图 7-32 所示。管道铺设采用人机配合下管，人工回填夯实。

（2）施工工程量计算

施工工程量计算见表 7-9。

施工工程量计算表　　　　　　　　　　　　　表 7-9

序号	施工项目	计算式	单位	工程量
1	管道基础实际铺筑长度(180°)	按图纸中心线长度，每座检查井扣减 0.95m 即 $120-0.95\times 4=116.2$	m	116.2
2	C15 混凝土基础	$116.2\times(0.80\times 0.45-0.30^2\times 3.14/2)=25.41$	m^3	25.41
3	砂砾石垫层	$116.2\times 0.80\times 0.15=13.94$	m^3	13.94
4	主干管道实际铺设长度	$120-0.95\times 4=116.2$	m	116.2
5	水泥砂浆抹带接口	按管长 2m 一节计，每井段间计有 19 个接口，共计 $19\times 3=57$	个口	57
6	闭水试验长度	按图长度计，不扣井位所占长度。即 120m	m	120
7	砖砌污水检查井($\phi1250mm$)	计 4 座	座	4
8	检查井外砂浆抹面	井收口高度　$0.77-0.2=0.57m$ 井身高度 $2.97-0.77-0.15=2.05m$ 收口外围面积 F_1 $F_1=(d_1+d_2)\times S\times\pi/2\times$座 $d_1=1.73m\quad d_2=0.92m$ $S=0.57^2+0.41^2=0.70m$ $F_1=(1.73+0.92)\times 0.70\times 3.14/2\times 4$ $=11.65\ m^2$ 井身外围面积 F_2 $F_2=\pi\times d_1 2.05\times 4$ $=3.14\times 1.73\times 2.05\times 4=44.54m^2$ 井外围抹面总面积 $F=11.65+44.54=56.19m^2$	m^2	56.19
9	放坡开挖土方量	计入井位增加土方系数 1.05 $(1.6+0.33\times 2.97)\times 2.97\times 120\times 1.05=965.53m^3$	m^3	965.53
10	回填土方量	$965.53-(53.4+14.4)\times 1.05$ $=894.34m^3$	m^3	894.34

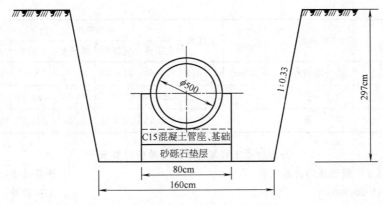

图 7-32 沟槽开挖示意图

(3) 综合单价计算

综合单价计算表见表 7-10～表 7-14。

分部分项工程量清单综合单价计算表 表 7-10

工程名称：YYH 新建道路排水工程　　　　　计量单位：m
项目编码：040501002001　　　　　　　　　工程数量：120
项目名称：钢筋混凝土排水管道铺设　　　　综合单价：152.62 元

序号	定额编号	工程内容	定额单位	工程量	分项单价：(元)					分项合价
					人工费	材料费	机械费	管理费	利润	
1	6—20 换	平接式管道基础 (180°)	100m	1.162	999.53	3562.91	250.43	99.95	199.91	5940.99
2	6—59 换	混凝土管道铺设 (ϕ500mm)	100m	1.162	304.27	8710.24	249.79	30.43	60.85	10871.18
3	6—125	水泥砂浆抹带接口	10 个口	5.7	23.37	7.16	0	2.34	4.67	213.98
4	6—602	砂砾石垫层	10m³	1.394	153.76	549.84	22.31	15.38	30.75	1076.22
5	6—287	管道闭水试验	100m	1.2	68.65	87.86	0	6.87	13.73	212.53
		合　价			1944.95	15174.12	612.36	194.52	388.96	18314.91
		单　价			16.21	126.45	5.10	1.62	3.24	152.62

分部分项工程量清单综合单价计算表 表 7-11

工程名称：YYH 新建道路排水工程　　　　　计量单位：座
项目编码：040504001001　　　　　　　　　工程数量：4
项目名称：砌筑圆形污水检查井　　　　　　综合单价：1382.46 元

序号	定额编号	工程内容	定额单位	工程量	分项单价(元)					分项合价
					人工费	材料费	机械费	管理费	利润	
1	6—408 换	砖砌圆形污水检查井 (ϕ1250mm)	座	4	257.75	882.46	4.96	25.78	51.55	4890.00

续表

序号	定额编号	工程内容	定额单位	工程量	分项单价（元）					分项合价
					人工费	材料费	机械费	管理费	利润	
2	6—573	井外围抹灰	100m²	0.5619	529.69	419.48	30.63	52.97	105.94	639.84
		合 价			1328.63	3765.55	37.05	132.88	265.73	5529.84
		单 价			332.16	941.39	9.26	33.22	66.43	1382.46

分部分项工程量清单综合单价计算表

表 7-12

工程名称：YYH新建道路排水工程　　　　　　　　　计量单位：m³
项目编码：040101002001　　　　　　　　　　　　　工程数量：299.52
项目名称：挖沟槽土方　　　　　　　　　　　　　　综合单价：64.65 元

序号	定额编号	工程内容	定额单位	工程量	分项单价（元）					分项合价
					人工费	材料费	机械费	管理费	利润	
1	1—9	人工挖沟槽土方	100m³	9.655	1542.79	0	0	154.28	308.56	19364.36
		合 价			14895.64	0.00	0.00	1489.57	2979.15	19364.36
		单 价			49.73	0.00	0.00	4.97	9.95	64.65

分部分项工程量清单综合单价计算表

表 7-13

工程名称：YYH新建道路排水工程　　　　　　　　　计量单位：m³
项目编码：040103001001　　　　　　　　　　　　　工程数量：231.72
项目名称：沟槽土方回填（压实度95%）　　　　　　综合单价：44.76 元

序号	定额编号	工程内容	定额单位	工程量	分项单价（元）					分项合价
					人工费	材料费	机械费	管理费	利润	
1	1—56	填土夯实	100m³	8.943	891.61	0.7	0	89.16	178.32	10372.00
		合 价			7973.67	6.26	0.00	797.36	1594.72	10372.00
		单 价			34.41	0.03	0.00	3.44	6.88	44.76

主要材料价格表

表 7-14

工程名称：YYH新建道路排水工程　　　　　　　　　第1页 共1页

序号	材料编码	材料名称	规格、型号等特殊要求	单位	单价（元）
1	150153	钢筋混凝土管	φ500mm	m	86.24
2		C15 混凝土	碎石最大 20mm	m³	162.24
3	230368	铸铁井盖、井座		套	192.50
4	050184	灰砂砖		千块	236.00
5	030098	木支撑		m³	1051.00
6		C10 混凝土		m³	110.52

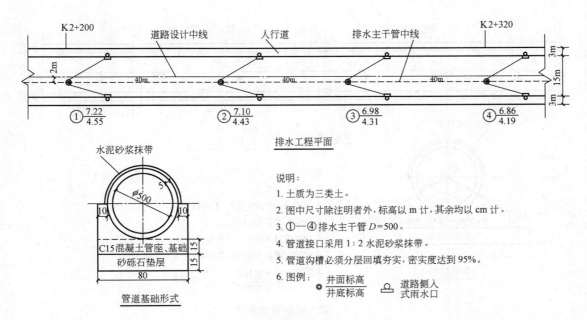

图 7-33 YYH 新建道路排水工程图

思考题与习题

一、简答题

1. 排水管道系统和附属构筑物由哪些结构组成？
2. 钢筋混凝土排水管道的接口有哪几种形式？
3. 请标出图 7-34 排水管道断面图中，各部分结构的名称。
4. 检查井一般由哪几部分组成？

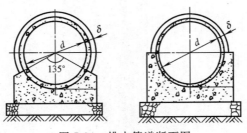

图 7-34 排水管道断面图

二、计算题

某新建道路排水系统，设计图如图 7-35 所示。招标标段为 K2+360～K2+520 标段，工程内容为排水工程主干管道及沿线检查井施工。主干管道为钢筋混凝土管 $D=500$mm，采用 1∶2 水泥砂浆抹带接口，120°混凝土管座，管基下铺设 15cm 砂砾石垫层。排水检查井为 ϕ1250mm 圆形砖砌污水检查井（标准图 S231）。井内外均采用 1∶2 水泥砂浆抹灰。该路段原地面标高与井顶面标高相同。请编制该工程 K2+200～K2+320 标段内主干管道和检查井工程量清单并进行清单计价（不考虑支管及雨水口工程）。

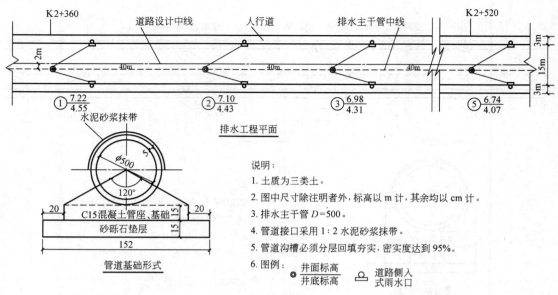

图 7-35 道路排水系统

单元 8　市政工程计价软件

目前，建筑行业使用的工程计价软件，有多家专业公司开发的不同版本，这些软件虽然在功能方面有所区别，但运行操作的程序基本相同。本单元以中华人民共和国建设部标准定额研究所和中国建筑科学研究院建筑软件研究所联合开发的"PKPM 工程造价软件"为例，介绍市政工程量清单计价的使用操作。软件安装完成后，双击桌面 上的图标即可开始运行。

8.1　启动与运行程序

（1）双击桌面上的 图标。

（2）进入 PKPM 工程造价软件的主控窗口，检查窗口下部的"当前工作目录"框中显示的目录是否为您的工程文件所在的目录，如图 8-1 所示；如不是请单击"改变目录"重新选择或新建一个，选定后，单击确定，如图 8-2 所示。

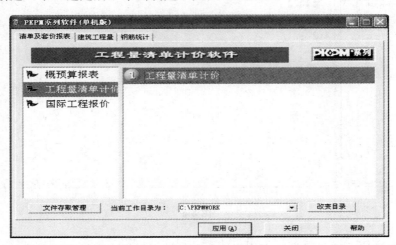

图 8-1

（3）然后在图 8-1 左边列表中选择清单计价，再在右边列表中选择"工程量清单计价"菜单项双击或单击窗口下面"应用"按钮，便可进入工程量清单计价程序主窗口，如图 8-3 所示。

（4）主窗口用户界面。PKPM 工程量清单计价程序采用图形化的用户界面，几乎所有的操作和功能都以图形化的方式显示于窗口的工具栏内，简明、实用、易懂。在主窗口左上边有一排向导按钮，它其实就是编制工程量清单的六个步骤：1）工程管理；2）清单编制；3）消耗量；4）资源组价；5）费用计算；6）表单输出，用户依次使用这六个按钮

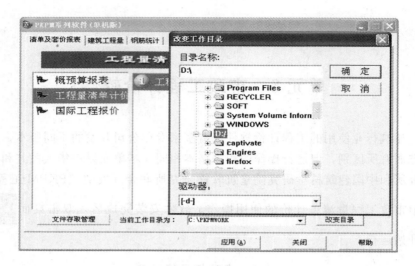

图 8-2

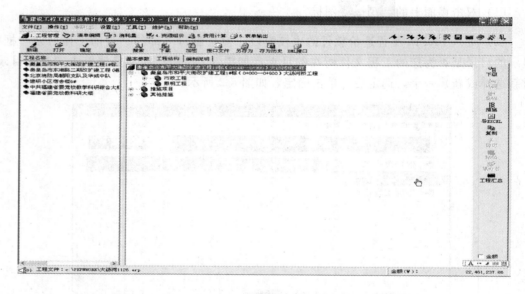

图 8-3

便可完成工程量清单编制工作,当然招标方和投标方根据实际情况可以跳过其中的一些步骤。在主窗口右上边有另一排按钮,它们依次可完成选项设置、保存、计算器、帮助和退出功能。

8.2 工 程 管 理

"工程管理"模块主要完成工程文件的新建、打开、加密、备份及下载等功能。在窗口的左边列表中会列出已经存在的工程文件,当光标移动到窗口左右两部分之间形状变为左右箭头状时,按住鼠标往右移,还能看到所列工程文件存放的位置、修改时间、建立时间、大小等基本情况,便于选择,如图 8-4 所示。

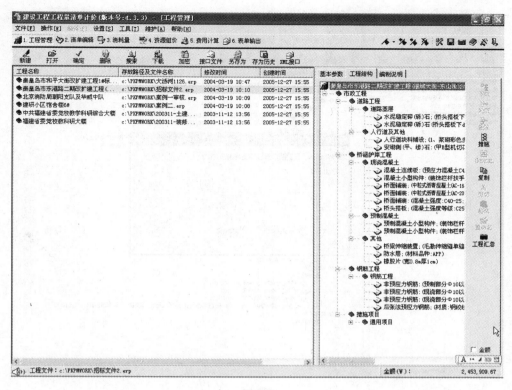

图 8-4

（1）搜索工程文件

点击状态工具栏中"搜索"按钮，弹出如图 8-5 所示对话框，系统设定了几种搜索参数，利用这些参数可以很快捷的找到需要的文件。选定这些参数后，点击"开始搜索"按钮，程序会自动搜索计算机硬盘中以往所建立的清单工程文件，找出符合要求的工程文件，在工程名称栏中形成新的工程文件列表，取代原来的工程文件列表。搜索结果如图 8-6 所示，搜索结束点击退出。

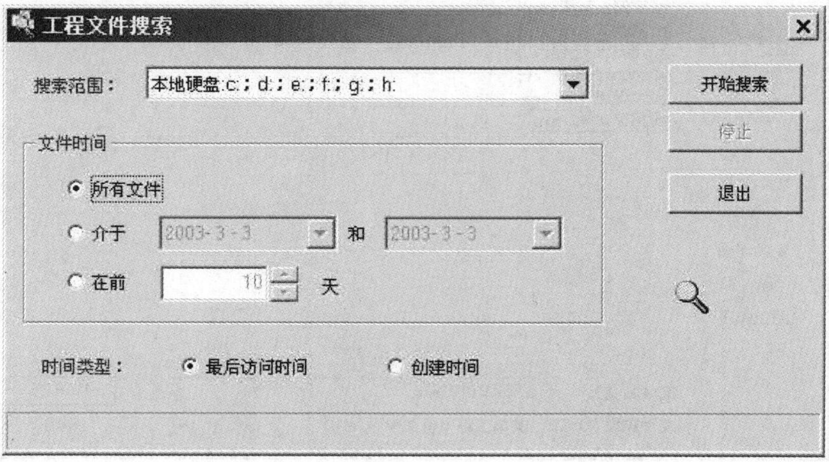

图 8-5

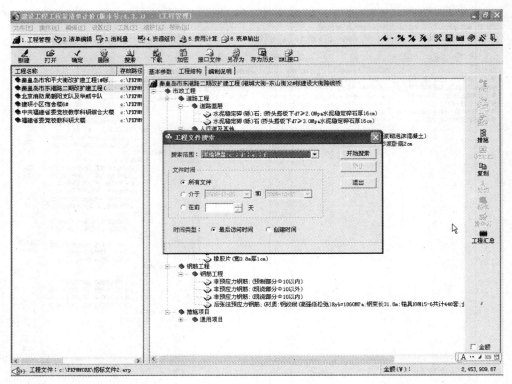

图 8-6

(2) 打开工程文件

点击状态工具栏中"打开"按钮,弹出如图 8-7 所示对话框,用户可以选择自己需要打开的清单工程文件。如果该文件在左侧工程文件栏中没有列出,则该工程文件自动加入其中。右侧文件信息页面将显示该工程的相关信息。

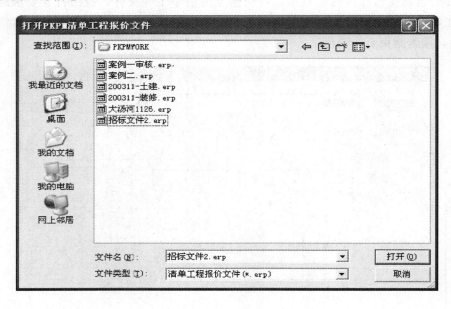

图 8-7

(3) 加密工程文件

点击状态工具栏中"加密"按钮,弹出如图 8-8 所示对话框,可以对当前所做清单工程进行加密。加密后的清单工程时再次打开时,必须输入密码后才能进入。

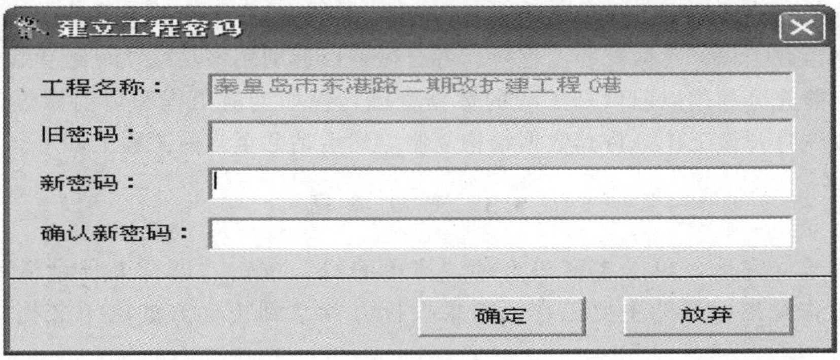

图 8-8

(4) 删除工程文件

点击状态工具栏中"删除"按钮,系统将删除在左面窗口工程名称栏内选中的清单工程文件(此"删除"为永久删除,即从硬盘中删除该文件,用户在操作时一定要慎之又慎)。

(5) 新建工程文件

下面我们来新建一个工程量清单文件。单击"新建"按钮(此时,界面就只有新建工程,打开和确定按钮是实按钮,其余均为虚按钮),系统便自动清空有关内容为输入新工程有关信息作好准备。我们可以在基本参数中输入工程名称、建设单位、工程总说明等。然后单击"定额文件"栏右边的 ▭ 按钮,在其中找到想要使用的消耗量定额文件,如《北京清单定额》。单击"确定"按钮,新工程量清单文件便建立起来了,原来界面中虚的按钮就全部会变成实按钮(定额文件必须选取清单定额库中的清单定额)。

例如,某道路工程如图 8-9 所示,如果该工程是一个较为复杂的大型工程,我们打开"工程结构"页面,在其中建立起该工程的组织结构。该树状结构体系可以有多达九层

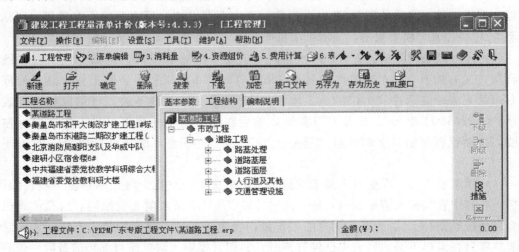

图 8-9

（不含单位工程、分部分项工程）的关系，可以将多个复杂的单项工程有机地层次分明地组合为一个整体工程项目，便于统一管理和统计分析。利用右边的"复制"、"粘贴"等功能按钮，还可以将多个已做好的工程拼接成一个新工程，这样有很多好处。

首先，便于多人协同工作，一个大型项目，很可能是多个预算人员按专业分工独立编制，如甲做市政工程，乙做安装工程等，各自做好以后利用该功能便可组合起来。

其次，能充分利用以前做好工程的数据资源，例如当前工程和以前做过的某工程相似，便可以先打开该工作，将其数据结构复制，然后粘贴至当前工程上即可。

8.3 清单编辑

新工程建立完后，单击主窗口上的"清单编辑"按钮，进行工程量清单的编辑工作，这步工作是招标方的主要工作，如果投标方能拿到招标方的电子文档，可省略此步骤。

工程量清单编辑分为分部分项工程量清单、措施项目清单和其他项目清单编辑三个部分。为方便用户操作，PKPM 工程量清单计价软件将这三部分工作全融合在该窗口中，而且操作方法也基本一样。编辑一个清单项目分为四个步骤：（1）录入清单项目；（2）录入工程量；（3）确定项目特征；（4）明确工程内容。

8.3.1 录入清单项目

先看录入分部分项清单项目。为方便用户，程序设计了多种录入清单项目的方法。

（1）读取 PKPM 工程量计算软件自动生成的工程量清单项目。如果用户在此之前已使用本系列软件之 STAT1 和 STAT2 按工程量清单计价方式进行了工程量和钢筋的自动计算，则可点击本窗口工具栏上的"读 PKPM"按钮，弹出读取窗口，在此窗口中先指定 PKPM 生成工程量数据文件所在目录，然后点击"开始"按钮，便可将程序自动计算生成的指定工程的工程量清单项目和工程量读取出来。

（2）在清单项目列表中选取。程序以类似资源管理器的方式将规范附录中的所有清单项目陈列出来，用户可以从中选择录入清单项目。例如：我们要录入"040201001 强夯土方"项目，在窗口下部先切换到"清单项目"页上，在左边的树状列表中依次打开"市政工程 \ 道路工程 \ 路基处理"，此时右边的列表中会列出该分项清单的所有项目，将鼠标移至"040201001"项上双击，该清单项目便会录入，如图 8-10 所示。

（3）还可以采用拖放的方式，一次录入一条或多条清单项目。例如：该工程中既有掺石灰，又有掺石，在左边的树状列表中依次打开"市政工程 \ 道路工程 \ 路基处理"，在右边的列表中先选中"040201002 掺石灰"，按下 CTRL 键不放，再用鼠标在列表中选择"040201004 掺石"，松开 CTRL 键，然后在选中的任一清单项目上按下鼠标左键不放，拖动鼠标至窗口上部表格"强夯土方"记录的下面，松开鼠标便可，如图 8-10 所示。

（4）手工录入法。在窗口上部工程清单表格中选中一空行，将光标移至"项目编码"一栏，在其中直接输入清单编码，如"040201007"（只要录入前九位编码，后三位编码程序会自动按规则补上）。为减少用户的工作量，程序还提供了简便的录入方法：当要录入的清单项目在窗口下部的列表中已经打开时，我们只要输入清单项目编码的最后一位有效字符即可，如在"项目编码"一栏中输入"2"，便相当于输入了"040201002"。

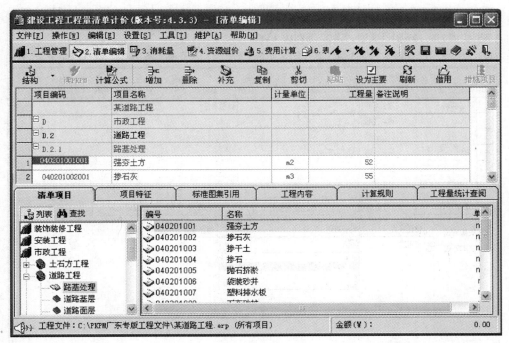

图 8-10

(5) 如果实际工程中遇到了在规范附录中没有的项目，我们可以补充。先在清单表格中定位到要补充项目所在的分项范围内，然后单击窗口工具栏上的"补充"按钮，便可在该分项下补充一个清单项目，补充项目的编码中程序自动以"补"字标识。

8.3.2 确定项目特征

为了清晰准确地描述工程量清单项目，便于乙方准确报价，也便于以后工程顺利的验收结算，招标编制单位还应对每一条清单项目的项目特征和工程内容作进一步描述定义。

(1) 在表格上选中清单项目"040201001001 强夯土方"，点击窗口下部的"项目特征"页，可以看到一个项目特征表，表格第一列列出了《计价规范》规定的该清单项目的特征项目：密实度，用户应在对应的第二列为这些特征项填上描述内容，先用光标选中该土壤类别的描述栏，此时该位置会出现一个下拉列表框，打开该下拉表框，其中列出了该项目特征常见的可能值，依实际情况在其中选择一个值即可，如"93%"，接着依次为其他项目特征填上特征描述值。

如果其中没有适当的内容，也可在其中直接输入，如密实度一项其中只有"90%"、"93%"、"95%"和"98%"四个可选值，当实际情况要"96%"，那么我们可以直接在表格内输入"96%"字样，输入的内容程序会自动保存，供下次用户使用。当我们每描述或修改一个项目特征值时，项目特征值会自动加入清单项目名称中。如图 8-11 所示。

(2) 如果想让特征项目的名称也出现在清单项目名称中，可以把特征项目的第三列"特征项目名称是否显示"选择是即可；如果要补充描述，也可直接在清单项目名称中直接输入描述内容，如图 8-11 所示。

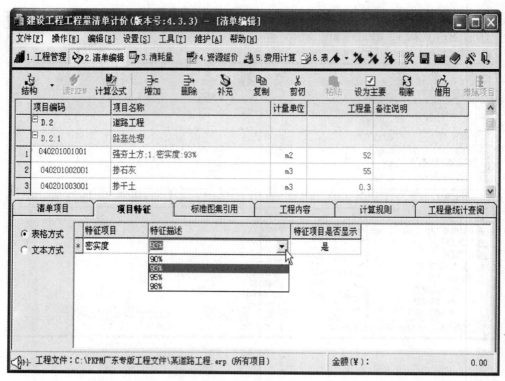

图 8-11

8.3.3 明确工程内容

点击窗口下部的"工程内容"页,其中有两个列表,左边的列表显示的是当前清单项目的工程内容,右边则是所有可选的工程内容。用户可根据实际情况使用中间的按钮对该

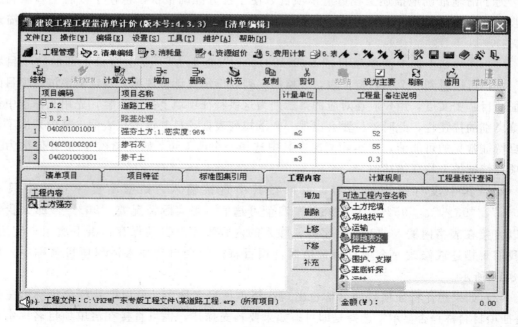

图 8-12

清单项目的工程内容进行增、删、补、修改等操作。如实际情况不需要"排地表水"这项工程内容,可以选中它后再单击"删除"按钮,将其从清单工程内容中移出,如图8-12所示。

8.3.4 措施项目和其他项目录入

措施项目是指为完成工程项目施工,发生于该工程施工前和施工过程中技术、生活、安全等方面的非工程实体项目。其他项目包括预留金、总承包服务费、零星工作费等

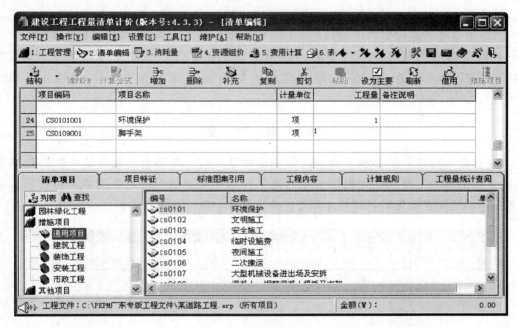

图 8-13

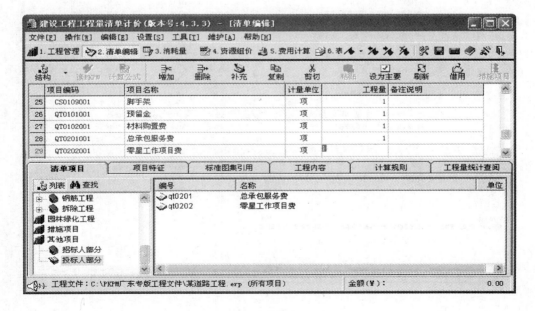

图 8-14

项目。

为了便于录入这两项清单项目,程序将《计价规范》提供的措施项目和其他项目以规范附录的形式列为附录 D,用户可以采用录入分部分项清单项目的第二种方法通过双击或拖放进行录入。将窗口下部的页面切换至"清单项目",在左边的树状列表中依次打开"措施项目\通用项目",然后再在右边的列表中选择"环境保护"和"脚手架"两个项目,拖放至"建筑工程"下面,再打开其他项目,招标人部分,在右边列表中选择"预留金"双击。

措施项目和其他项目的单位都为项,工程量都为"1",如图 8-13 和图 8-14 所示。

工程全部清单项目录入完毕后,即可打印招标文件之一的工程量清单报表。如果招标方不做标底的话,工作即告完成,如果需要做标底的话,请继续下面的工作。

8.4 消 耗 量

"企业自主报价"是工程量清单计价一个指导原则,也是企业竞争的一个主要方面。"消耗量"窗口的主要功能是根据企业的施工技术和施工组织确定各清单项目的人、材、机消耗量,设置管理费和利润的计算公式并计算清单项目的综合单价。

图 8-15

8.4.1 套用定额

选中某一清单项目，单击窗口下部的"注释说明"，如图 8-15 所示，从中可以看到该清单项目的工程内容和计算规则。此时用户必须根据该清单的工程内容和项目名称的描述，并结合实际的施工技术和施工措施，确定该清单项目应消耗的人、材、机的内容和数量。

（1）由于广大用户对定额非常熟悉，再加上工程量清单项目与定额间也存在许多联系，因此确定工程量清单项目的消耗量最简单直接的方法就是为工程量清单项目绑上相应的定额子目。打开窗口下部的"定额子目"，如图 8-16 所示，其中列出了用户预先选择的预算定额全部子目，用户可在其中挑选适合当前清单项目的定额子目。为了缩小用户选择的范围，程序自动将当前打开的预算定额中与该清单项目相关联的子目筛选出来，列在"相关子目"一页（如图 8-17 所示），用户也可从中挑选。

图 8-16

与前面介绍的输入清单项目方法类似，为清单项目录入消耗量子目也有双击、拖放、直接录入等方法。此外还可以使用复制、剪切、粘贴等方式对消耗量子目进行操作。

（2）如果在定额子目中找不到适应的子目，也可以直接在清单消耗量表格输入子目编号、名称、单位、单价、人工费等项目进行补充，如图 8-18 所示。

当然也可以不绑定消耗量子目，而直接绑定人、材、机等消耗量。方法是下方窗口"定额工料机"窗口选择该清单项目的工、料、机消耗项目，双击工、料、机的编号即可添加，如图 8-19 所示。

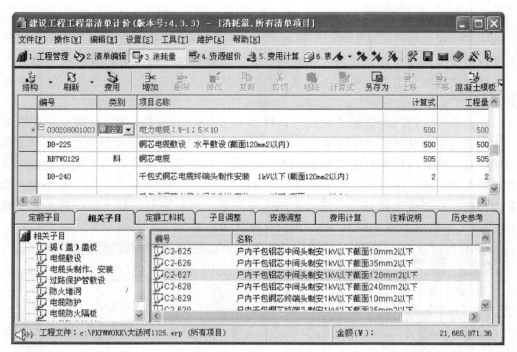

图 8-17

图 8-18

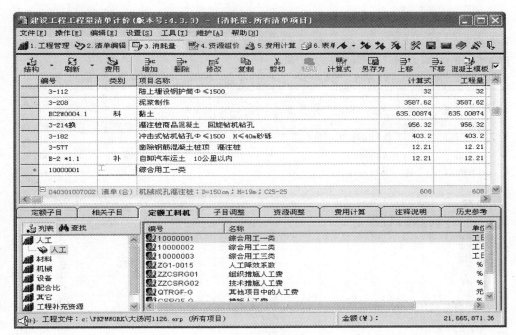

图 8-19

绑定定额子目和直接绑定消耗量这两种方式可以同时混合使用。

（3）如果投标方有足够的经验，也可以直接在清单项目后直接输入基价、合价及人工费、材料费、机械费等数值。确定消耗量子目（资源）项目后，如何确定这些项目的数量也很重要。用户在填写消耗量项目的数据量应特别注意的是，招标文件中工程量清单项目的量是实体量（也称净量），是没有考虑施工方法和施工损耗的量，因此在填写消耗量子目（资源）的量值时，应将这些因素考虑进来。例如，招标文件中工程量清单"010101002001"项的工程量为 100m^3，投标方在确定消耗量时，考虑到放坡等因素，所以挖土量很可能会大于 100m^3，挖出来的土，有一部分要回填，所以运土量应小于实际挖土量。

由于所套的子目是在一定条件下生成的，如实际情况与定额编制时的情况发生了改变，用户还可根据实际情况对某一子目的人、材、机消耗量进行调整。在表格中选中某一子目后，再打开窗口下部的"资源调整"页（如图 8-20 所示），可以看到在该页中列出该子目的人、材、机构成情况，如某一资源与实际情况不符合，不仅可以修改其含量，而且还可通过右边的按钮进行增加、删除、补充、替换等操作。

（4）如一些子目经过调整修改后，用户想保留供以后继续使用，那么可单击该窗口上的 [另存为] 按钮，将其保存入定额库。这也是生成企业定额的一种方法，如图 8-21 所示。

（5）有一些子目在特殊情况下要进行调整，如运土方子目是按运距 1km 编制的，每增加一公里要增加另一条子目；或如挖土方是按正常土壤条件编制，如遇挖桩间土，人工费应乘以系数等，这些情况都可在"子目调整"页（如图 8-22 所示）方便地进行调整。如没有上述情况出现，也可直接在"子目调整"页左边的参数栏内输入数值进行调整。

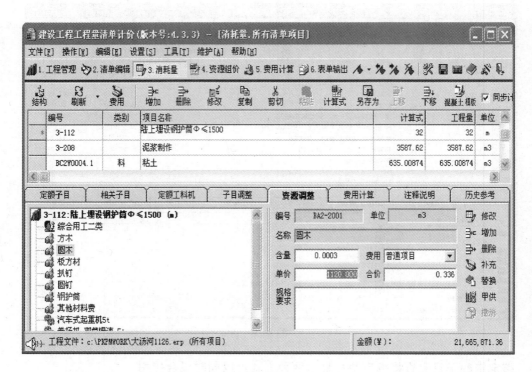

图 8-20

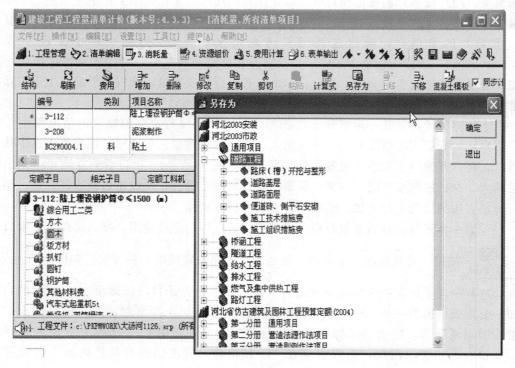

图 8-21

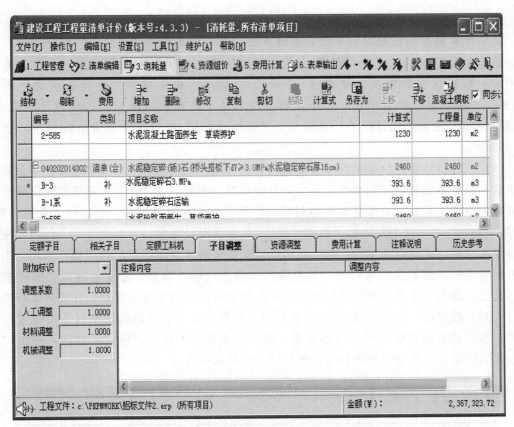

图 8-22

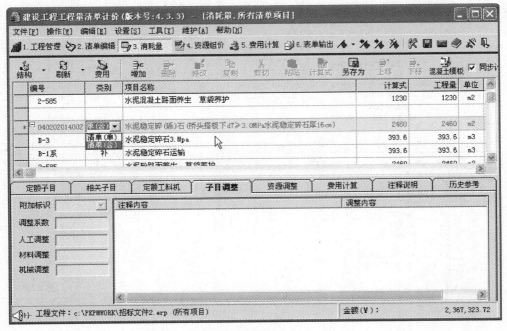

图 8-23

8.4.2 综合单价计算

(1) 计算清单项目的综合单价有两种方法。其一是先算总价（合价）后算单价，这种方法也称反算；其二是先计算单价后，再计合价，这种方法也称正算。两种计算方法用户可以根据实际需要方便地进行选择。方法是，单击要改变计算方法清单项的"类别"一栏，该位置会出现一个下拉列表框，从中选择该清单项目的单价计算方式。"清单（单）"表示是先计单价后算合价，"清单（合）"表示先算合价后算单价，如图 8-23 所示。

(2) 工程量清单计价采用的综合单价的计价方式，也就是每一个清单项目的单价除含人工费、材料费和机械使用费外，还应计算管理费和利润。怎样计算管理费和利润呢？我们可以为当前工程设置一个管理费和利润的计算公式。在窗口下部，切换到"费用计算"（如图 8-24 所示），点击左边的"调用模板"，弹出费用设置窗口（如图 8-25 所示），在该窗口中用户可以完成两项工作，其一，根据实际需要设置费用项目。费用项目也是一个多级的树状结构，例如我们可以将"管理费"分解为现场管理费、企业管理费、财务费用等。其二，为每一项费用设置计算公式。在公式中可以引用变量，变量名称及含义双击计算公式列自动弹出，如图 8-26 所示。也可相互引用，有子节点的费用项目不需设置计算公式，程序会自动累计其子节点的费用。设置完成后，可单击"确定"按钮，单击"取消"或直接退出，将忽略本次修改，保持原有的费用设置。

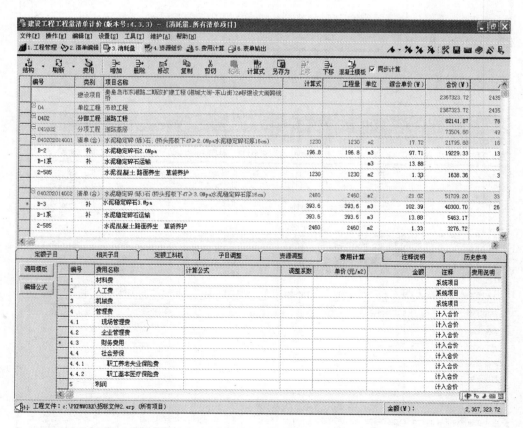

图 8-24

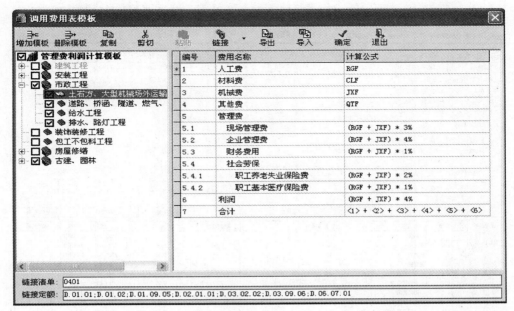

图 8-25

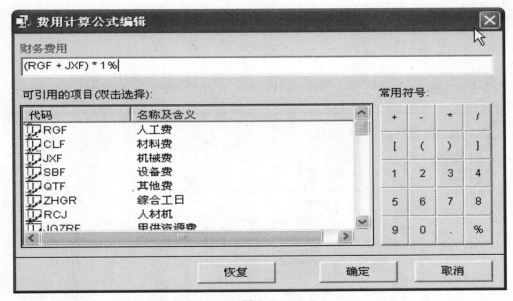

图 8-26

（3）上面介绍的方法是对当前工程的所有清单项目有效，如果某一分部（或分项或清单项目）的计算方法有不一样的地方，我们还可单独进行修改。先在表格中选中要修改的项目，再在窗口下部切换至"费用计算"页（如图 8-27 所示），然后在费用表格中进行修改。修改时程序设计了自动继承功能，即修改了某一项的计算公式后，其所有的下级项目都会自动继承该公式。

（4）单击窗口工具栏上的"结构"按钮（如图 8-28 所示），在窗口上部的左边会出现当前工程的结构图。该结构图有三个作用：其一，能层次分明地显示该工程的数据组织结

图 8-27

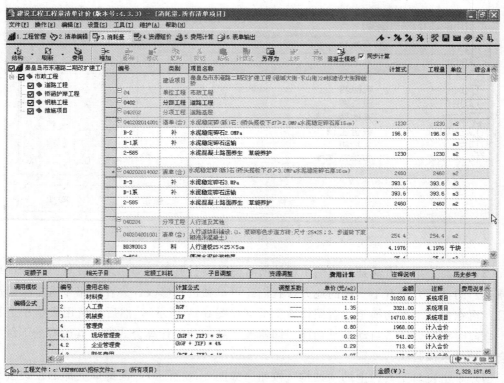

图 8-28

构;其二,能快速定位。当点击某个节点时,右边的清单表格会自动定位至该节点所在的记录;其三,选择功能。由于我们的工程文件是以建设项目为对象进行组织管理的,有时其包含的内容会相当多,并不是所有的操作员所有时候都要操作这些工程数据,有时只需操作其中的某一部分。用鼠标点击某个节点的单选框,当该单选框呈现选中状态时,该节点所含的内容将显示并进行计算,当该节点呈非选状态时,该节点在清单表格中将不显示并不参与计算。再次单击"结构"按钮,可关闭工程结构窗口。

8.4.3 措施项目费用计算

对于措施项目和其他项目中的取费项目的处理,选中欲取费的费用项,点击上方的"计算式",如图8-29所示,即弹出图8-30所示图框。

图 8-29

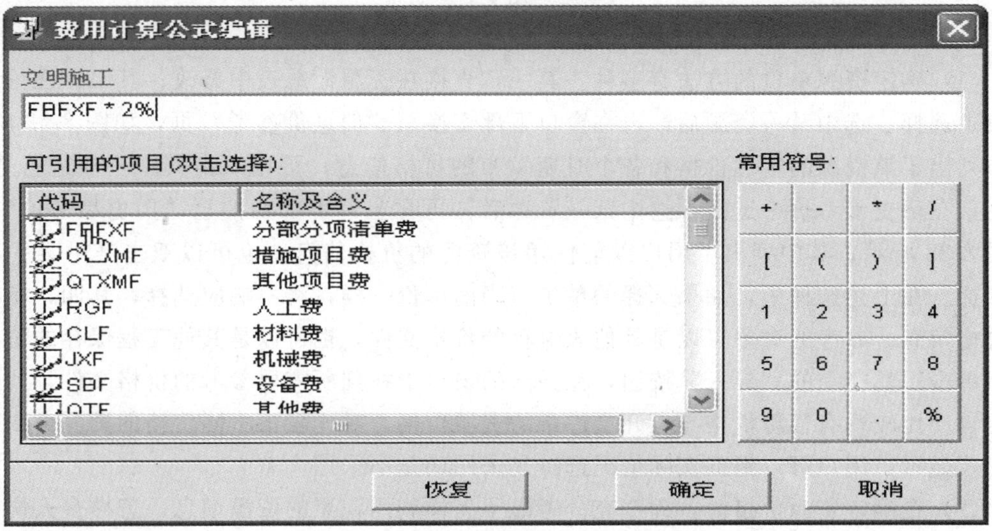

图 8-30

双击下面的费用参数进行费用项的取费编辑，编辑好计算公式后，点击"确定"即可。

8.5 资源组价

上面我们只是计算了清单项目的人、材、机消耗量和有关费用的计算方法。"由市场形成价格"也是工程量清单计价的另一个主要特征。"资源组价"模块（图8-31）的主要功能是自动汇总累计所有清单项目的工料机消耗总量，并由用户根据市场行情确定单价和其他属性。

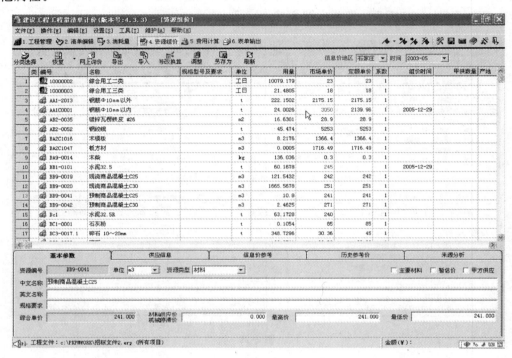

图8-31

（1）确定资源单价的方法有多种。其一，直接在资源汇总表中修改；其二，在信息价格表中选择。选中某一资源后，再在窗口下部切换至"信息价参考"页，如图8-32所示，其中列出了该资源的定额价格和各个时期发布的价格信息，可以双击其中一项进行选择；其三，在历史参考价中选择，选中某一资源后，再在窗口下部切换至"历史参考价"页，如图8-33所示，其中列出了用户以前使用该资源的价格信息，也可以双击其中某一项进行选择。在上述选择中，如果选择的单价与当前单价一样，将不响应选择；其四，参考其他价格信息。参考的对象可以是其他人保存的价格文件，也可以是其他工程保存的价格文件，单击工具栏上的"导入"按钮，在弹出的窗口中找到所需要参考的价格文件，此时程序会自动比较现有资源价格与打开文件中的资源价格，对比较出不同价格的资源会以列表的形式显示，用户可以根据实际情况选择是采用还是不采用。

（2）在确定资源价格时，程序充分考虑了怎样利用积累的资源信息，怎样多人协同工作，而且用户通过对比信息参考价和历史参考价，还可以初步分析某种资源的价格走势，

图 8-32

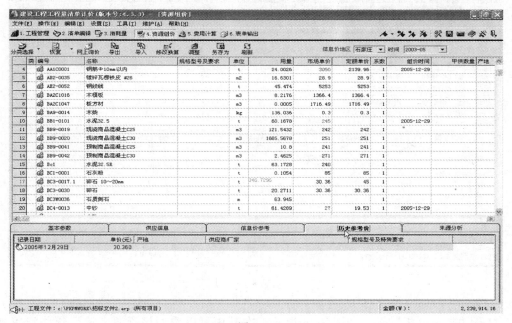

图 8-33

为投标报价减少风险提供帮助。

（3）打开"基本参数"页，如图 8-34 所示，在其中可对该资源的规格型号、调价级别、最高价、最低价以及是否主要资源、是否甲方供应等参数进行设置。打开"供应信息"页，如图 8-35 所示，在其中可对该资源的产地、供应商及一些需要注明的地方进行填写。

305

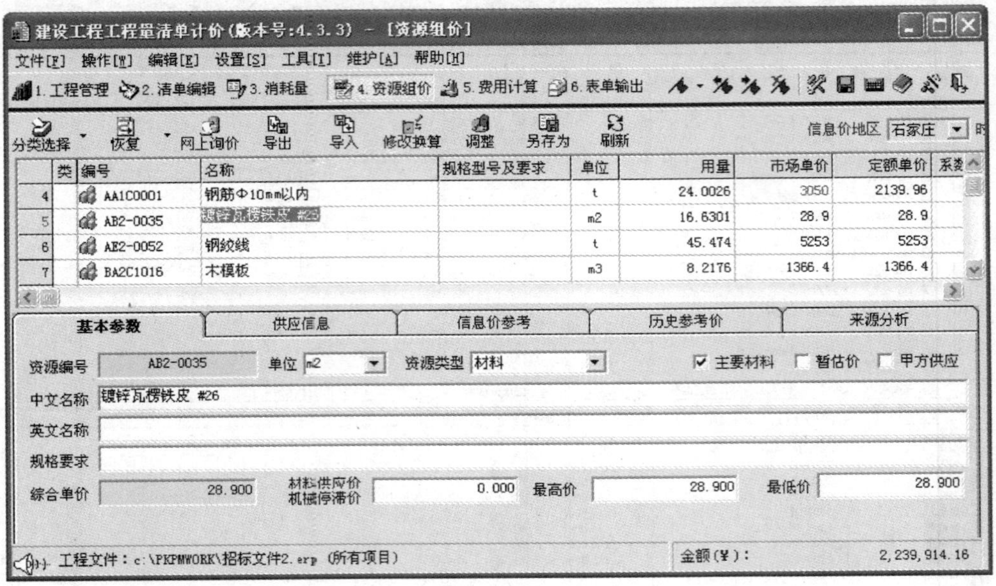

	类	编号	名称	规格型号及要求	单位	用量	市场单价	定额单价
4		AA1C0001	钢筋Φ10mm以内		t	24.0026	3050	2139.96
5		AB2-0035	镀锌瓦楞铁皮 #26		m2	16.6301	28.9	28.9
6		AE2-0052	钢绞线		t	45.474	5253	5253
7		BA2C1016	木模板		m3	8.2176	1366.4	1366.4

图 8-34

	类	编号	名称	规格型号及要求	单位	用量	市场单价	定额单价
9		BA9-0014	木材		kg	136.036	0.3	0.3
10		BB1-0101	水泥32.5		t	60.1678	245	
11		BB9-0019	现浇商品混凝土C25		m3	121.5432	242	242
12		BB9-0020	现浇商品混凝土C30		m3	1665.5678	251	251

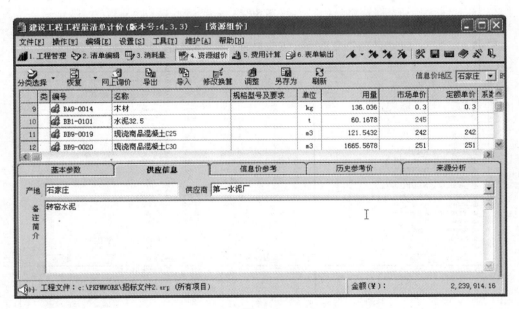

图 8-35

打开“来源分析”页，如图 8-36 所示，在其中可以看到该资源来源于哪些清单项目的哪些子目。

(4) 如当前工程中某个资源要全部替换成另一种资源，在“消耗量”窗口中逐个替换显然费事，只要选中要替换的资源，再单击工具栏上的“修改换算”按钮，如图 8-37 所示，然后在弹出的窗口中选择要替换的资源，这样便可一次性地对所有子目进行替换。

图 8-36

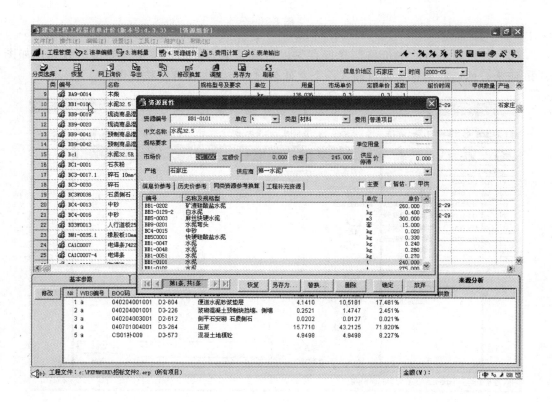

图 8-37

(5) 点击"调整"按钮,如图 8-38 所示,程序可根据用户的目标值以及资源的调价级别、最高价、最低价等信息对相关资源的单价进行优化处理,使直接费达到和接近指定的目标值。

307

图 8-38

（6）如果要将当前的价格信息保存供以后或其他人使用，单击"导出"按钮，如图 8-39 所示，然后在另存为窗口输入一个文件名称，点击"保存"按钮即可。

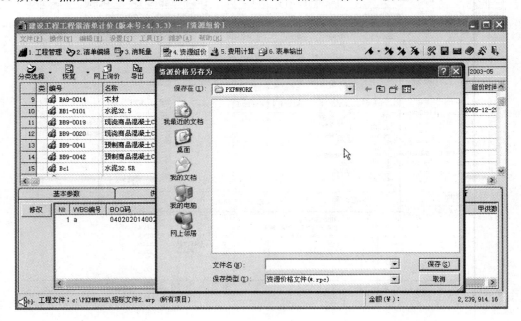

图 8-39

8.6 费用计算

"费用计算"模块主要功能是对各分部工程分别计算规费和税金。在主窗口中点出"费用计算"按钮，如图 8-40 所示，进入费用计算窗口。窗口左边以树状结构显示了当前工程项目中单位工程的组成情况，在其中点出一单位工程，右边的表格中即显示出该单位工程的费用计算项目、计算公式及计算结果。一般情况下"分部分项费"、"措施项目费"、"其他项目费"是必要的项目，其结果由程序自动计算生成，因此用户不要去改动它们。

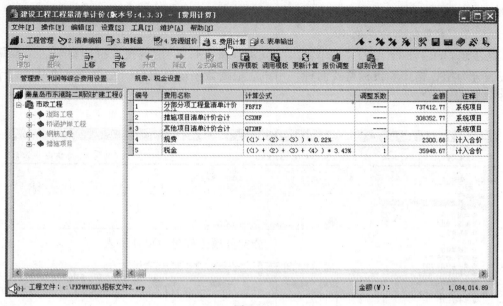

图 8-40

规费和税金用户则可以进行修改。修改方式可分为个别修改和整体修改两种。个别修改可利用工具栏上"增加"、"删除"等按钮对费用项目进行操作，计算公式则可直接在表格中进行。也可单击工具栏上"公式编辑"按钮（图 8-41），对费用项进行计算公式

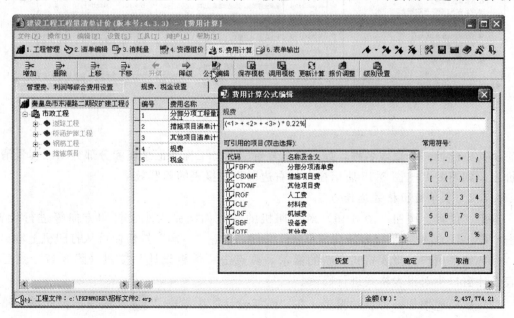

图 8-41

编辑。

8.7 表 单 输 出

"表单输出"模块主要功能是将清单招标表格和投标表格从打印机输出或转换成 Excel 等其他文档格式文件。

8.7.1 表单输出种类选择

在主窗口工具栏上点击"表单输出"按钮(图 8-42),出现报表打印窗口。工程量清单报表分为招标格式和投标格式两种,用户应根据需要选择窗口的左边列出的可以打印的表格种类。

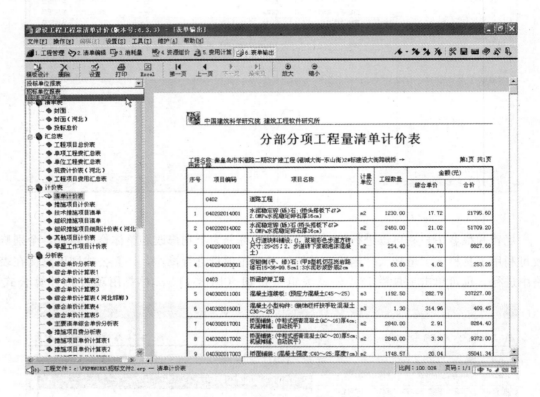

图 8-42

从其中选择一个报表名称,如:投标总价、单位工程费汇总表和分部分项工程量清单计价表,如图 8-43～图 8-45 所示窗口的右边即为该报表的预览效果。

8.7.2 表单输出格式选择

点击"设置"按钮(图 8-46)对打印机的参数如纸张大小、打印方向等进行设置;点击"Excel"按钮,将报表转化成 Excel 文件,点击"打印"按钮便可从打印机上输出。

(1) 如果用户对报表格式有新的需求,可点击"模板设计"按钮(图 8-47)然后在报表设计窗口中对报表格式进行修改。

(2) 如果想增加一种新的报表,在"模板设计"中单击" "按钮,将此报表格式另存为一个报表文件,给出报表的名称"清单计价表 AAAA",点击"确定",在"输出

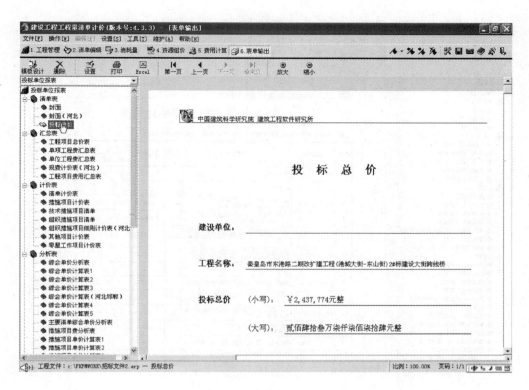

图 8-43

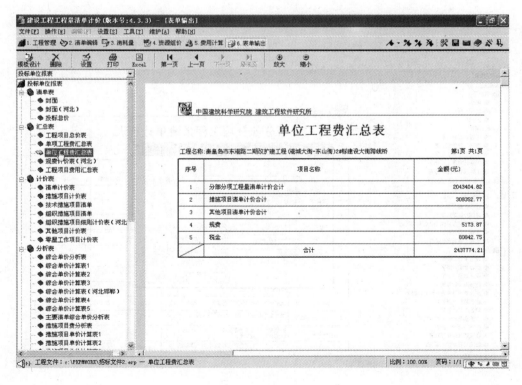

图 8-44

311

图 8-45

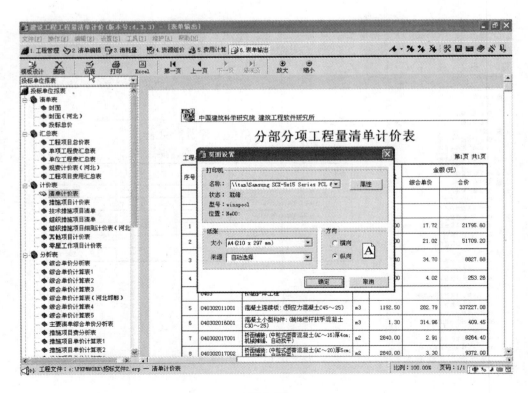

图 8-46

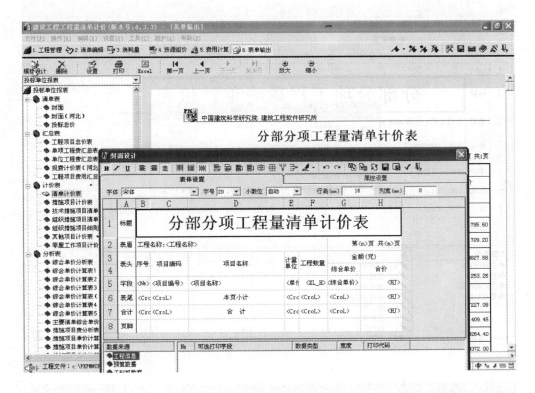

图 8-47

报表"的左边报表类别中,我们就可以看见报表"清单计价表 AAAA",如图 8-48～图 8-50所示。

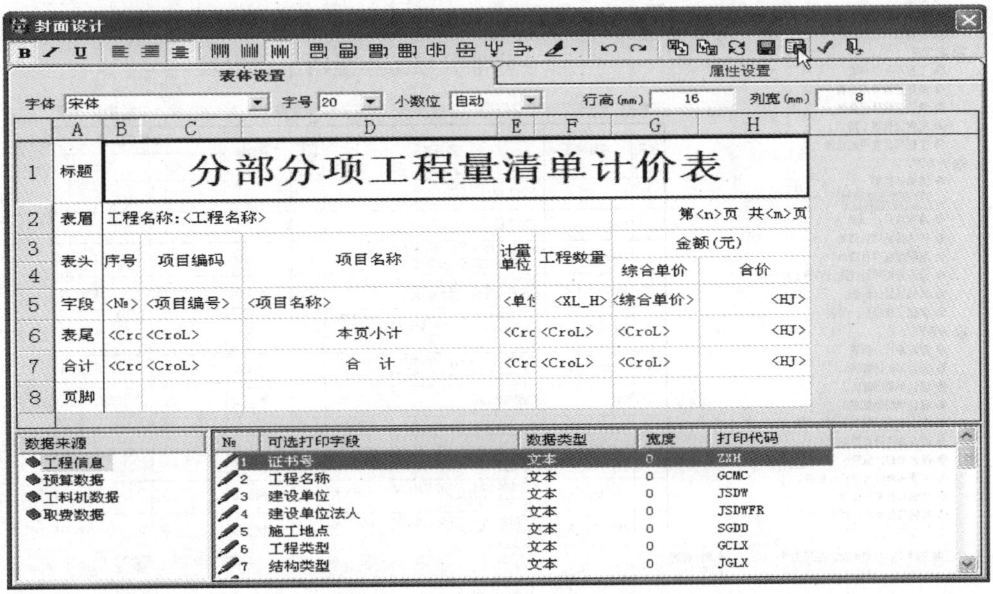

图 8-48

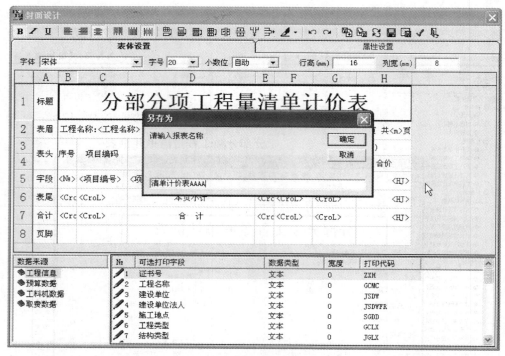

图 8-49

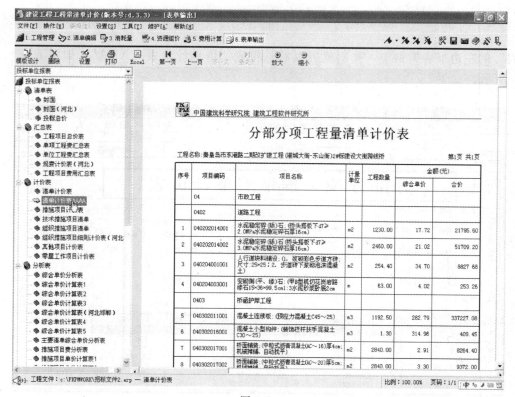

图 8-50

附录1：土壤及岩石（普氏）分类表

土石分类	普氏分类	土壤及岩石名称	天然湿度下平均容量（kg/m³）	极限压碎强度（kg/cm²）	用轻钻孔机钻进1m耗时（min）	开挖方法及工具	紧固系数（f）
一、二类土壤	Ⅰ	砂	1500			用尖锹开挖	0.5~0.6
		砂壤土	1600				
		腐殖土	1200				
		泥炭	600				
	Ⅱ	轻壤土和黄土类土	1600			用锹开挖并少数用镐开挖	0.6~0.8
		潮湿而松散的黄土，软的盐渍土和碱土	1600				
		平均15mm以内的松散而软的砾石	1700				
		含有草根的密实腐殖土	1400				
		含有直径在30mm以内根类的泥炭和腐殖土	1100				
		掺有卵石、碎石和石屑的砂和腐殖土	1650				
		含有卵石或碎石杂质的胶结成块的填土	1750				
		含有卵石、碎石和建筑料杂质的砂壤土	1900				
三类土壤	Ⅲ	肥黏土其中包括石炭纪、侏罗纪的黏土和冰黏土	1800			用尖锹并同时用镐开挖（30%）	0.81~1.0
		重壤土、粗砾石，粒径为15~40mm的碎石和卵石	1750				
		干黄土和掺有碎石或卵石的自然含水量黄土	1790				
		含有直径大于30mm根类和腐殖土或泥炭	1400				
		掺有碎石或卵石和建筑碎料的土壤	1900				
四类土壤	Ⅳ	土含碎石重黏土，其中包括石炭纪、侏罗纪的硬黏土	1950			用尖锹并同时用镐和撬棍开挖（30%）	1.0~1.5
		含有碎石、卵石、建筑碎料和重达25kg的顽石（总体积10%以内）等杂质的肥黏土和重壤土	1950				
		冰碛黏土，含有重量在50kg以内的巨砾，其含量为总体积10%以内	2000				
		泥板岩	2000				
		不含或含有重量达10kg的顽石	1950				

续表

土石分类	普氏分类	土壤及岩石名称	天然湿度下平均容量（kg/m³）	极限压碎强度（kg/cm²）	用轻钻孔机钻进1m耗时(min)	开挖方法及工具	紧固系数(f)
松石	V	含有重量在50kg以内的巨砾(占总体积10%以上)的冰碛石	2100	<200	<3.5	部分用手凿工具,部分用爆破开挖	1.5～2.0
		矽藻岩和软白垩岩	1800				
		胶结力弱的砾岩	1900				
		各种不坚实的片岩	2600				
		石膏	2200				
次坚石	VI	凝灰岩和浮石	1100	200～400	3.5	用风镐和爆破法开挖	2～4
		松软多孔和裂隙严重的石灰岩和介质石灰岩	1200				
		中等硬变的片岩	2700				
		中等硬变的泥灰岩	2300				
	VII	石灰石胶结的带有卵石和沉积岩的砾石	2200	400～600	6.0	用爆破方法开挖	4～6
		风化的和有大裂缝的黏土质砂岩	2000				
		坚实的泥板岩	2800				
		坚实泥灰岩	2500				
	VIII	砾质花岗岩	2300	600～800	8.5	用爆破方法开挖	6～8
		泥灰质石灰岩	2300				
		黏土质砂岩	2200				
		砂质云母片岩	2300				
		硬石膏	2900				
普坚石	IX	严重风化的软弱的花岗石、片麻岩和正长岩	2500	800～1000	11.5	用爆破方法开挖	8～10
		滑石化的蛇纹岩	2400				
		致密的石灰岩	2500				
		含有卵石、沉积岩的硅质胶结的砾岩	2500				
		砂岩	2500				
		砂质石灰质片岩	2500				
		菱镁矿	3000				
	X	白云岩	2700	1000～1200	15	用爆破方法开挖	10～12
		坚固的石灰岩	2700				
		大理岩	2700				
		石灰质胶结的致密砾石	2600				
		坚固砂质片岩	2600				

续表

土石分类	普氏分类	土壤及岩石名称	天然湿度下平均容量（kg/m³）	极限压碎强度（kg/cm²）	用轻钻孔机钻进1m耗时（min）	开挖方法及工具	紧固系数（f）
普坚石	XI	粗花岗岩	2800	1200～1400	18.5	用爆破方法开挖	12～14
		非常坚硬的白云岩	2900				
		蛇纹岩	2600				
		石灰质胶结的含有火成岩之卵石的砾石	2800				
		石英胶结的坚固砂岩	2700				
		粗粒正长岩	2700				
	XII	具有风化痕迹的安山岩和玄武岩	2700	1400～1600	22.0	用爆破方法开挖	14～16
		片麻岩	2600				
		非常坚固的石炭岩	2900				
		硅质胶结的含有火成岩之卵石的砾岩	2900				
		粗石岩	2600				
	XIII	中粒花岗岩	3100	1600～1800	27.5	用爆破方法开挖	16～18
		坚固的片麻岩	2800				
		辉绿岩	2700				
		玢岩	2500				
		坚固的粗面岩	2800				
		中粒正长岩	2800				
	XIV	非常坚硬的细粒花岗岩	3300	1800～2000	32.5	用爆破方法开挖	18～20
		花岗岩麻岩	2900				
		闪长岩	2900				
		高硬度的石灰岩	3100				
		坚固的玢岩	2700				
	XV	安山岩、玄武岩、坚固的角页岩	3100	2000～2500	46.0	用爆破方法开挖	20～25
		高硬度的辉绿岩和闪长岩	2900				
		坚固的辉长岩和石英岩	2800				
	XVI	拉长玄武岩和橄榄玄武岩	3300	＞2500	＞60	用爆破方法开挖	大于25
		特别坚固的辉长辉绿岩、石英石和玢岩	3300				

附录2：工程量清单统一格式

_____工程

工 程 量 清 单

招 标 人：_____（单位签字盖章）

法定代表人：_____（签字盖章）

中介机构
法定代表人：_____（签字盖章）

造价工程师
及注册证号：_____（签字盖执业专业章）

编制时间：_____

总 说 明

工程名称：　　　　　　　　　　　　　　　　　　　　　　　第　页　共　页

分部分项工程量清单

工程名称： 第 页 共 页

序号	项目编码	项目名称	计量单位	工程数量

措施项目清单

工程名称： 第 页 共 页

序号	项 目 名 称

其他项目清单

工程名称: 　　　　　　　　　　　　　　　　　　　　　　　　　　第 页 共 页

序号	项 目 名 称

零星工作项目表

工程名称:　　　　　　　　　　　　　　　　　　　　第 页 共 页

序号	名　称	计量单位	数量
1	人工		
2	材料		
3	机械		

附录3：工程量清单计价统一格式

_____工程

工程量清单报价表

投 标 人：_____（单位签字盖章）

法定代表人：_____（签字盖章）

造价工程师
及注册证号：_____（签字盖执业专业章）

编制时间：_____

投 标 总 价

建 设 单 位：_____

工 程 名 称：_____

投 标 总 价(小写)：_____

　　　　　(大写)：_____

投 标 人：_____（单位签字盖章）

法定代表人：_____（签字盖章）

编制时间：_____

工程项目总价表

工程名称: 　　　　　　　　　　　　　　　　　　　　　　　　　第　页　共　页

序号	单项工程名称	金额(元)
	合　计	

单项工程费汇总表

工程名称：　　　　　　　　　　　　　　　　　　　　　　　第　页　共　页

序号	单位工程名称	金额(元)
	合　　计	

单位工程费汇总表

工程名称：　　　　　　　　　　　　　　　　　　　　　　　　第　页　共　页

序号	项　目　名　称	金额(元)
1	分部分项工程量清单计价合计	
2	措施项目清单计价合计	
3	其他项目清单计价合计	
4	规费	
5	税金	
	合　　　计	

分部分项工程量清单计价表

工程名称：　　　　　　　　　　　　　　　　　　　　　　　　　第　页　共　页

序号	项目编码	项 目 名 称	计量单位	工程数量	金额(元)	
					综合单价	合价
		本页小计				
		合　计				

措施项目清单计价表

工程名称：　　　　　　　　　　　　　　　　　　　　　　　第 页 共 页

序号	项 目 名 称	金额(元)
	合　　计	

其他项目清单计价表

工程名称: 　　　　　　　　　　　　　　　　　　　　　　　第 页 共 页

序号	项 目 名 称	金额(元)
1	招标人部分	
	小　计	
2	投标人部分	
	小　计	
	合　计	

零星工作项目计价表

工程名称：　　　　　　　　　　　　　　　　　　　　　　　　　第　页　共　页

序号	名　称	计量单位	数量	金额(元)	
				综合单价	合价
1	人工				
	小　计				
2	材料				
	小　计				
3	机械				
	小　计				
	合　计				

分部分项工程量清单综合单价分析表

工程名称： 第 页 共 页

序号	项目编码	项目名称	工程内容	综合单价组成					综合单价
				人工费	材料费	机械使用费	管理费	利润	

措施项目费分析表

工程名称： 第 页 共 页

序号	措施项目名　　称	单位	数量	金　额(元)					
				人工费	材料费	机械使用费	管理费	利润	小计
	合　计								

主要材料价格表

工程名称：　　　　　　　　　　　　　　　　　　　　　　　　　　　第　页　共　页

序号	材料编码	材料名称	规格、型号等特殊要求	单位	单价(元)

主要参考文献

1. 建设部标准定额研究所．建设工程工程量清单计价规范宣贯辅导教材．北京：中国计划出版社，2003
2. 建设部．全国统一市政工程预算定额．北京：中国计划出版社，1999
3. 郑达谦主编．给水排水工程施工．北京：中国建筑工业出版社，1985
4. 杜国伟．管道施工技术．上海：上海科技出版社，2001
5. 杨玉衡主编．城市道路工程施工与管理．北京：中国建筑工业出版社，2001
6. 叶国铮，姚玲森，李秩民．道路与桥梁工程概论．北京：人民交通出版社，1998
7. 覃仁辉主编．隧道工程．重庆：重庆大学出版社，乌鲁木齐：新疆大学出版社，2001